WITOLD BRONIEWSKI

DOCTEUR ÈS SCIENCES
INGÉNIEUR I. E. N.

INTRODUCTION

A

L'ÉTUDE DES ALLIAGES

COURS LIBRE FAIT A LA SORBONNE

Préface de HENRY LE CHATELIER

MEMBRE DE L'INSTITUT
PROFESSEUR A LA SORBONNE ET A L'ÉCOLE DES MINES

PARIS

LIBRAIRIE DELAGRAVE

15, RUE SOUFFLOT, 15

Librairie **DELAGRAVE**, 15, rue Soufflot, Paris

H. BOUASSE

Professeur à la Faculté des Sciences de Toulouse.

BIBLIOTHÈQUE SCIENTIFIQUE
DE L'INGÉNIEUR ET DU PHYSICIEN

*Beaucoup de Science,
mais en vue des Applications.*

Cette collection s'adresse aux Élèves et anciens Élèves des Facultés des Sciences, de l'École Polytechnique, de l'École Centrale, de l'École supérieure d'Électricité, des Écoles des Mines et des Ponts et Chaussées, de l'École Navale... qui voient dans la Science non pas une idole, mais une esclave, qui estiment que la beauté ne consiste pas à ne servir à rien. Un raisonnement qui amène un surcroît de bien-être sur notre globe, en acquiert de l'élégance et de la valeur éducative, ne serait-ce que parce qu'il est mieux compris.

Ceux qui n'ont pas de la Science une idée mystique et romantique, seront heureux de posséder une série de volumes tous écrits dans le même esprit positif et suivant la même méthode utilitaire, avec une correction et une érudition scientifiques incontestées, mais avec la préoccupation que pas un mot ne soit pratiquement inutile. Pascal ne dédaignait pas d'inventer la machine arithmétique; Clairaut et d'Alembert travaillaient la théorie de la Lune pour aider les navigateurs; Huyghens est célèbre pour son horloge. Laissons aux abstracteurs de quintessence l'idée néfaste que la Science est belle en raison de son inutilité, et le réconfort de croire que leurs découvertes serviront dans deux cents ans. Allons au plus pressé : que nos savants n'oublient pas l'existence du monde extérieur et les nécessités que créent les batailles économiques.

*Voir pages 3 et 4 de la Couverture, le CATALOGUE
COMPLET DE LA BIBLIOTHÈQUE.*

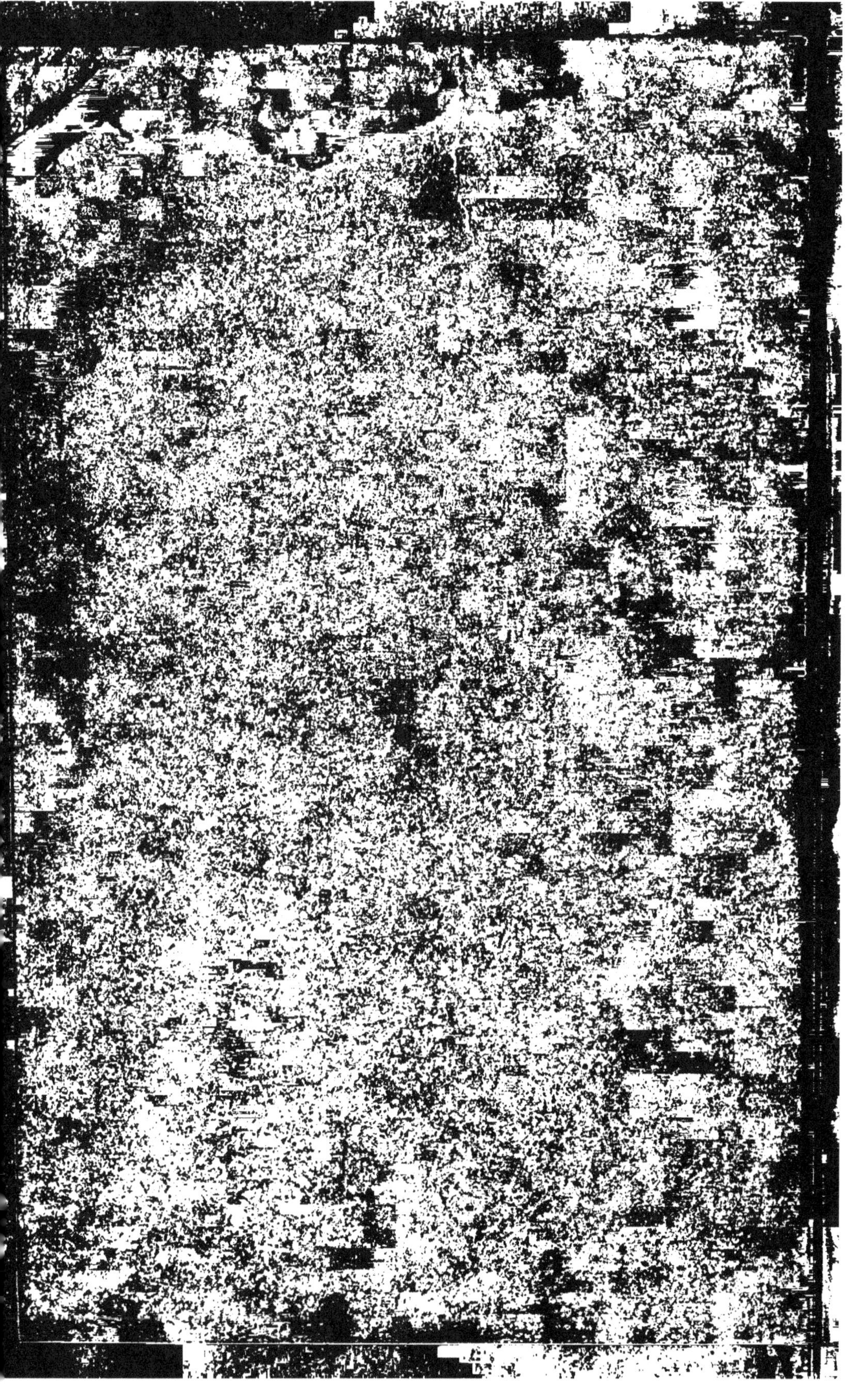

INTRODUCTION

A

L'ÉTUDE DES ALLIAGES

WITOLD BRONIEWSKI

Docteur ès sciences

Ingénieur I. E. N.

INTRODUCTION

A

L'ÉTUDE DES ALLIAGES

COURS LIBRE FAIT A LA SORBONNE

Préface de **HENRY LE CHATELIER**

Membre de l'Institut

Professeur à la Sorbonne et à l'École des Mines

PARIS

LIBRAIRIE DELAGRAVE

15, RUE SOUFFLOT

1918

A ma Mère

je dédie ce travail

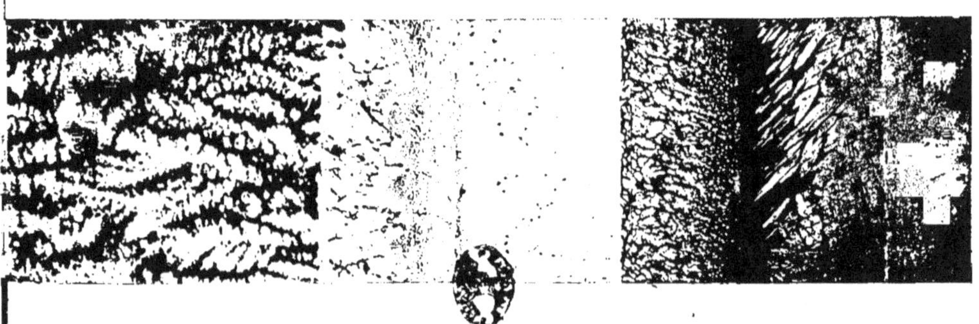

PRÉFACE

Le traité de métallographie de M. W. Broniewski est particulièrement remarquable par son extrême concision. Parmi les ouvrages semblables, on en trouverait difficilement un autre qui présente en un aussi petit nombre de pages autant de données précises et rigoureusement contrôlées. Il aura sa place dans les bibliothèques de tous les chimistes et métallurgistes un peu avertis. En le parcourant, ils pourront d'un coup d'œil et sans aucune perte de temps, se remémorer tel ou tel fait particulier sorti momentanément de leur mémoire.

Les chercheurs consulteront avec profit, avant d'entreprendre des recherches personnelles sur la chimie des métaux, les bibliographies très complètes données à la fin de chaque chapitre. Elles leur permettront de se reporter avec certitude aux mémoires les plus utiles à consulter.

L'ouvrage est très complet et sa division très méthodique. Il passe successivement en revue la micrographie, les méthodes chimiques, l'analyse thermique, les méthodes électriques, les essais mécaniques. Chaque chapitre comprend deux parties, la théorie et la pratique alternant régulièrement.

Le volume est accompagné de nombreuses figures qui éclairent le texte et en facilitent la compréhension. La condensation des matières rend leur présence particulièrement utile. Par une innovation heureuse l'auteur a joint aux illustrations purement techniques les portraits des principaux savants qui ont édifié la métallographie.

En écrivant ce traité, M. Broniewski a rendu un très réel service à la science; il aura efficacement contribué à ses progrès.

H. Le Chatelier

AVANT-PROPOS

Quelques modifications notables ont été apportées ici à mon cours libre de métallographie, fait à la Sorbonne au début de 1914 et servant de cadre à ce traité.

La revue synthétique des alliages industriels (2ᵉ partie du cours) a été abandonnée pour faire l'objet d'un travail distinct; par contre, un développement beaucoup plus ample a pu être donné aux méthodes d'études.

Ces transformations m'ont paru convenir au but de ce manuel qui expose les notions fondamentales indispensables à la lecture des mémoires originaux sur les alliages.

Qu'il me soit permis de remercier ici, bien amicalement, le Lieutenant Degrémont qui a bien voulu m'aider à la correction des épreuves.

W. Broniewski

Paris, mars 1918.

INTRODUCTION
A L'ÉTUDE DES ALLIAGES

I. NOTIONS GÉNÉRALES

Structure des alliages. — Nombre de phases. — Méthodes d'étude de la structure : micrographie, méthode chimique, analyse thermique, méthodes électriques. — Changement de structure et points critiques. — Succession des méthodes. — Sources d'information.

On désigne par Métallographie l'ensemble des méthodes servant à l'étude des alliages.

Les principales méthodes dont se compose la métallographie générale, notamment l'analyse thermique, la méthode chimique et la micrographie, sont déjà assez anciennes et, pourtant, il y a encore une trentaine d'années, des théories vagues et inexactes avaient cours au sujet des alliages : tantôt on les comparait aux solutions amorphes, comme les verres, tantôt on leur attribuait, sans raison sérieuse, un grand nombre de composés définis. Les études, faites par chaque méthode, restaient isolées, manquant de point de départ commun.

La preuve de la structure cellulaire et cristalline des métaux et des alliages, faite par Osmond et Werth (1885), l'étude comparative des alliages par plusieurs méthodes se complétant mutuellement, exécutée par M. H. Le Chatelier (1895), l'application de

FLORIS OSMOND
(1849-1912).

la règle des phases par Roozeboom (1899) ont été les étapes successives de l'essor actuel de la métallographie, qui tend à former une des branches les plus claires de la chimie générale.

Structure. — Tous les alliages, comme tous les métaux, ont une structure cristalline à laquelle se superpose souvent une structure cellulaire. Notamment, lorsque la cristallisation commence dans un grand nombre de centres indépendants, les cristaux engendrés par le même centre ont aussi la même orientation et forment une cellule différente, le plus souvent, par cette orientation cristalline des cellules voisines (fig. 1).

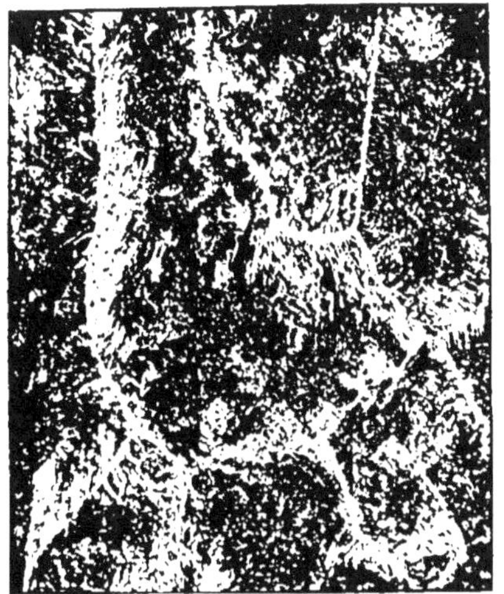

Fig. 1. — Structure d'un acier à 0,5 % de carbone, photographiée par Osmond et Werth en 1885. On peut apercevoir des cristaux à l'intérieur des cellules. C'est une des premières microphotographies. Gr. = 12.

Cette explication de la structure cellulaire, qui avait été donnée par Osmond et Werth (1885), est généralement admise, mais ne suffit pas pour expliquer certains faits. Ainsi :

1° la structure cellulaire peut être quelquefois mise en évidence dans les corps amorphes (fig. 2);

2° les cristaux ne restent pas toujours dans les limites de la cellule et l'on voit parfois un cristal appartenant à deux cellules (fig. 3).

Ces faits posent la question, la structure cellulaire n'est-elle pas la trace d'une ségrégation primaire préexistant encore à l'état liquide ?

La structure cristalline des métaux et des alliages peut être sensiblement altérée par différents efforts mécaniques (écrouissage); elle est régénérée par le recuit.

La structure des alliages peut être classée en un petit nombre de catégories. Ainsi, lorsque deux métaux fondus ensemble se dissolvent à l'état liquide en toutes proportions, ils peuvent former à l'état solide des combinaisons, des solutions solides et des mélanges mécaniques.

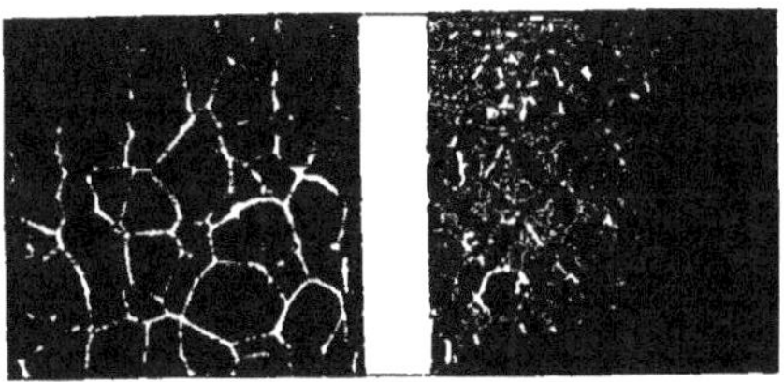

Fig. 2 et 3. — A *gauche :* verre attaqué par l'acide fluorhydrique, photographié par transparence. A *droite :* plomb coulé sur verre incliné : les cellules sont séparées par des lignes sombres, les cristaux par des lignes claires. Gr. 300. (Osmond et Cartaud, 1907.)

FORMATION D'UNE COMBINAISON (COMPOSÉ DÉFINI). — C'est un nouveau métal qui se forme et ses propriétés physiques et chimiques peuvent être complètement différentes des propriétés des métaux qui le composent.

La combinaison est un constituant, comme un métal, et les alliages, dont la composition est comprise entre celle des deux combinaisons, doivent être regardés comme des alliages binaires, dans lesquels les deux composés définis jouent le rôle de métaux. Comme ceux-ci, les composés définis peuvent former entre eux, ou avec les métaux, des solutions solides ou des mélanges.

Les combinaisons peuvent avoir une résistance mécanique supérieure à celle des métaux qui les composent ($AlCu^3$); mais dans la grande majorité des cas, elles sont très cassantes, et c'est à leur apparition qu'un certain nombre d'alliages doivent leur grande fragilité.

FORMATION DE SOLUTIONS SOLIDES. — La solution liquide d'un métal ou d'un composé défini dans un autre métal ou composé défini, peut se solidifier en cristaux mixtes dont la composition, peu différente d'un cristal à l'autre, est en moyenne celle du liquide. Ce phénomène diffère de l'isomorphisme des sels en ce que les métaux, formant des solutions solides, peuvent ne pas appartenir au même système cristallin.

Au point de vue mécanique, les solutions solides se manifestent par une augmentation de la dureté du constituant dissolvant et elles sont, le plus souvent, malléables à chaud; du fait de ces propriétés, certaines solutions solides sont employées comme alliages usuels (laiton, bronze, or-cuivre).

FORMATION DE MÉLANGES. — Dans ce cas, la solidification de l'alliage se produit comme la solidification d'une solution saline. Un des constituants de la solution se dépose le premier. La composition de la partie liquide variant ainsi, son point de solidification s'abaisse de plus en plus jusqu'à une température minima (eutectique) à laquelle les deux constituants se déposent en même temps, mais en cristaux séparés.

Les propriétés mécaniques des mélanges sont, le plus souvent, intermédiaires entre celles des constituants.

Très souvent les alliages compris entre deux constituants (métaux ou combinaisons) sont composés, jusqu'à une certaine teneur, de solutions solides d'un des constituants dans l'autre. Dans les portions comprises entre les limites de ces solutions, un mélange de solutions solides se dépose comme se déposait un mélange de constituants purs.

DISSOLUTION INCOMPLÈTE. — Lorsque deux métaux fondus ensemble ne se dissolvent pas en toutes proportions, il se forme, pour les compositions dépassant la limite de solubilité, deux couches liquides superposées. Chacune de ces couches, en se solidifiant, peut donner les mêmes catégories d'alliages que les métaux solubles à l'état liquide en toutes proportions.

Nombre de phases. — Certains métaux en s'alliant entre eux forment plusieurs combinaisons. Nous pouvons donc nous demander, combien de métaux et de combinaisons peuvent coexister dans un échantillon d'alliage. La réponse, donnée par la règle des phases est qu'un alliage binaire, arrivé à l'état d'équilibre intérieur, peut être ou homogène, ou formé par un mélange de deux constituants homogènes et immiscibles (phases).

Désignons sur le graphique suivant (fig. 4) la composition des alliages

Fig. 4. — Schéma de la structure des alliages; A et B sont les métaux constituants: C_1 et C_2 les combinaisons, qui se forment; a représente la composition de l'alliage considéré.

formés par les métaux A et B par des longueurs correspondantes sur la ligne AB. Désignons par C_1 et C_2 les combinaisons que ces deux métaux sont capables de former. Un alliage, placé par sa composition en a, entre C_2 et B, peut donc être formé par une solution solide de B dans C_2 ou de C_2 dans B et il est alors homogène. S'il n'est pas homogène, il peut être formé par un mélange de C_2 et de B ou de leurs solutions solides réciproques, mais ne peut pas contenir A, ni C_1, ni leurs solutions solides.

En général, un alliage peut, au plus, être composé par autant de phases, qu'il contient de métaux.

Si, dans un alliage hétérogène, nous apercevons un nombre de phases plus grand que celui indiqué par la règle des phases, comme cela se présente souvent pour les aciers, nous pouvons en conclure que cet alliage n'est pas en état d'équilibre stable et qu'un certain nombre de constituants n'ont pas eu le temps de disparaître à cause d'un refroidissement par trop rapide (trempe).

Méthodes d'études. — Elles se divisent en méthodes directes, permettant l'étude d'un seul échantillon, et en méthodes indirectes, basées sur la variation d'une propriété physique quelconque en fonction de la composition de l'alliage et sur l'étude de la relation entre la forme de la courbe, ainsi obtenue, et la structure.

Méthodes directes. — La micrographie et la méthode chimique font seules partie des méthodes directes.

MICROGRAPHIE. — La micrographie permet l'étude directe au microscope de la structure d'un alliage poli et traité par un réactif attaquant inégalement ses divers éléments. Indispensable comme méthode auxiliaire pour l'étude des alliages, la micrographie n'est pas suffisante pour déterminer, à elle seule, avec précision leur structure, ne permettant pas, le plus souvent, de distinguer les combinaisons des solutions solides voisines.

Une branche intéressante de la micrographie est formée par son application aux filiations. Le principe des filiations consiste à superposer à l'état fondu, pendant quelques minutes, deux métaux dans l'ordre de leur densité. La diffusion d'un métal dans l'autre permet alors d'obtenir dans le même lingot toute la série d'alliages que ces métaux sont susceptibles de former. La figure 5 nous montre la filiation aluminium-cuivre.

Au commencement de la filiation nous voyons les cristaux arborescents de l'aluminium pénétrer dans l'eutectique, qui les sépare du composé Al²Cu formé par des gros cristaux. La combinaison AlCu se manifeste aussi en cristaux arborescents, qui pénètrent jusqu'au composé Al²Cu. Ensuite, on voit une zone légèrement foncée, formée probablement par un mélange, qui sépare la combinaison AlCu du composé Al²Cu³. Enfin, le dernier composé AlCu³ est visible sur le fond de ses solutions solides, qui sont plus attaquables que le composé pur. On voit ces solutions solides former des mélanges, d'un côté avec la combinaison Al²Cu, de l'autre avec le cuivre.

MÉTHODE CHIMIQUE. — La méthode chimique est basée sur le principe que les composés définis dans un alliage peuvent avoir des propriétés chimiques différentes, ce qui permettrait de les séparer par des réactifs n'attaquant qu'un des constituants. C'est la plus ancienne des méthodes qui ont servi à l'étude des alliages; appliquée souvent sans contrôle et sans réserve suffisante, elle a conduit à de nombreux résultats erronés qui dérivent principalement de deux causes.

L'attaque de la combinaison par le réactif est la première. Il est rare, en effet, surtout pour les alliages métalliques, que le réactif n'attaque qu'un seul constituant, en laissant l'autre parfaitement intact. Ordinairement, les deux constituants sont altérés en même temps et ce n'est que le degré de leur attaque qui diffère.

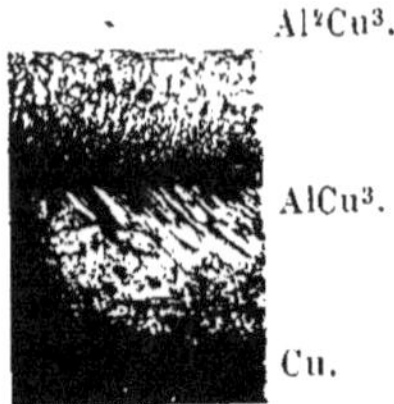

Fig. 5. — Filiation aluminium - cuivre (Broniewski, 1911). Gr. = 15.

L'impossibilité d'isoler par la méthode chimique les combinaisons entourées de solutions solides, constitue la deuxième cause d'erreurs. La solution solide limite, isolée à la place du composé défini, est constituée par une seule phase et ne peut pas être différenciée davantage.

Vu ces inconvénients la méthode chimique a été appliquée dans les derniers temps surtout aux alliages demi-métalliques, composés par un métal et un métalloïde (borures, siliciures, phosphures, où les combinaisons ont un caractère plus net que dans les alliages purement métalliques et sont plus rarement entourés de solutions solides.

Méthodes indirectes. — Les méthodes indirectes sont très nombreuses, chaque propriété physique des alliages pouvant servir de base à une méthode pour l'étude de leur structure. Parmi les plus importantes figurent la fusibilité (analyse thermique) et les méthodes électriques; en deuxième ligne viennent la dureté, la densité et le magnétisme.

Pour montrer en grandes lignes l'application des méthodes indirectes, nous considérons la forme la plus simple des diagrammes : 1) dans le cas où une combinaison ne forme que des mélanges avec les deux métaux qui la composent ; 2) dans le cas où la combinaison forme des solutions solides continues avec ces deux métaux.

FUSIBILITÉ. — Parmi les méthodes indirectes, l'étude de la fusibilité a le plus contribué à établir la structure des alliages. Les mélanges y sont caractérisés par des minima de la courbe de fusibilité et des arrêts eutectiques; les solutions solides, par le rapprochement des courbes du commencement et de la fin de la solidification. Les combinaisons séparées par des mélanges sont caractérisées par des maxima de la courbe et une solidification à température constante (fig. 6, A. I). Les combinaisons englobées dans des solutions solides ne se manifestent que par la solidification à température constante, difficile à distinguer de la solidification des solutions solides, se produisant souvent dans un intervalle de température très restreint. (fig. 6, B. I).

Cette difficulté de fixer avec précision la position des combinaisons entourées de solutions solides est un des inconvénients de la méthode de fusibilité. Un autre inconvénient consiste en ce que la méthode de fusibilité indique la structure des alliages à la température de fusion et non pas à la température ordinaire, qui nous importe surtout.

MÉTHODES ÉLECTRIQUES. — Nous avons vu que la micrographie, la méthode chimique et la fusibilité éprouvent la même difficulté pour indiquer la position des combinaisons entourées de solutions solides. Pour préciser la position de ces composés définis nous devons nous adresser aux propriétés électriques, surtout à la conductivité et au pouvoir thermo-électrique.

En traçant des courbes où les propriétés électriques des alliages sont représentées en fonction de leur composition, nous voyons que pour la conductivité et le cœfficient de température de la résistance une descente de la courbe, plus forte pour les premiers pour cents que pour les suivants, correspond aux solutions solides. Une ligne sensiblement droite correspond aux mélanges. Les combinaisons entourées de solutions solides sont représentées alors par des maxima de la courbe (fig. 6, B. II).

Les composés définis formant entre eux des mélanges ne se manifestent que par des points angulaires, quelquefois assez peu perceptibles (fig. 6, A. II).

Pour le pouvoir thermo-électrique et pour la variation du pouvoir thermo-électrique avec la température, les solutions solides correspondent à une descente ou à une montée de la courbe, plus forte pour les premiers pour cents que pour les suivants. Une ligne sensiblement droite correspond aux mélanges. Les combinaisons entourées de solutions solides sont représentées, ainsi, par des maxima (fig. 6, B. II) ou des minima (fig. 6, B. III) ou peuvent, encore, se trouver sur une branche en forme de S, n'étant marquées par aucun point singulier (fig. 6, C. III). Les composés définis, formant entre eux des mélanges, ne sont, encore, manifestés que par des points angulaires (fig. 6, A. III).

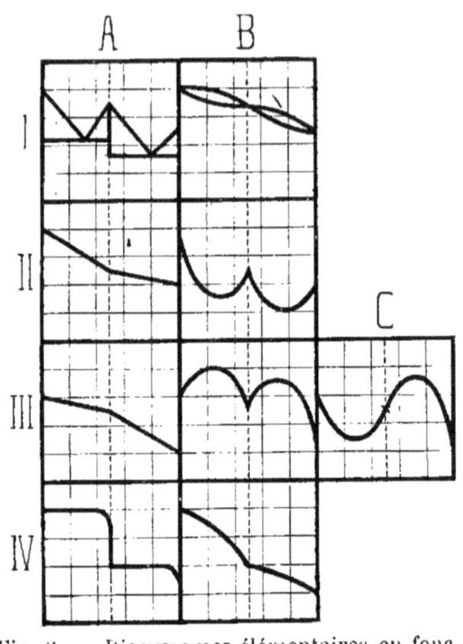

Fig. 6. — Diagrammes élémentaires en fonction de la composition des alliages (abcisses); I, fusibilité; II, conductivité électrique; III, pouvoir thermo-électrique; IV, force électromotrice de dissolution. La colonne A correspond aux mélanges, B et C aux solutions solides.

La force électromotrice de dissolution indique surtout les combinaisons formant entre elles des mélanges (fig. 6, A. IV) et cela par un changement brusque de sa grandeur. Les composés définis entourés de solutions solides sont marqués bien moins nettement (fig. 6, B. IV).

Le point faible des méthodes électriques réside dans la difficulté de la préparation des échantillons avec des alliages très cassants, ainsi que dans l'influence du recuit et des impuretés sur la résistance électrique et la thermo-électricité.

Changement de structure. — Points critiques. — Certains métaux et alliages subissent des changements de structure à des températures déterminées qu'on appelle températures critiques.

Ceci peut être dû, en premier lieu, à une modification allotropique; les métaux qui la subissent ne changent pas alors leur aspect, comme la

plupart des métalloïdes (charbon-graphite-diamant, phosphore blanc
et rouge), mais le changement de leurs propriétés physiques n'en est pas
moins profond.

La formation ou la décomposition des combinaisons est aussi une
cause fréquente d'un changement de structure, un grand nombre de
composés définis n'étant pas stable à toutes les températures. Certains
se forment dans un alliage solidifié au-dessous, d'autres au-dessus, d'une
température déterminée.

Enfin, la variation de solubilité peut influencer la structure, la solubilité d'un métal dans l'autre variant dans les solutions solides, aussi
bien que dans les solutions liquides, en fonction de la température.

Pour déterminer le changement de structure, nous pouvons essayer
de conserver par un refroidissement rapide celle qui est stable à haute
température (trempe) afin de l'étudier à la
température ordinaire. Ce moyen n'est pas
toujours efficace, la transformation s'opérant parfois trop rapidement pour que la
trempe puisse donner la structure primitive.

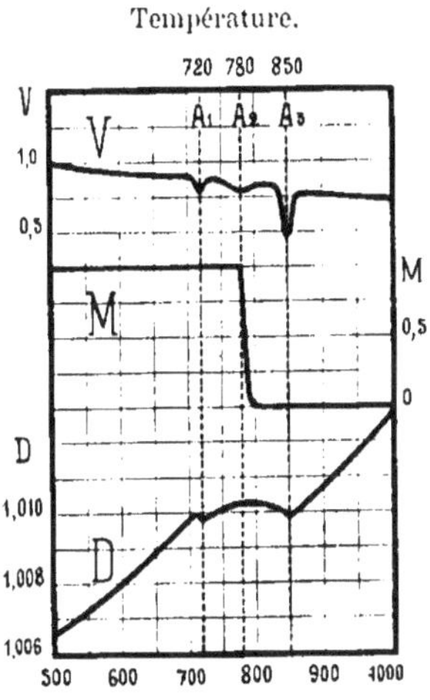

Pour fixer les températures critiques,
on étudie la variation d'une propriété
physique du métal ou de l'alliage en
fonction de la température. Les courbes
représentatives, ainsi obtenues, indiquent
ordinairement les températures critiques
par une discontinuité dans leur allure,
appelée point critique. L'absorption de la
chaleur, la résistance électrique, la thermo-
électricité, le magnétisme et la dilatation
ont servi, ainsi, à déterminer les points
critiques.

Fig. 7. — Points critiques d'un acier
à 0,2 pour 100 de carbone. V, la
vitesse d'échauffement; M, la susceptibilité magnétique; D, la dilatation.

Les points critiques indiquent un
changement de structure s'opérant dans
l'alliage, mais ne nous enseignent pas
sa nature. Ils donnent donc quelquefois lieu à des interprétations arbi-
traires.

La figure 7 nous montre la variation de quelques propriétés physiques d'un acier à 0,2 pour 100 de carbone entre 500° et 1000°. La courbe
de la vitesse d'échauffement indique trois points critiques, A_1, A_2 et A_3,
qui correspondent à des absorptions de chaleur; la perte du ferromagnétisme, visible sur la courbe de la susceptibilité magnétique M, a lieu
au point A_2 vers 780°; la courbe de dilatation D confirme les points A_1 et

A$_3$ par des minima vers 720° et 850°. Le point A$_1$ correspond à la formation d'une solution solide fer-carbone, le point A$_3$ est dû à une modification allotropique du fer, la signification du point critique A$_2$ n'a pas été établie avec certitude.

Succession des méthodes. — Aucune des méthodes, servant à établir la structure des alliages ne peut donner à elle seule des résultats définitifs. Toutes, se complètent et se contrôlent mutuellement et ce n'est que la concordance de leurs indications, qui peut nous donner la conviction de leur justesse.

Pourtant, l'ordre dans lequel ces méthodes doivent être employées n'est pas indifférent. L'application des méthodes électriques nécessite la connaissance du diagramme de fusibilité, afin d'effectuer un recuit convenable. La méthode chimique devrait plutôt être appliquée comme méthode de contrôle, après une détermination des propriétés chimiques des composés définis déjà connus.

La succession suivante des méthodes est donc la plus commode. L'analyse thermique et la micrographie devraient être employées les premières pour indiquer la position des combinaisons entourées de mélanges et les limites des solutions solides.

Les méthodes électriques préciseraient la position des combinaisons entourées de solutions solides et contrôleraient les déductions de l'analyse thermique et de la micrographie.

La méthode chimique s'emploierait ensuite à isoler les combinaisons ne formant pas de solutions solides.

En dernier lieu, l'étude des points critiques nous donnerait des indications sur les changements dans la structure des alliages.

Résultats. — Les résultats obtenus par la métallographie sont déjà très appréciables.

Pour la chimie, elle a ouvert, par ses méthodes, le vaste champ des combinaisons entre métaux, presque inaccessible par les méthodes dites purement chimiques.

A la métallurgie, elle a donné les supports théoriques rendant compréhensibles les procédés, basés auparavant uniquement sur l'empirisme, facilitant et ordonnant les recherches nouvelles.

SOURCES D'INFORMATION

I. — Bibliographie.

Sack. — *Zs. anorg. Chemie*, t. **35**, p. 249, 1903. — Bibliographie générale des travaux sur les alliages jusqu'à 1902.

Bornemann. — *Métallurgie*, t. **6**, pp. 236, 296, 326, 490 et 644, 1909; t. **7**, pp. 89, 103,

572 et 603, 1910; t. **8**, pp. 270, 289, 358 et 676, 1911; t. **9**, pp. 315 et 384, 1912. Résumé et bibliographie des travaux sur l'analyse thermique des alliages binaires. La majeure partie de ce travail a paru sous forme de livre : « Die binären Metallegierungen », Halle, vol. **1** en 1909, vol. **2** en 1912.

Broniewski. — *Journ. de Chimie phys.*, t. **5**. p. 70, 1907. *Revue de Métallurgie*, t. **7**, p. 360, 1910; t. **8**, p. 328, 1911. Recherches sur les propriétés électriques des alliages d'aluminium, Paris, 1911, pp. 123-139. — Bibliographie des propriétés électriques.

Martens. — *Traité des essais des Matériaux*, traduit de l'allemand par Breuil. Paris, 1904. — Bibliographie des propriétés mécaniques.

Legrix et Broniewski. — *Revue de Métallurgie*, t. **10**. p. 1064, 1913. — Dureté.

Communications de l'Association internationale pour l'essai des matériaux, vol. **2**, N. 3, 1911; vol. **2**, N. 6, 1912. — Bibliographie des essais mécaniques en 1908-1910.

Guillet. — *Bull. Soc. Ing. civils*, *1911* (II), p. 208. — Bibliographie de la variation des propriétés mécaniques avec la température.

Moissan. — *Traité de chimie générale*, Paris, 1904-1906. — Dans les trois derniers volumes, consacrés aux métaux, sont indiquées les recherches sur les alliages par la méthode chimique.

Recueil des constantes physiques, publié par MM. Abraham et Sacerdote Soc. fr. de Phys.), Paris, 1912. — Donne au sujet des alliages les diagrammes de solidification (§ 125), de la conductivité électrique (§ 247), du cœfficient de température de la résistance (§ 248), du pouvoir thermo-électrique (§ 272), de la densité (§ 122 et de la dilatation (§ 123 et 51 c); indications sur la structure (§ 121 et la composition (§ 126).

Landolt-Börnstein. — *Physikalisch-chemische Tabellen*, Berlin, 1912. — Donnent, au sujet des alliages, les diagrammes de solidification §§ 150, 151 et 152) et des nombres sur la résistance électrique et son cœfficient de température §§ 233 et 237, la densité (§ 153), la dilatation (§ 91, la conductivité thermique (§ 158, la chaleur spécifique (§ 170) et les propriétés magnétiques (§§ 262-269).

Tables annuelles des constantes et données numériques de chimie, de physique et de technologie. Publiées sous le patronage de l'Association intern. des Académies. Paris (Leipzig, Londres, Chicago). Vol. I pour 1910 publié en 1912; vol. II pour 1911 publié en 1913; vol. III pour 1912 publié en 1914. — Contiennent, au sujet des alliages, les nombres concernant la solidification, la résistance électrique et son cœfficient de température, le pouvoir thermo-électrique, la force électromotrice de dissolution, la densité, les propriétés magnétiques et les propriétés mécaniques. La partie relative aux propriétés mécaniques est mise en vente séparément sous le titre : « *Art de l'ingénieur et métallurgie.* »

II. — Périodiques.

Revue de Métallurgie (Paris), fondée en 1904 par M. Henry Le Chatelier. Concentre actuellement en France les recherches sur la métallographie et la métallurgie; se compose de deux parties, dont la première contient des mémoires originaux, tandis que la deuxième donne des extraits des travaux étrangers.

Bulletin de la Société d'Encouragement pour l'industrie nationale Paris. A publié, à partir de 1894 et jusqu'à la fondation de la *Revue de Métallurgie*, des mémoires importants sur la métallographie, dont un certain nombre fut réédité 1901 en commun sous le titre : « Contribution à l'étude des alliages ».

Comptes rendus de l'Académie des Sciences Paris. Paraissent depuis 1835 et publient des notes succinctes du domaine de toutes sciences, entre autres de la métallographie.

Association internationale pour l'essai des matériaux de construction. Les rapports présentés aux Congrès, qui se tiennent tous les trois ans environ, sont publiés en français, en anglais et en allemand. Ils renferment des documents précieux concernant l'étude des alliages et, particulièrement, des rapports sur les progrès de la métallographie écrits d'abord par Osmond, ensuite par M. Heyn. Les derniers Congrès ont eu lieu à Paris 1900), Budapest (1901), Bruxelles (1906), Copenhague (1909) et New-York 1912).

Journal of the Iron and Steel Institute (London). Paraît depuis 1873, servant de bulletin à la puissante association anglaise pour l'encouragement des recherches sur la sidérurgie. Comme annexes au Journal, sont publiés depuis 1909 les mémoires présentés par les détenteurs des bourses de recherche de Carnegie (Scholarship Memoirs).

Journal of the Institute of Metals (London). Paraît depuis 1909 et concentre en Angleterre les recherches sur les alliages autres que ceux du fer.

Proceedings of the Institution of Mechanical Engineers (London). Paraît depuis 1847; à partir de 1891 publie les rapports important de la Commission des alliages. (« Alloys research Committee », rapports en 1891, 1893, 1895, 1897, 1899, 1904, 1905, 1910 et 1912).

Philosophical Transactions of the Royal Society of London. A publié sporadiquement, depuis 1895, des mémoires importants sur les alliages.

Aux États-Unis, le périodique consacré à la métallographie a subi de nombreuses transformations. *The Metallographist* (Boston), fondé en 1898 par M. A. Sauveur, exista jusqu'à 1903 et fut suivi par *The Iron and Steel magazine* (1904-1906), incorporé en 1906 dans *Electrochemical and metallurgical Industry* (1903-1909) qui devient en 1910 *Metallurgical and chemical engineering* (New-York). Les travaux originaux sur la métallographie sont relativement peu nombreux dans ce dernier périodique.

Bulletin of the American Institute of Mining Engineers (New-York). Paraît depuis 1905, mensuel depuis 1909. Publie des travaux sur la métallographie à côté des mémoires spéciaux sur les mines.

Zeitschrift für anorganische Chemie (Hamburg und Leipzig). A partir de 1904, où la direction du journal fut confiée à M. Tammann, publie de nombreux mémoires sur la métallographie, particulièrement sur l'analyse thermique des alliages.

Metallurgie (Halle). Fondée en 1904, s'occupait de métallurgie et de métallographie générale. A partir de 1913, s'est divisée en deux publications distinctes : le *Ferrum*, consacré à la sidérurgie et *Metall und Erz* s'occupant des métaux autres que le fer.

Stahl und Eisen paraît depuis 1881 et traite surtout la sidérurgie purement industrielle et commerciale. Les articles originaux sur la métallographie y sont assez rares.

Internationale Zeitschrift für Metallographie (Berlin). Fondée en 1911 par M. Guertler, publie des mémoires originaux en allemand, en anglais et en français. La bibliographie des travaux concernant la métallographie y est soigneusement indiquée à partir de 1910.

III. — Traités.

A) En français.

Broniewski, Rengade et Jolibois, voir Rengade, Jolibois et Broniewski.

Buchetti. — Les alliages métalliques actuels et leur métallographie. Paris, 1905, 185 p. in-8°.

>   Description des alliages industriels à base de cuivre avec quelques planches de micrographies. Destiné aux fondeurs.

Cavalier. — Leçons sur les alliages métalliques. Paris, 1909, 466 p. in-8°.

La première partie traite les méthodes d'études des alliages et, plus particulièrement, l'analyse thermique. La deuxième est consacrée aux alliages industriels, dont les bronzes, les laitons et les aciers sont traités avec un soin particulier. Très clair et bien ordonné; destiné aux étudiants.

Gages. — Les alliages métalliques (Encyclopédie scientifique des aide-mémoire, Paris, (1903), 162 p. in-16°.

La première partie contient la description de quelques alliages industriels, la deuxième est consacrée à un exposé rudimentaire des méthodes d'études.

Goerens. — Introduction à la métallographie microscopique, traduit de l'allemand par Corvisy, augmenté par Robin, Paris, 1911.

L'auteur décrit d'une façon détaillée la pratique de la micrographie et indique les éléments de l'analyse thermique. Les notions acquises sont appliquées aux alliages binaires et plus particulièrement aux aciers.

Guillet. — Étude théorique des alliages métalliques, Paris, 1904.

Passe en revue presque toutes les méthodes d'études; suranné.

Guillet. — Étude industrielle des alliages métalliques, Paris, 1904.

Les alliages utilisables y sont passés en revue au triple point de vue : fabrication, propriétés et utilisation. L'album renferme près de 400 micrographies. Destiné aux industriels.

Hemardinquer. — Les alliages métalliques, Paris (1907) 47 p. in-8°.

Description de quelques alliages industriels; indications sur la soudure et l'aluminothermie. A la portée des ouvriers métallurgistes.

Hiorns. — Metallographie, traduit de l'anglais par Bazin, Paris 1903, 202 p. in-8°.

Dispositifs de micrographie et son application aux alliages industriels.

Howe. — Notes pour un laboratoire de métallurgie, traduit de l'anglais par Dorlodot, Paris et Liège, 1905.

91 travaux pratiques à faire exécuter aux étudiants sur les propriétés des alliages, les matières réfractaires et le traitement des minerais.

Ledebur. — Les alliages métalliques et leur emploi dans l'industrie, traduit de l'allemand par Seligmann, Paris, 1894.

Manuel très suranné.

Rengade. — Analyse thermique et métallographie microscopique, Paris, 1909, 176 p. in-8°.

Analyse thermique des solutions, des sels fondus et des alliages. Éléments de la micrographie et de la méthode chimique.

Rengade, Jolibois et Broniewski. — Conférences sur les alliages, Paris, 1912, 36 p. in-8°

Les conférences ont pour sujet l'étude des alliages par l'analyse thermique, la méthode chimique et les méthodes électriques.

Revillon. — La métallographie microscopique (Encyclopédie des aide-mémoire, Paris, (1914).

Exposé populaire des procédés de la micrographie et son application aux alliages, particulièrement aux aciers.

Robin. — Traité de métallographie, Paris, 1912.

La micrographie et son application aux alliages industriels. Exposé volumineux, peu précis.

Savoya. — La métallographie appliquée aux produits sidérurgiques, traduit de l'italien (Actualités scientifiques), Paris, 1911.

Contient quelques micrographies des aciers et la façon de les exécuter.

Schenck. — Chimie physique des métaux, exposé des principes scientifiques de la métallurgie, traduit de l'allemand par Lallement, Paris, 1911.

Les six conférences traitent les propriétés physiques des métaux et des alliages, leur structure, établie par la micrographie et l'analyse thermique, et, enfin, les réactions métallurgiques, dont celles des hauts fourneaux. Destiné aux ingénieurs métallurgistes.

Tassily. — Étude des propriétés physiques des alliages métalliques. Paris, 1904, 200 p. in-8°.

Éléments de l'analyse thermique, de la micrographie et description de quelques méthodes secondaires.

B) En anglais.

Boylston et Sauveur. — Voir Sauveur et Boylston.

Desch. Metallography, Second ed., London, 1913.

L'analyse thermique et la micrographie sont exposées assez amplement, les autres méthodes d'une façon succincte. Courte étude des alliages industriels.

Gulliver. — Metallic alloys : their structure and constitution, London, 1908.

Exposé, quelque peu superficiel, de la micrographie et de l'analyse thermique.

Hiorns. — Voir la traduction française.

Howe. — Iron, steel and other alloys, Boston, U. S. A., 1903.

Éléments de l'analyse thermique, structure et traitement des aciers. Suranné malgré ses qualités pédagogiques.

Howe. The Metallography of steel and cast iron, New-York, 1916, 641 p. in-4°.

Courte introduction sur la métallurgie du fer; constituants des aciers et explication du diagramme fer-carbone. La majeure partie du traité est consacrée à la structure cristalline des métaux et aux effets de diverses déformations mécaniques. Exposé populaire, très personnel.

Howe, Metallurgical Laboratory Notes, Boston, U. S. A. 1902.

Voir la traduction française.

Mellor. — The cristallisation of iron and steel. An introduction to the study of metallography, New-York a. Bombay, 1905.

Éléments de l'analyse thermique et de la micrographie; structure des aciers et leur traitement thermique et mécanique.

Osmond. — Microscopic analysis of metals, edited by Stead, London, 1904 (Nouvelle édition en 1911).

Contient en traduction anglaise deux mémoires d'Osmond : « La métallographie considérée comme méthode d'essais » (1897) et « l'analyse micrographique des aciers » (1901).

Sauveur. — The metallography of iron and steel, Cambridge, U. S. A. 1912.

Exposé populaire de la structure des aciers, leurs transformations, influence du traitement mécanique et thermique, cémentation. Destiné aux étudiants.

Sauveur et Boylston. — Laboratory experiments in metallurgy, Cambridge, U. S. A., 1908.

Indications pour les travaux pratiques de métallurgie et de métallographie. L'étude des aciers y est particulièrement développée.

Stead. Voir Osmond.

C) En allemand.

Bauer et Heyn. — Voir Heyn et Bauer.

Behrens. — Das mikroskopische Gefuge der Metalle und Legierungen, Hamburg und Leipzig, 1894.

Un des plus anciens manuels de métallographie. Ne possède plus qu'une valeur historique.

Desch. — Métallographie, Deutsch von Gaspari, Leipzig, 1914.

    Traduit de l'anglais.

Dessau. — Die physikalisch-chemischen Eigenschaften der Legierungen, Braunschweig, 1910.

    Analyse thermique et son application aux alliages du cuivre et aux aciers.

Gœrens. — Voir la traduction française.

Guertler. — Metallographie, Ein ausfuhrliches Lehr-und Handbuch der Konstitution, und der physikalischen, chemischen und technischen Eigenschaften der Metalle und metallischen Legienengen. Berlin, Paraît depuis 1909.

    Traité colossal, consciencieux et chaotique. Le premier volume contient dans ses 1700 pages in-4° la structure d'un grand nombre d'alliages sur la base de leur diagramme de solidification; l'étude des aciers au carbone y est particulièrement ample. Le deuxième volume est consacré aux propriétés des métaux et des alliages.

Hanemann. — Einfuhrung in die Metallographie und Wärmebechandlung. Berlin, 1915.

Heyn. — Die Matallogrophie im Dienste der Huttenkunde, Freiberg, 1903.

    Exposé élémentaire de l'analyse thermique sur des exemples d'alliages industriels. Suranné.

Heyn und Bauer. — Metallographie, I Allgemeiner Teil, II Spezieller Teil, Leipzig, 1909.

    Dans deux petits volumes sont traités les éléments de l'analyse thermique et la micrographie appliquée aux alliages industriels. Tendances pratiques. Destiné aux contremaîtres métallurgistes.

Janecke. — Kurze Uebersicht über sämtliche Legierungen, Hannover, 1910.

    Théorie de l'analyse thermique, populaire mais précise. L'absence complète de micrographie en diminue quelque peu la clarté.

Ledebur. — Voir la tradition française.

Ruer. — Metallographie in elementarer Darstellung, Hamburg und Leipzig, 1907.

    La première partie traite la théorie de l'analyse thermique sur la base de nombreux diagrammes de solidification. La deuxième est consacrée aux installations pratiques pour l'analyse thermique et la micrographie.

Schenck. — Voir la traduction française.

Tammann. — Lehrbuch der Metallographie, Chemie und Physik der Metalle und ihrer Legierungen, Leipzig und Hamburg, 1914, 390 p. in-8°.

    Dans la première partie, une place prépondérante est consacrée à la théorie de l'écrouissage émise par l'auteur. La deuxième et la troisième partie traitent populairement la théorie de l'analyse thermique des alliages binaires et ternaires.

II. MICROGRAPHIE

(MÉTALLOGRAPHIE MICROSCOPIQUE).

Historique. Le microscope. Préparation des échantillons et la grandeur des cristaux. Préparation des filiations. Inclusion et polissage. Attaque. Effets de l'attaque. Observation. Photographie. La macroscopie. Application industrielle. Mémoires cités aux chapitres I et II.

Historique. — L'observation au microscope d'un alliage brut et l'étude à l'œil nu d'une surface attaquée par un réactif avaient été pratiquées bien avant qu'on eût l'idée de réunir ces deux opérations.

Ainsi, Réaumur (**1722**) observe au microscope « à un grossissement formidable », probablement inférieur à 150, un grain d'acier, dont il fait le schéma (fig. 8 bien conforme à nos conceptions actuelles sur la structure des alliages.

L'attaque de l'acier par un réactif était employée au xviiie siècle par les armuriers, pour en reconnaître la qualité. J.-J. Perret (**1779**) recommande dans ce but l'acide azotique ou l'écorce de citron, qui font apparaître le striage caractéristique de l'acier de Damas et le distinguent des autres aciers, moins cotés. Cette méthode d'observation renaît cent ans après sous le nom de macroscopie.

La micrographie dans sa définition actuelle, c'est-à-dire, l'observation au microscope d'une surface polie et attaquée par un réactif, a été tentée pour la première fois par Sorby (**1864**).

RENÉ-ANTOINE FERCHAULT DE RÉAUMUR
(1683-1757).

Ces essais n'ont eu qu'une faible notoriété et la micrographie a dû être réinventée une quinzaine d'années plus tard par A. Martens (**1878**). Sorby comme Martens se contentaient de reproduire par le dessin

leurs premières observations; la microphotographie des alliages, bien
plus précise, n'a été employée que par Osmond et Werth (1885).

La partie technique des premiers essais de micrographie était très

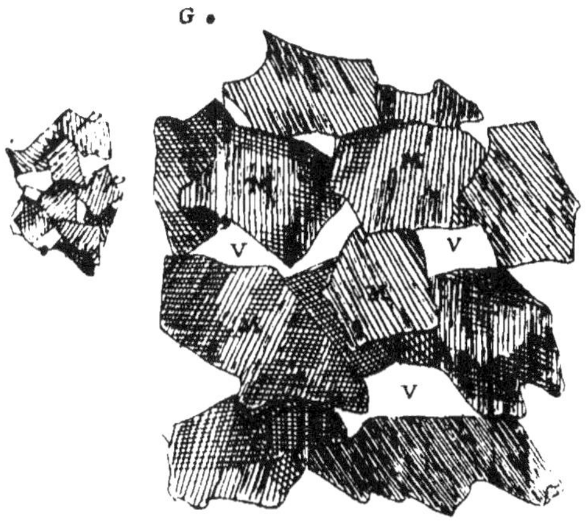

Fig. 8. — Structure cellulaire d'un acier observée au microscope par Réaumur en 1722.
G, — le grain d'acier observé; M, M, — cellules; *à gauche p, p,* — cristaux dans une
cellule. C'est probablement la première observation micrographique.

laborieuse et l'on doit surtout aux travaux de M. H. Le Chatelier (1900
et 1905) la facilité de la micrographie moderne, mise à la portée non
seulement du laboratoire, mais aussi de l'usine.

Le microscope. — L'observation des métaux au microscope nécessite un éclairage par réflexion puissant et uniforme. Le microscope doit fixer la surface polie de l'échantillon perpendiculairement à l'axe de l'objectif et permettre une photographie rapide de la place observée.

Nous décrirons ici le microscope Le Chatelier, le plus employé pour les observations micrographiques.

L'objectif du microscope est dirigé vers le haut et vise l'échantillon posé sur un support. L'éclairage se fait par l'intermédiaire de l'objectif, comme le montre schématiquement la figure 9. Le rayon lumineux, indiqué en pointillé, est dirigé sur l'échantillon E par l'intermédiaire d'un petit prisme à réflexion totale p, qu'il évite au retour pour être envoyé par un grand prisme P dans la chambre photographique. Le prisme P peut être pivoté de 90° autour d'un axe parallèle à l'axe de l'objectif et il envoie alors le rayon lumineux dans l'oculaire dirigé perpendiculairement au plan du schéma.

L'aspect général du microscope est donné par la figure 10.

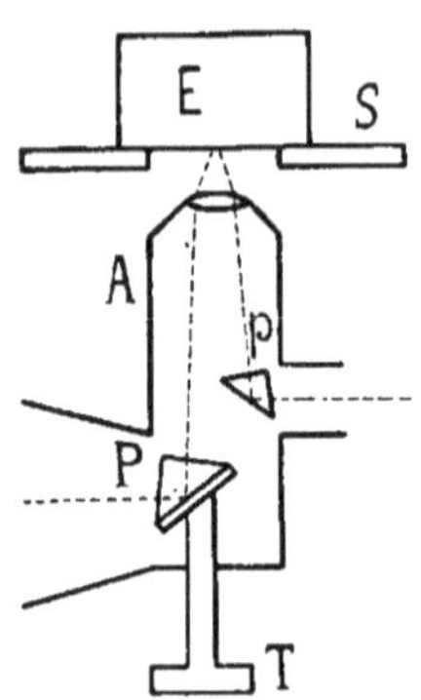

Fig. 9. — Éclairage du microscope Le Chatelier. E — l'échantillon; S — son support; A — l'objectif; p et P — prismes à réflexion totale; T — pivot du prisme P.

Le rayon lumineux, issu d'une lampe N, est concentré par la lentille L sur le diaphragme C, traverse le microscope, en se reflétant de la surface de l'échantillon E, et tombe sur la plaque photographique

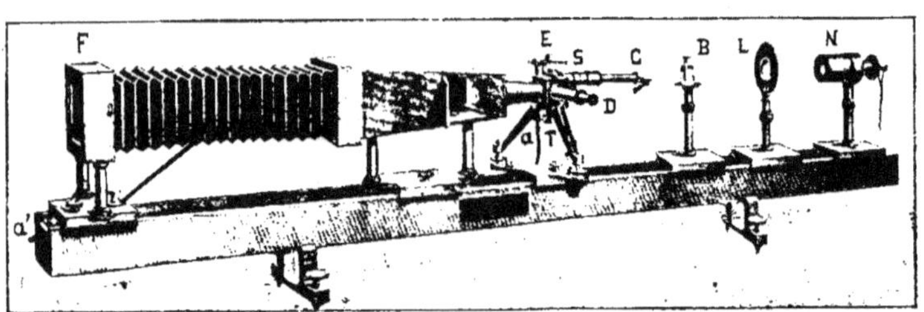

Fig. 10. — Microscope Le Chatelier. N — lampe; L — lentille; B — filtre monochromatique; C — diaphragme; E — échantillon; S — son support; D — oculaire; F — verre dépoli ou plaque photographique; a et a' vis de réglage; T — pivot du prisme réflecteur.

F. Un mouvement du pivot T peut envoyer le rayon lumineux dans l'oculaire D.

Le flacon à faces parallèles B, rempli d'un liquide coloré, sert de filtre pour donner une lumière monochromatique.

Comme liquide pour les filtres il est commode d'employer une solution saturée de bichromate de potassium (filtre jaune) ou une solution ammoniacale de sulfate de cuivre (filtre bleu),

La manipulation du microscope se fait de la façon suivante.

On relève le support S à l'aide d'une crémaillère (cachée par le corps du microscope sur la figure) pour placer l'objectif à grossissement voulu et l'on rabaisse le support ensuite. L'observation doit toujours se faire en commençant par le plus petit grossissement.

L'échantillon E est placé sur le support S dont la position est réglée par la vis micrométrique a de façon à donner une image nettement observable par l'oculaire D. Le déplacement de l'échantillon est assuré par les trois vis micrométriques du support.

Ayant choisi sur l'échantillon l'endroit qu'on désire photographier, on projette l'image sur le verre dépoli F par un mouvement du pivot T. La mise au point de l'image se fait par une allonge flexible a' à la vis de réglage a.

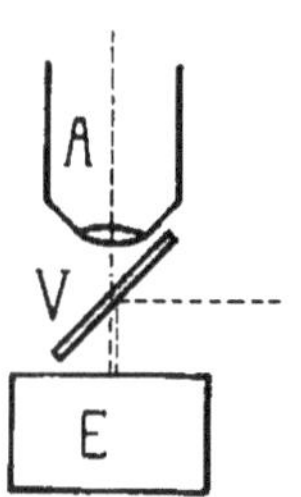

Fig. 11. — Éclairage par lame transparente. E —échantillon; A — objectif; V — lame de verre à faces parallèles.

Un MICROSCOPE ORDINAIRE peut servir pour les observations métallographiques si l'on intercale entre le corps du microscope et son objectif un éclaireur Nachet, analogue à celui du microscope Le Chatelier.

On peut aussi éclairer l'échantillon par l'intermédiaire d'une plaque de verre interposée sous un angle de 45° entre l'échantillon et l'objectif (fig. 11). Une partie d'un faisceau lumineux horizontal, indiqué en pointillé, se réfléchit de la lame à faces parallèles V, tombe sur l'échantillon E et traverse la lame V pour entrer dans l'objectif A. Dans ce mode d'éclairage une faible partie seulement de la lumière disponible est utilisée.

Dans les cas, où le polissage laisse paraître en saillie certains éléments (polissage en bas reliefs) on peut aussi employer un éclairage latéral de l'échantillon à l'aide d'une lentille ou d'un miroir.

En employant un microscope ordinaire il est nécessaire de placer la surface polie de l'échantillon perpendiculairement à l'objectif. On peut employer dans ce but le dispositif indiqué sur la figure 12. Une bande métallique est pliée sur ses deux extrémités de façon à ce que le plan mené par aa' bb' soit parallèle au plan formé par le fond. L'espace entre les bords repliés est rempli de cire; l'échantillon est posé par sa face polie sur une table et incrusté dans la cire jusqu'à ce que les bords aa' et bb' ne touchent la table.

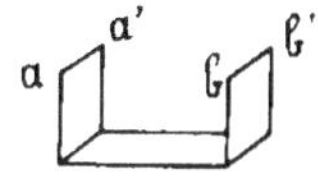

Fig. 12. Dispositif pour rendre horizontale la face polie de l'échantillon.

Dans le MICROSCOPE MARTENS l'objectif est placé horizontalement et un dispositif spécial permet de régler le plan de l'échantillon par rapport à l'objectif.

Préparation des échantillons et la grandeur des cristaux. — Très souvent l'alliage, destiné à être observé au microscope, est préparé ailleurs et sa structure ne doit pas être modifiée.

Lorsque la préparation de l'alliage dépend de nous, elle doit tendre à ce que les cristaux observés ne soient pas trop petits, l'image perdant toujours de sa netteté à des forts grossissements.

Les cristaux d'environ 0,1 de millimètre sont les plus commodes à observer; on utilise alors un grossissement de 50 à 100.

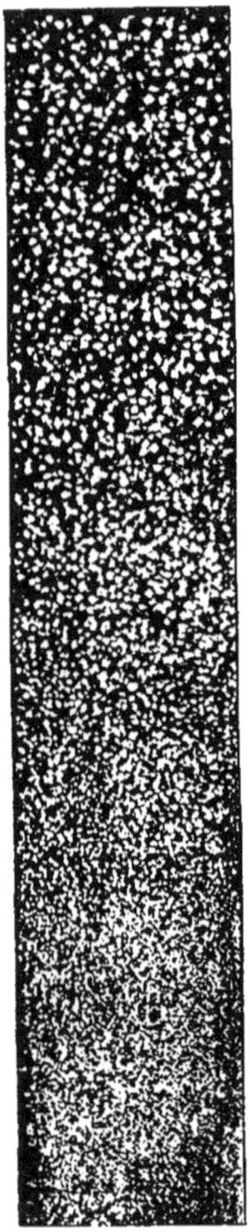

La grandeur des cristaux dépend de la vitesse de solidification et du refroidissement des alliages, les cristaux étant d'autant plus grands, que l'alliage a été refroidi plus lentement.

La figure 13 nous montre un alliage étain-antimoine solidifié dans un tube refroidi par le bas. La vitesse de refroidissement y a été plus grande qu'à la partie supérieure et les cristaux y sont moins développés.

Dans des conditions de refroidissement particulièrement lent, les cristaux peuvent atteindre des dimensions de plusieurs centimètres. Ainsi la figure 14 nous montre un cristal trouvé dans la cavité d'un lingot d'acier de plusieurs tonnes, la masse liquide entourant ce cristal ayant subi le retrait de la solidification.

Préparation des filiations. — Le principe des filiations avait été indiqué par M. H. Le Chatelier (1900); la technique de leur préparation est assez variable suivant les métaux qu'on désire allier. Les indications suivantes pourront suffire dans la grande majorité des cas.

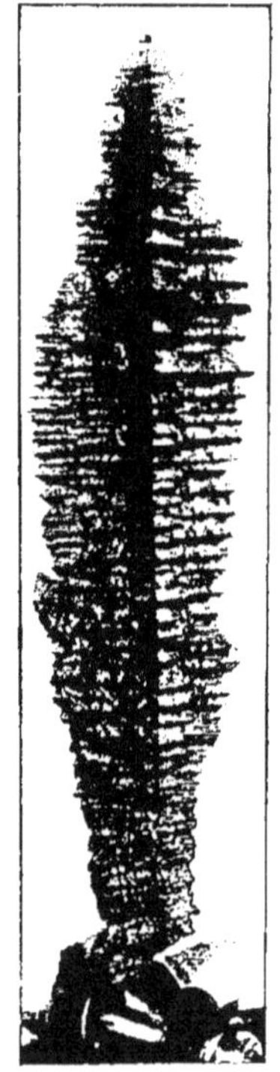

Un tube en verre de Iéna ou en silice fondue, de 5 millimètres de diamètre intérieur et de 5 centimètres environ de longueur, est fermé à un bout.

Le métal le plus dense des deux, qu'on désire allier, est fondu le premier dans le tube, dont il remplit la moitié. On attend la solidification avant de remplir le tube du deuxième métal et l'on chauffe

Fig. 13. — Alliage étain-antimoine refroidi rapidement par le bas. (Le Grix, 1911.)

Fig. 14. — Cristal d'acier, long de 39 centimètres, trouvé par M. Tchernoff (1899).

le tout rapidement jusqu'à la température de fusion du métal le plus
réfractaire. Quelques minutes (de 1 à 5) d'attente permettent la formation de la filiation, qu'on refroidit ensuite assez rapidement (de 3 à
15 minutes).

La longueur de la filiation est réglée par le temps de sa formation,
elle ne doit pas dépasser 10 millimètres; pour les filiations simples, ne
contenant pas de composés définis, une longueur de 1 à 2 millimètres
est amplement suffisante.

Quelquefois il est nécessaire de jeter entre les deux métaux un grain
de fondant (ordinairement un mélange de chlorures de métaux alcalins
ou le borax) afin d'éliminer la couche d'oxyde qui pourrait empêcher
la filiation de se former. Pour les métaux attaquant la silice (Al, Mg), on
peut employer un creuset en charbon, qu'on obtient facilement en forant
une électrode en charbon graphité avec une mèche de 5 millimètres.

La filiation, qui peut être très fragile, doit être dégagée avec précautions du tube, noyée dans de la gomme laque et traitée comme un
échantillon ordinaire.

L'aspect des filiations peut être très sensiblement modifié par la
présence d'un troisième métal, même en petite quantité. De cette
constatation dérivent les filiations analytiques de M. Le Grix (1911),
servant à déceler les impuretés d'un métal, imperceptibles par l'observation micrographique directe.

Ainsi, par exemple, nous voyons sur les figures 15 et 16 les filiations
du bismuth avec l'étain pur et l'étain contenant 30 % de plomb. Les alliages étain-bismuth ne forment pas de combinaisons et la figure de
gauche nous montre les cristaux des deux métaux séparés par un
eutectique. L'aspect de la filiation change nettement lorsque l'étain
contient du plomb; sur la figure de droite on voit alors apparaître à la place de l'eutectique, des cristaux caractéristiques d'un alliage ternaire étain-bismuth-plomb.

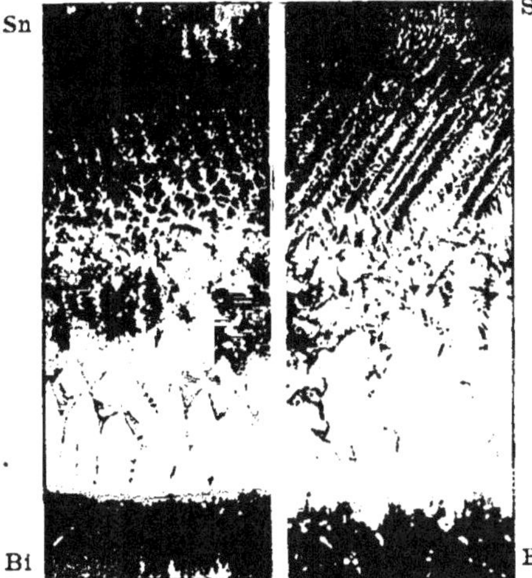

Fig. 15 et 16. — Filiations analytiques de M. Le Grix.
A gauche : bismuth-étain. *A droite :* bismuth-étain
impur. contenant 30 pour 100 de plomb.

Inclusion et polissage. — La technique du polissage et de l'attaque
des échantillons diffère nécessairement d'un laboratoire à l'autre.
Nous allons indiquer la technique en usage au laboratoire de M. H. Le
Chatelier à la Sorbonne.

Des échantillons de quelques millimètres sont amplement suffisants pour l'observation microscopique et ne demandent que peu de temps pour le découpage et le polissage. Pour la commodité du polissage et de l'observation, ils sont incrustés dans de la gomme-laque suivant le procédé de M. G. Le Grix (1911). Les opérations se succèdent de la façon suivante :

1. — Un fragment de métal est découpé à la scie ou détaché au marteau ;

2. — Ce fragment est placé sur une plaque métallique au milieu d'un tube de laiton de 15 millimètres de diamètre et de 10 millimètres de hauteur ; le tube est rempli de gomme-laque ; un léger choc le dégage de la plaque métallique ;

3. — L'échantillon incrusté est dégrossi au papier de carborundum ; les arêtes du tube sont rabattues avec une lime ; les cavités de l'échantillon sont remplies de gomme-laque ;

4. — Passage de l'échantillon sur du papier d'émeri N0000 et lavage à l'eau ; passage sur du papier potée d'émeri N0000 et nouveau lavage à l'eau. Si l'on veut éviter le polissage en bas-relief, le papier d'émeri est placé sur un support dur, ordinairement une plaque de verre.

La figure 17 (I, II et III) nous montre les phases successives du polissage.

Fig. 17. — Polissage et attaque d'un fragment du cristal de Tchernoff (voir la figure 14). I — Émeri 0000 ; II — potée 0000 ; III — alumine ; IV — attaque à l'acide picrique (Le Grix).

5. — Polissage par l'alumine en suspension depuis 4 heures et lavage à l'eau distillée ; finissage par l'alumine en suspension depuis 16 heures, lavage à l'eau distillée et séchage dans un courant d'air comprimé.

Le polissage se fait par croisement des raies et la position de l'échantillon doit changer assez fréquemment pour que les raies formées puissent être éliminées par d'autres, qui leur sont perpendiculaires. Par l'emploi des poudres de plus en plus fines les raies deviennent de plus en plus minces et finissent par devenir invisibles, même au microscope.

En passant d'une catégorie de poudres à une autre, il faut laver soigneusement l'échantillon, car quelques grains plus gros, mélangés à la poudre employée, suffisent déjà pour empêcher une progression dans la finesse des raies.

Le polissage à l'alumine se fait sur un disque tournant recouvert de drap et humecté par de l'eau, avec de l'alumine en suspension, projetée par un vaporisateur.

La figure 18 représente un polisseur à deux disques, mû par un moteur électrique. L'un des disques sert pour le polissage et l'autre pour le finissage des échantillons.

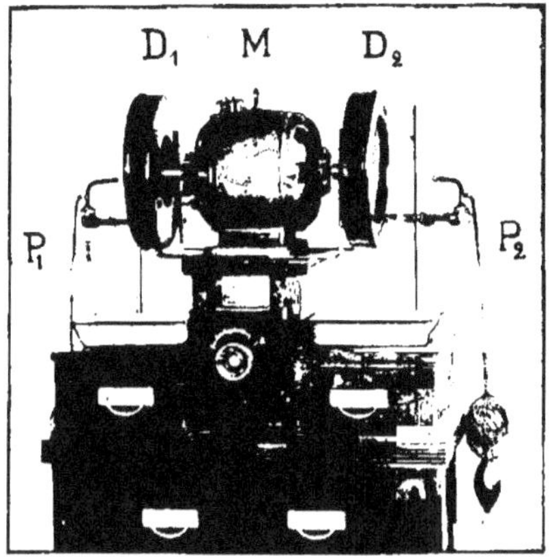

Fig. 18. — Machine à polir. M — moteur électrique; D₁ et D₂ — disques tournants; P₁ et P₂ — vaporisateurs.

L'alumine pour le polissage est préparée de la façon suivante : 1 kilogramme d'alumine calcinée au-dessus de 1000°, broyée ensuite soigneusement dans un broyeur à billes ou dans un mortier, est mise dans un flacon, d'environ 20 litres, contenant de l'eau distillée. Le flacon est agité fortement, puis laissé en repos 4 heures (ou 16 heures), après quoi l'alumine restée en suspension est décantée et le flacon rempli de nouveau avec de l'eau distillée. L'opération peut se répéter ainsi plusieurs fois avec la même portion d'alumine. Le liquide décanté sert directement pour le polissage.

Pour les alliages d'une dureté moyenne, peut servir l'alumine hydratée d'une préparation fort simple (Robin, 1908). On amalgame des plaques minces d'aluminium en les secouant quelques minutes avec du mercure dans un flacon ou en les immergeant dans une solution de chlorure mercurique. Abandonnées à l'air, ces plaques se couvrent rapidement de cristaux filiformes d'alumine hydratée, facile à broyer en poudre très fine.

L'attaque. — L'attaque de la surface polie par un réactif a pour but de différencier par la coloration les divers éléments d'un alliage. Lorsque nous nous trouvons en présence d'un alliage nouveau, aucune méthode générale ne nous guide dans son attaque, les propriétés chimiques de ses éléments étant inconnues. C'est donc par tâtonnement qu'on arrive à trouver le meilleur réactif.

Nous ne pouvons que donner la liste des réactifs les plus employés.

1. — Acides azotique, chlorhydrique, sulfurique, et chromique dilués au 0,01ᵉ en volume.

2. — Solutions concentrées d'ammoniaque, de soude et de potasse.

3. — Sulfure d'ammonium, perchlorure de fer, hyposulfite de soude, azotate d'argent et cyanure de potassium en solution.

4. — Vapeurs dégagées par l'eau de brome.

Les réactifs employés pour les aciers et les fontes ont été sélectionnés par une pratique déjà longue. En voici les principaux :

1. L'acide picrique en solution alcoolique de 4 % (Igewsky, 1903) ou saturée (Robin et Gartner, 1911).

2. Solution de 4 % en volume de l'acide azotique dans de l'alcool iso-amylique (Kurbatow, 1905).

3. L'acide mététanitrobensolsufonique en solution alcoolique de 4 % (Benedicks, 1909).

4. Solution alcaline de picrate de soude à 4 %, employée à l'ébullition (H. Le Chatelier, 1903).

5. L'acide azotique concentré (Osmond, 1895), dont l'attaque était arrêtée par la passivité du fer, la teinture de iode (Osmond 1895), la solution de 3 % en volume de l'acide azotique dans de la glycérine (Speller, 1903) et la solution de 1 % en volume d'acide chlorhydrique dans l'alcool absolu (Heyn, 1904), ne sont encore que rarement employés, malgré les résultats satisfaisants, qu'ils ont donnés.

6. Les schories sont visibles au microscope avant l'attaque (fig. 17, III). Pour les différencier on peut employer comme réactifs (Matweieff, 1910), l'hydrogène, la vapeur d'eau surchauffée et l'acide tartrique.

L'attaque est faite en déposant une goutte de réactif sur l'échantillon à l'aide d'une baguette de verre. Lorsque le réactif est en solution alcoolique, il faut prendre garde que la goutte ne déborde pas sur la gommelaque. Après quelques instants on lave l'échantillon à l'eau distillée, et on le sèche dans un courant d'air.

L'ATTAQUE ÉLECTROLYTIQUE, indiquée par M. H. Le Chatelier (1896), donne parfois des résultats intéressants. On fait passer un courant de quelques milliampères par un électrolyte, dans lequel est immergé l'échantillon. Deux fils de platine servent d'électrodes, l'anode étant mise en contact avec l'échantillon. Comme électrolyte, on emploie le plus souvent le chlorure d'ammonium, l'hyposulfite de soude, et la soude caustique, ce dernier réactif servant surtout à déceler les phosphures dans les fontes et les aciers (Coste).

L'attaque par OXYDATION, en chauffant l'échantillon, et l'attaque pendant le polissage, dite POLISSAGE-ATTAQUE (Osmond), ne sont plus guère employées.

Effets de l'attaque. — Dans un alliage hétérogène, la vitesse de l'attaque est différente pour chacun de ses éléments, ce qui permet de les distinguer. On cherche ordinairement un réactif qui ne colore pratiquement qu'un seul élément, l'autre restant brillant et paraissant intact. Quelquefois la couleur des produits de l'attaque accentue la différence entre les éléments attaqués.

Dans un métal ou un alliage homogène, l'attaque creuse les joints entre les cristaux (fig. 3). On explique ordinairement ce fait par la présence d'impuretés insolubles qui, placées entre les cristaux, sont attaquées les premières. Les métaux, dits purs, ne le sont que relativement et l'on peut toujours y découvrir quelques traces d'impuretés. Parfois aussi, des fentes très fines entre les cristaux ou les cellules, produites pendant le retrait, sont mises en évidence par l'attaque.

Une explication différente est donnée par MM. Rosenhain et Even (1912), qui admettent l'existence d'un ciment amorphe unissant les cristaux et plus attaquable qu'eux.

Certains réactifs n'attaquent que les joints entre les cristaux, même dans un alliage hétérogène. C'est, entre autres, le cas de l'acide picrique appliqué aux aciers; sur l'échantillon qui nous a servi d'exemple, il fait voir (fig. 17, IV) des cristaux de fer sur un fond (la perlite) gris où seuls les joints entre des cristaux ont subi l'attaque.

On voit parfois dans un métal ou dans un alliage homogène des cristaux si différemment colorés, que la micrographie donne l'impression d'un alliage hétérogène (fig. 19). Ceci est dû au fait, que les cristaux, même ceux du système cubique, n'ont pas des propriétés identiques en tous leurs points; aussi la vitesse de la réaction diffère suivant l'orientation du cristal par rapport à la surface d'attaque. Comme les cristaux, appartenant à la même cellule, ont une orientation semblable, ils donnent à leur cellule une coloration uniforme qui la distingue, le plus souvent, des cellules voisines.

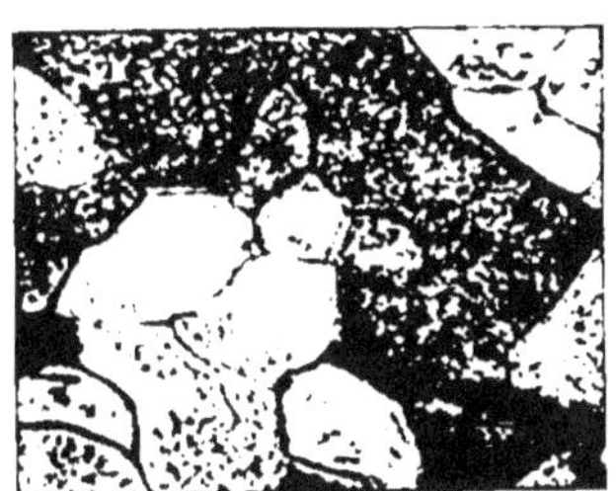

Fig. 19. — Structure cristalline du fer (Osmond, 1901). Gr. = 500.

L'observation. — L'observation au microscope avant l'attaque met en évidence non seulement la valeur du polissage, mais aussi certaines particularités de la structure de l'échantillon, notamment, sa porosité, l'inclusion des scories, ainsi que l'existence d'éléments durs ressortant en relief par le polissage.

Lorsque la structure de l'échantillon est complexe, il est utile de faire succéder plusieurs attaques afin de différencier plus aisément les divers éléments. Après une première observation, on repolit l'échantillon par l'alumine et on l'attaque par un autre réactif.

M. Le Grix (1907) a indiqué un dispositif de repérage très simple pour retrouver la place précédemment observée et permettant ainsi des études plus précises sur l'action de différents réactifs.

Sur le support mobile S, soutenant l'échantillon E devant l'objectif, sont soudés deux couteaux *a* et *b*, comme le montre la figure 20.

Une fine entaille, faite avec la scie sur l'échantillon, s'adapte contre le couteau *a*, le couteau *b* servant de butoir. La position de l'échantillon sur le plan du support est, ainsi, parfaitement définie.

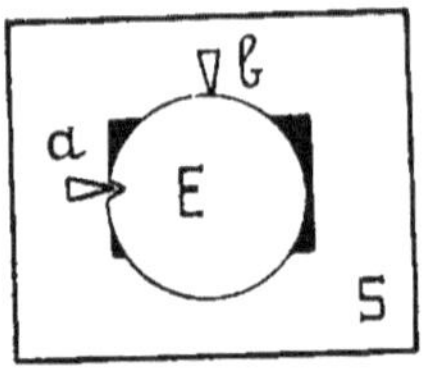

Le grossissement du microscope est déterminé en remplaçant l'échantillon par une plaquette de verre, portant gravées des divisions parallèles, distantes de 0,01 de millimètre. La distance de ces divisions, mesurée en millimètres sur la photographie et multipliée par 100, donne le grossissement.

Fig. 20. — Dispositif pour le repérage. E — l'échantillon posé sur l'ouverture du support S. *a* et *b* — couteaux soudés au support.

La Photographie. — La photographie se fait, comme d'ordinaire, en remplaçant le verre dépoli par une plaque photographique. Le temps d'exposition dépend dans de très larges limites de l'éclairage, du grossissement et de la coloration de l'échantillon. On l'apprécie approximativement par l'aspect de l'image sur le verre dépoli.

Le développement doit être assez lent pour faire apparaître tous les détails (15 minutes environ). Le révélateur à oxalate ferreux donne de bons résultats en employant 100 cm³ de solution saturée d'oxalate neutre de potasse, 25 cm³ de solution saturée de sulfate ferreux et 5 cm³ de solution saturée de bromure de potassium.

Pour la photographie des filiations, trop longues pour être reproduites sur une plaque, on dispose l'échantillon de telle façon, que le mouvement d'une seule vis micrométrique du support puisse faire passer toute l'image sur le verre dépoli. Les photographies successives, prises en maniant cette vis, doivent avoir des parties communes pour permettre leur raccordement.

L'opération doit être faite aussi rapidement que possible, avec une source de lumière bien constante et un temps de pose identique pour tous les clichés. Le développement de ces clichés se fait en même temps et dans la même cuvette photographique. Les positifs se font sur du papier à développement, en adoptant les précautions indiquées pour les négatifs.

Macroscopie. — La macroscopie consiste dans l'observation à l'œil nu des lignes de corrosion d'une surface d'acier poli au papier d'émeri. Pratiquée à la fin du xviii° siècle, elle a été renouvelée par M. Van Ruth (1872) et développée surtout par MM. Martens, Heyn et Ast.

La macroscopie a pour but : 1° de vérifier l'homogénéité des pièces obtenues en partant des lingots d'acier fondu; 2° de vérifier le mode de fabrication des pièces.

Lors de la solidification de l'acier, les impuretés, notamment les sulfures et les phosphures, se solidifient en dernier lieu au centre du lingot, comme le montre la figure 21.

Cette structure hétérogène se conserve dans les produits du laminage des lingots, ainsi que nous le voyons sur la figure 22. L'enveloppe saine y est même relativement plus mince, car les pertes, dues au laminage se font à ses dépens.

Les essais de corrosion peuvent aussi révéler les fentes provenant des retassures (poches creuses dans le lingot) aplaties par le laminage. Ainsi, deux fentes sont visibles sur la macroscopie précédente.

Le mode de fabrication (estampage, forge, laminage) est indiqué par des lignes dues aux déformations que le métal a subies pendant son travail (lignes d'écoulement) et qui apparaissent par la corrosion.

Ainsi, les figures 23 et 24 nous montrent la macroscopie de crochets de wagons qui doivent être forgés suivant le cahier de charges. Celui de droite a été, en effet, forgé, mais pas d'une seule pièce, car dans son extrémité on voit une soudure. Le crochet de gauche a été obtenu, contrairement à la commande, par coupure dans une tôle d'acier et conserve encore les lignes de déformation produites par le laminage de cette tôle.

Comme réactifs pour la macroscopie, on emploie, le plus souvent, l'acide chlorhydrique à 30 pour 100 ou l'acide sulfurique à 20 pour 100; l'attaque dure, parfois, quelques heures. Un meilleur résultat est obtenu par l'emploi d'une solution aqueuse

Fig. 21 et 22. — En *haut :* macroscopie de la coupe transversale d'un lingot d'acier fondu. En *bas :* macroscopie de la coupe transversale d'un rail. (Ast, 1906.)

à 20 pour 100 d'iodure de potassium et 10 pour 100 d'iode sublimé. M. Heyn (1906) attaque les échantillons, polis comme pour la micrographie, par une solution de chlorure double de cuivre et d'ammonium (9 %) qui, en quelques minutes, donne une coloration susceptible d'être examinée au microscope et à l'œil nu.

Les essais de macroscopie se font d'une façon courante par certaines usines et compagnies de chemin de fer en Allemagne, en Autriche et en Suisse.

Application industrielle. — La micrographie est employée d'une façon courante dans les usines pour des services assez divers.

Quelquefois elle peut remplacer une analyse chimique sommaire, lorsque la structure hétérogène de l'alliage varie sensiblement avec sa composition et le traitement thermique est bien défini. C'est ainsi qu'on l'applique aux aciers recuits, aux laitons durs et aux bronzes.

La micrographie agit comme une analyse chimique de précision lorsqu'elle est employée, par exemple, pour la recherche des scories dans l'acier ou de l'oxydule dans le cuivre.

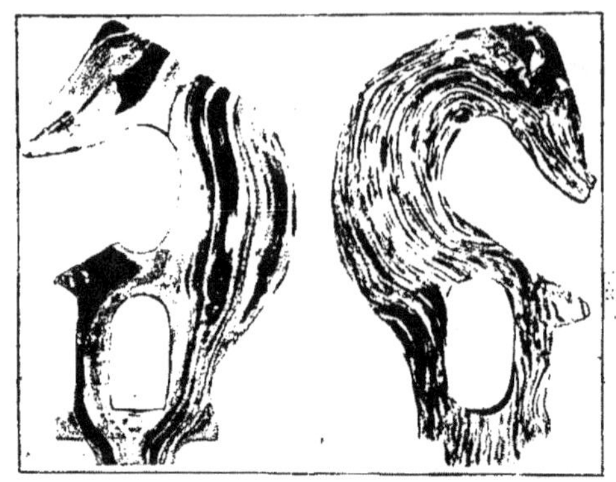

Fig. 23 et 24. — Macroscopie de crochets de wagons. *A gauche* : crochet coupé dans une tôle. *A droite* : crochet forgé. (Frémont, 1908.)

Mais le plus souvent, on demande à la micrographie des indications concernant l'action du traitement thermique sur la structure. La grosseur du grain de l'alliage, le degré de trempe ou de revenu dans l'acier sont des facteurs importants, qui ne peuvent être déterminés directement que par la micrographie.

Mémoires cités aux chapitres I et II.

—

Asl, *Assoc. intern. pour l'essai des matériaux, Congrès de Bruxelles*, 1906, rapport 36 f.

Benedicks, *Revue de Metall.*, 6-868-1909.

Cartaud et Osmond, Voir Osmond et Cartaud.

Even et Rosenhain, Voir Rosenhain et Even.

Frémont, *Revue de Metall.*, 5-649-1908 (Macroscopie).

Gartner et Robin, Voir Robin et Gartner.

Heyn, *Verh. d. Ver. zur Bef. d. Gewerbefleisses*, 1904, p. 355.

— *Assoc. intern. pour l'essai des matériaux, Congrès de Bruxelles*, 1906, rapport 6 f.

Igewsky, *Stahl u. Eisen* 23-120-1903 (acide picrique, cite le picrate de soude de M. Le Chatelier).

Kurbatoff, *Revue de Metall.*, 2-169-1905 ; 3-648-1906.

Le Chatelier (H.), *Revue générale des Sciences*, 6-529-1895.

— *Bull. Soc. Encour.*, 1896, p. 559 (attaque électrolytique).

Le Chatelier (H.), *Bull. Soc. Encour.*, 1900, 2ᵉ sem., p. 365; Contribution à l'étude
     des alliages, Paris, 1901, p. 421; *Revue de Metall.*, **2**-528-1905
     (micrographie, filiations).

Le Grix, *Revue de Metall.*, **4**-1026-1907 (L. Guillet); **8**-335 et 613-1911.

Martens, *Zs. des Ver. d. deutsch Ing.*, **21**-11, 205 et 481-1878; **24**-397-1880.

Matweieff, *Revue de Metall.*, **7**-447 et 848-1910.

Osmond, *Bull. Soc. Encour.*, 1895, p. 480; Contribution à l'étude des alliages, Paris,
     1901, p. 277 (revu et complété).

Osmond et Cartaud, *Revue de Metall.*, **4**-819-1907.

Osmond et Werth, *Annales des Mines* (8)-**8**-5-1885.

Perret (J.-J.), Mémoire sur l'acier, Paris, 1779, p. 15.

Réaumur, L'art de convertir le fer forgé en acier, Paris, 1722.

Robin, *Revue de Métall.*, **5**-751-1908.

Robin et Gartner, *Revue de Métall.*, **8**-224-1911.

Roozeboom, *Zs. f. phys. Chem.*, **30**-385-1899.

Rosenhain et Even, *Journ Inst. of Metals*, **8**-149-1912.

Sorby, *Sheffield literary a. philosophical Society*, février 1864.

Speller, *Metallographist*, **6**-264-1903.

Tchernoff, *Metallographist*, **2**-74-1899.

Van Ruth, *Berg-u. Hüttenmännische Zeitung*, Leipzig, 1872.

Werth et Osmond, Voir Osmond et Werth.

III. MÉTHODE CHIMIQUE

Historique. — Conditions d'application. — Séparation par réactifs. — Causes d'erreur. — Séparation par l'électrolyse. — Méthode de M. Lebeau. — Séparation par la fusion ou l'évaporation. — Exemple. — Essais de corrosion. — Conclusions. — Mémoires cités au chapitre III.

Historique. — Deville et Debray ont indiqué (en 1859) qu'un alliage de platine et d'étain, riche en étain, attaqué par l'acide chlorhydrique, laissait un résidu cristallin d'une combinaison.

Cette observation était le point de départ de la méthode chimique, qu'on avait cru pendant un certain temps suffisante pour déterminer les combinaisons des alliages avec la précision que comporte la définition des autres composés de la chimie minérale.

Ces espérances ont été déçues en grande partie. Appliquée souvent dans des conditions expérimentales défectueuses ou avec inconscience des limites de son application, la méthode chimique a donné de nombreux résultats erronés. Elle reste, pourtant, une des principales méthodes pour l'étude des alliages, aussi bien par son importance historique, que par les services qu'elle peut rendre appliquée parallèlement aux méthodes indirectes, surtout dans le groupe des alliages des métaux avec les métalloïdes.

HENRY SAINTE-CLAIRE DEVILLE
(1818-1881).

Conditions d'application. — La méthode chimique ne s'applique qu'à des lingots d'alliages hétérogènes, formés par des mélanges. Les alliages homogènes (solutions solides ou combinaisons) se dissolvent complètement sous l'influence du réactif ou laissent un résidu boueux, qui n'est d'aucune utilité pour la détermination de la structure. Il est donc indispensable d'examiner le lingot au microscope avant de le soumettre à un traitement par la méthode chimique.

Lorsque l'alliage est hétérogène, on peut toujours, en principe, espérer isoler chimiquement un des éléments du mélange. Mais l'élément isolé peut être une solution solide limite et non pas une combinaison. La méthode chimique est incapable de distinguer les deux cas, car, en considérant les erreurs dues à l'analyse, à l'attaque incomplète ou par trop poussée, on parviendra toujours à attribuer une formule chimique à la solution solide isolée. C'est ainsi, par exemple, que la formule Al_3Ag_4 a été attribuée par M. Guillet (1902) à la solution solide limite de l'aluminium dans le composé Al_4Ag_3.

Le seul cas, purement théorique jusqu'à présent, où la méthode chimique pourrait affirmer avoir isolé un composé défini et non pas une solution solide, est celui, où le même résidu serait séparé de deux alliages dont un a une composition supérieure et l'autre une composition inférieure à celle du résidu. Ceci n'est possible que dans le cas relativement rare d'une combinaison ne formant que des mélanges mécaniques avec ses deux constituants voisins.

Lorsque ce cas ne se présente pas, l'unique moyen de savoir si la combinaison forme des solutions solides avec les deux constituants voisins ou avec un seul, est de déterminer la position de cette combinaison par les méthodes électriques. Le composé formant des solutions solides avec ses deux constituants voisins n'est pas isolable par les méthodes chimiques, celui qui ne dissout qu'un constituant peut être, en principe, isolé de ses mélanges avec le constituant insoluble.

Séparation par réactifs. — Afin de séparer un élément de l'alliage, en dissolvant l'autre par un réactif, il faut procéder par tâtonnement, car il n'existe aucune méthode guidant le choix du réactif.

Ce fait a même provoqué des doutes sur la possibilité de considérer la méthode chimique comme indépendante.

Les études préliminaires sont ordinairement faites par la micrographie qui permet de se rendre compte, en première approximation, de l'action des réactifs. En effet, l'attaque micrographique et l'attaque chimique ne diffèrent que quantitativement, l'une étant superficielle et l'autre profonde.

Les acides dilués et les alcalis servent le plus souvent comme réactifs. M. H. Le Chatelier (1895) avait aussi employé pour l'isolement chimique les sels de métaux peu actifs, se laissant substituer par le métal à éliminer; le chlorure de plomb permettait, par exemple, l'élimination de l'excès de zinc et l'isolement de la combinaison Zn_2Cu.

Quelquefois on voit aussi des réactifs spéciaux, basés sur les propriétés chimiques particulières des métaux. Ainsi, par exemple, M. Lebeau a éliminé le sodium à l'état de sodammonium (1900) et le magnésium comme composé organo-magnésien (1909 pour mettre en évidence des combinaisons (Na^3Bi, Na^4Sn, Na^3Sb, $Si\,Mg$) altérables par les solutions aqueuses.

Causes d'erreur. — Lorsqu'un réactif, capable d'isoler les cristaux de l'un des constituants, a été trouvé, quatre causes d'erreur peuvent se présenter :

> dissolution incomplète du constituant éliminé ;
> inclusions dans les cristaux isolés ;
> attaque du constituant isolé ;
> formation incomplète du composé défini.

1. Le premier cas se présente lorsque, par crainte d'une attaque du constituant isolé, la réaction a été arrêtée trop tôt. Par exemple, l'attribution de la formule $AlMg^2$ (Boudouard, 1901) à un alliage hétérogène peut être expliquée ainsi.

Pour vérifier que ce cas ne se présente pas, on fond le produit isolé qui, observé ensuite au microscope, doit être parfaitement homogène.

2. Même lorsque l'attaque a été poussée à fond, il est impossible d'éliminer la partie du constituant soluble incluse dans les cristaux isolés et qui peut ne pas être négligeable, comme nous le montre la fig. 25.

Fig. 25. — Cristal de Fe^3P, englobant l'eutectique $Fe^3P + Fe$, suivant M. Stead (1901).

C'est à ce genre d'inclusion qu'on doit, probablement, l'attribution de la formule Al^9Cu^4 au composé Al^2Cu isolé par la méthode chimique (Brunck, 1901).

Pour atténuer l'importance de cette cause d'erreur, on broie dans un mortier les cristaux isolés et on les soumet à une nouvelle attaque du réactif. Le produit fondu doit donner un alliage homogène.

3. Certaines combinaisons sont attaquées par le réactif qui les isole et qui dissout, ensuite, un des métaux, dont la combinaison est formée, en laissant l'autre sous une forme de poudre très fine. Ceci a lieu surtout dans les alliages des métaux nobles avec des métaux facilement altérables.

Ainsi, par exemple, dans leur expérience classique, Deville et Debray (1859) ont attribué à l'alliage isolé la formule Pt^2Sn^3. Debray a trouvé bien plus tard (1887) que ce résultat est erroné et que la formule du composé serait PSn^4, l'erreur étant due surtout à l'attaque de la combinaison par le réactif.

L'analyse thermique ne confirme pas cette dernière formule, le composé le plus riche en étain paraissant être Pt³Sn⁸ (Dörinckel, 1907). Il se peut donc que Debray, de peur d'altérer la combinaison par le réactif, soit tombé dans l'excès contraire, laissant une certaine quantité d'étain non dissoute.

Afin de constater, si l'attaque de la combinaison par le réactif n'a pas lieu, on réitère l'attaque d'une partie des cristaux par le réactif, qui a servi à leur isolement, et l'on vérifie par l'analyse si leur composition n'a pas changé. De plus, cette altération peut être facilement observée au microscope ordinaire, les faces des cristaux étant alors détériorées et dépourvues d'éclat métallique.

4. — Passons à la dernière des causes d'erreur signalées. Lorsqu'une combinaison se dissocie à une certaine température avant la fusion, elle se reforme à la même température pendant la solidification par une réaction entre les cristaux déjà précipités et le liquide. Cette réaction peut être trop lente pour être complète à une vitesse ordinaire de solidification. La combinaison enveloppe alors les cristaux primaires en formant des cristaux hétérogènes dont la composition globale est différente de celle du composé défini.

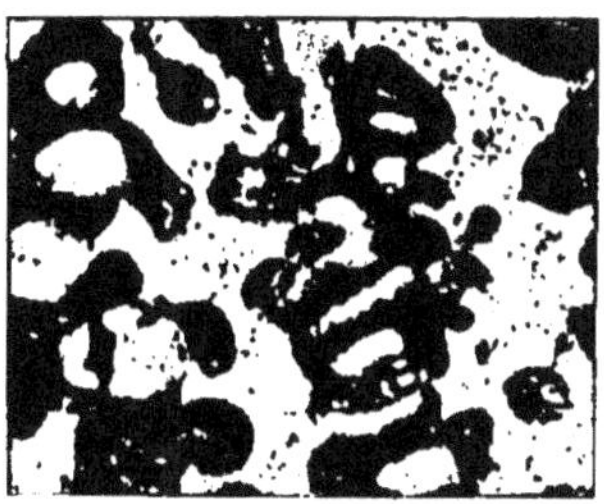

Fig. 26. — Cristaux primaires de SnMn² enveloppés par une combinaison, SnMn (en sombre), de formation ultérieure. (Portevin, 1908.)

Cette cause d'erreur peut, ordinairement, être découverte par la micrographie, comme nous le montre la figure 26. De plus, l'analyse des cristaux isolés donne des résultats différents, suivant la vitesse de solidification de l'alliage.

Séparation par l'électrolyse. — L'isolement d'un constituant peut se faire par l'électrolyse, en utilisant le lingot attaqué comme anode dans un électrolyte approprié. Les cristaux isolés tombent au fond et sont alors soustraits, en grande partie, à l'action du réactif.

C'est ainsi, par exemple, que Moissan (1897) isola le carbure de fer Fe³C (cémentite) en dissolvant l'excès de fer dans un bain d'acide chlorhydrique dilué. L'attaque électrolytique dura 24 heures, alors qu'une attaque purement chimique par le même réactif exigerait environ trois semaines.

Méthode de M. Lebeau. — Un alliage ternaire peut donner des composés définis ternaires ou binaires. Il est donc possible d'isoler, quelquefois, par la méthode chimique des combinaisons binaires d'un alliage ternaire. Ainsi, M. Lebeau (1902) a pu isoler chimiquement les composés Fe²Si, FeSi, CoSi et Co²Si, en fondant le fer ou le cobalt avec des proportions différentes de siliciure de cuivre et en traitant le lingot par de l'acide azotique. Ce procédé peut être utile, surtout, lorsque l'emploi d'un corps pur pour la synthèse de l'alliage est rendu peu commode par sa haute température de fusions ou par sa grande tension de vapeur ou, enfin, par sa préparation difficile à l'état pur. L'application de la méthode est limitée par une dissolution possible du troisième constituant dans la combinaison isolée.

Séparation par la fusion ou l'évaporation. — Les différents éléments d'un alliage peuvent être séparés, quelquefois, en prenant comme base la différence de leurs propriétés physiques.

Ainsi, M. Rengade (1909) sépare du coesium le composé Cs^7O^2 en centrifugeant son alliage à une température où le composé solidifié baigne dans un eutectique encore liquide.

M. PAUL LEBEAU
(né en 1868).

En employant le même procédé, M. Hannover (1912) a obtenu des lingots poreux d'antimoine, de plomb et d'étain.

De même, une différence dans la volatilité des éléments peut servir à leur séparation, comme l'ont montrée M. Rengade (1905) et MM. Hackspill et Bossuet (1912) en isolant certains oxydes et phosphures des métaux alcalins par la volatilisation de l'excès du métal.

L'application de ces méthodes est limitée par le point de fusion élevé et la faible volatilité d'un grand nombre de métaux.

Exemple. — L'isolement par M. L. Guillet (1902) des combinaisons dans les alliages aluminium-cuivre nous servira d'exemple.

Les alliages traités ont été obtenus par l'aluminothermie.

L'aluminothermie, indiquée par Goldschmidt (1897) est basée sur l'action réductrice de l'aluminium. L'aluminium en grains (thermite) est mélangé avec un oxyde métallique et le mélange enflammé en un point. L'oxyde métallique se réduit aux dépens de l'aluminium et, suivant les proportions employées, on peut obtenir le métal presque pur ou son alliage avec l'aluminium. L'aluminothermie est surtout employée pour réduire les métaux du groupe du fer (Fe, Mn, Cr, W); la température de la réaction dépasse 2000°.

1. — Le composé Al^2Cu est isolé d'un alliage, dont la composition correspond à la formule Al^3Cu. Les cristaux de la combinaison affectent la forme de longues aiguilles prismatiques et se trouvent dans les grands alvéoles du lingot; ils peuvent être aisément séparés de la masse, mais sont toujours recouverts d'aluminium. Pour les obtenir à l'état

pur, on les traite par l'acide azotique concentré et bouillant; l'aluminium se dissout très lentement et l'on voit nettement le moment précis où commence l'attaque des cristaux, par le dégagement d'une bulle de peroxyde d'azote. On arrête alors l'action de l'acide en ajoutant une grande quantité d'eau et en refroidissant. La combinaison isolée est facilement attaquée par l'acide chlorhydrique et la potasse ; l'acide azotique ne réagit sur elle qu'à l'ébullition.

2. — Le composé AlCu est obtenu en traitant par l'acide chlorhydrique étendu le culot métallique correspondant à la formation théorique de $AlCu^2$. Il se présente sous forme de poudre grise et contient, comme impureté, de 2 à 3 pour cent d'un silicure double d'aluminium et de cuivre, insoluble dans l'eau régale. Ce composé est facilement attaqué par l'acide azotique, difficilement par l'acide chlorhydrique étendu et la potasse à froid.

3. — Le composé $AlCu^3$ est obtenu en traitant par l'acide chlorhydrique étendu les culots qui donneraient théoriquement $AlCu^4$. Il se présente sous forme de poudre jaune d'or très nettement cristallisée et n'est pas attaqué par l'acide chlorhydrique étendu, ni par la potasse; l'acide azotique à froid le dissout immédiatement.

L'eau n'altère pas sensiblement les combinaisons aluminium-cuivre, même à température élevée. L'acide sulfurique réagit d'autant plus facilement que la teneur en cuivre du composé est plus élevée.

· **Essais de corrosion.** — Dans l'étude industrielle des alliages, leur corrosion par des réactifs a un but différent de celui d'une étude théorique. Le but de la corrosion est alors la mesure de la résistance de l'alliage à tel ou tel réactif.

L'action du réactif est mesurée par la perte du poids (en grammes) que subit l'échantillon, par décimètre carré de sa surface immergée, pendant un temps déterminé.

Comme exemple d'essai de corrosion nous prendrons les alliages cuivre-aluminium. A haute teneur d'aluminium, ces alliages servent à la confection des batteries de cuisine et il importe de connaître leur résistance aux acides utilisés dans l'alimentation (Carpenter et Edwards, 1907). A haute teneur de cuivre, ils sont, parfois, utilisés à recouvrir les coques des navires et leur résistance à l'eau de mer devient surtout importante (Read et Greaves, 1914).

Nous voyons sur cet exemple (p. 35) que dans les alliages légers l'addition du cuivre diminue la résistance aux acides alimentaires et augmente la résistance à l'eau de mer. Par contre, dans les alliages lourds, riches en cuivre, l'altérabilité à l'eau de mer passe par un minimum, qui correspond à la solution solide limite de l'aluminium dans le cuivre.

% de Cu en poids	PERTE EN GRAMMES PAR DÉCIMÈTRE CARRÉ.		Après un mois dans l'eau de mer.
	Après une heure d'ébullition.		
	Acide oxalique 1 %	Acide citrique 2 %	
0 (Al)	0.049	0.005	0.390
1.6	0.092	0.010	0.390
3.7	0.102	0.010	0.240
5.3	0.112	0.015	0.150
89.9			0.044
95.0			0.015
99.0			0.118

Conclusions. — Nous voyons que la méthode chimique ne peut s'appliquer qu'aux mélanges dans lesquels au moins un des éléments est formé par un composé défini pur. Ordinairement, la méthode chimique ne peut pas déterminer par ses moyens si son application est possible et doit s'en rapporter aux autres méthodes.

Pour le choix des réactifs, il n'existe pas d'indications générales et on doit, dans la plupart des cas, procéder par tâtonnement ou étudier auparavant les propriétés chimiques des combinaisons indiquées par d'autres méthodes.

La difficulté, et parfois l'impossibilité, de trouver un réactif approprié, qui reste sans action sur le constituant isolé, occasionne des erreurs dues à l'action trop lente ou trop prolongée du réactif. De même la composition hétérogène des cristaux peut fausser le résultat des recherches.

Ces causes ont sensiblement restreint l'application de la méthode chimique, en ce qui concerne les alliages purement métalliques, et elle ne sert, le plus souvent, que pour le contrôle des combinaisons découvertes par d'autres méthodes.

Par contre, la méthode chimique est fréquemment employée dans l'étude des alliages demi-métalliques, constitués par un métal et un métalloïde, où les combinaisons forment moins de solutions solides et sont plus facilement isolables. Cette spécialisation de la méthode chimique est d'autant plus précieuse, que les alliages demi-métalliques sont, ordinairement, les plus difficiles à étudier par l'analyse thermique et les méthodes électriques.

Mémoires cités au chapitre III.

Bossuet et Hackspill, voir Hackspill et Bossuet.
Bossuet et Lebeau, voir Lebeau et Bossuet.

Boudouard, C. R. **133**-1003-1901.
Brunck, *Ber. Chem. Gesell.* **34**-2733-1901.
Carpenter et Edwards, *Proc. Inst. Mech. Engin.*, 1907, p. 57.
Debray, C. R. **104**-1470-1887.
Debray et Deville, voir Deville et Debray.
Deville et Debray, *Ann. chim. et phys.*, (3)-**56**-430-1859.
Dörinckel, *Zs. anorg. Chem.* **54**-333-1907.
Edwards et Carpenter voir Carpenter et Edwards.
Goldschmidt, *Zs. f. Elektrochemie*, **4**-494-1897. *Revue gén. de chimie*, **2**-49-1900.
Greaves et Read, voir Read et Greaves.
Guillet, *Bull. Soc. Encour.*, 1902, 2e sem., p. 259.
Hackspill et Bossuet, C. R. **154**-209-1912.
Hannover, *Revue de Métall.*, **9**-641-1912.
Lebeau, C. R. **130**-502-1900 ; *Ann. chim. et phys.* (7)-**26**-2-1902 ; (7)-**27**-271-1902.
Lebeau et Bossuet, *Revue de Métall.*, **6**-273-1909.
Le Chatelier, C. R. **120**-835-1895.
Moissan, C. R. **124**-716-1897.
Portevin, *Revue de Métall.*, **5**-773-1908.
Read et Greaves, *Journ. Inst. of Mét.*, **11**-169-1914.
Rengade, C. R. **143**-592-1906. *Revue de Métall.*, **6**-934-1909.
Stead, *Metallographist*, **4**-109-1901.

IV. ANALYSE THERMIQUE

GÉNÉRALITÉS — Historique. — La règle des phases. — Solidification des métaux. — Plan
de l'exposé. — MÉLANGES. — Dépôt de constituants purs. — Abaissement du point de
solidification. — Courbes de durée de la solidification isotherme. — Structure. —
Fusion. — Diffusion dans les solides. — Manque d'eutectique. — Dépôt d'une combinaison. — SOLUTIONS SOLIDES. — Dépôt d'une solution solide. — Solutions solides
entre combinaisons. — Solutions solides limites. — Classification des courbes de fusibilité. — COMBINAISONS INSTABLES. — Dissociation d'une combinaison avant sa fusion.
— Alliages pseudo-binaires. — Alliages fer-carbone. — Formation de plusieurs combinaisons. — Équilibre labile. — MISCIBILITÉ INCOMPLÈTE.

GÉNÉRALITÉS

Historique. — Les premières recherches systématiques sur la fusibilité des alliages furent entreprises par Rudberg (1831) qui distinguait
déjà le commencement et la fin de la solidification et avait remarqué
l'existence des eutectiques, qu'il appelle « alliages chimiques » et prend
pour des combinaisons PbSn³, Bi²Sn³, Sn⁶Zn, Bi⁴Pb³).

Le nom et la définition des alliages eutectiques (ἐυ τήκειν) sont dus à
Guthrie (1884). « Je vais, dit-il, appliquer ce terme et je voudrais qu'il
soit appliqué par d'autres, à des corps formés par deux ou plus de deux
constituants, ceux-ci étant dans une telle proportion les uns par rapport
aux autres, qu'ils puissent donner au corps résultant de leur mélange
une température de fusion minima, c'est-à-dire une température inférieure à celle que donnerait n'importe quelle autre proportion. » Guthrie
montre que la composition des alliages eutectiques ne correspond pas
à des formules chimiques et qu'il existe un parallélisme complet entre
la solidification des alliages et des solutions salines.

Ces travaux, n'étant pas appuyés par une interprétation théorique,
sont restés isolés pendant assez longtemps et ce n'est que depuis les
recherches de M. H. Le Chatelier (1895) sur la relation entre la structure des alliages et leurs propriétés physiques, que nous voyons appa-

raître une nouvelle série d'expériences sur la fusibilité des alliages (H. Le Chatelier, 1895; Roberts-Austen, 1895; Charpy, 1896; Gautier, 1896; Heycock et Neville, 1897).

[Hendrik Willem Bakhuis Roozeboom
(1851-1907).

Bakhuis Roozeboom (1899-1901) a réussi à systématiser les résultats de ces recherches en leur appliquant la règle des phases.

Dans les recherches précédentes, seule, la courbe de solidification commençante était déterminée. M. Tammann (1903-1905) indiqua l'importance de la courbe de la solidification finissante, permettant la détermination des composés définis même dans les cas fréquents de leur décomposition avant la fusion. En même temps, M. Tammann mettait au point la technique de la méthode de fusibilité qu'il appelait « analyse thermique ».

Un grand nombre de recherches sur l'analyse thermique des alliages sont sorties depuis du laboratoire de M. Tammann à Göttingue, formant la majorité des données expérimentales dont nous disposons.

John Willard Gibbs
(1839-1903).

Loi des phases. — La règle des phases fut établie par J.-W. Gibbs (1876 par déduction mathématique, en partant d'un certain nombre de postulatums. Elle pourrait aussi bien être établie par voie d'induction, en partant de faits expérimentaux.

L'application de cette règle est très générale, étant donné qu'elle traite les conditions d'équilibre physique et chimique dans un système quelconque.

Les corps simples ou composés, qui entrent dans le système, portent le nom de *constituants*. Ces constituants peuvent être reliés entre eux, dans les conditions d'équilibre, par quelques réactions chimiques reversibles. S'ils ne le sont pas, ils portent le nom de *constituants indépendants*.

Le système formé par les constituants se divise dans l'espace en un certain nombre de *phases*, que Gibbs définit de la façon suivante :

« Dans l'étude des différentes masses homogènes, qui peuvent être obtenues avec le même groupe de substances constituantes, il est commode d'avoir un terme qui vise seulement la composition de l'état thermodynamique de chaque masse, abstraction faite de sa grandeur et de sa forme. On appellera de telles masses, envisagées seulement au point de vue de leur différence de composition et d'état, des phases différentes de la matière considérée, en envisageant toutes les masses, qui diffèrent seulement par la grandeur et la forme comme des exemples différents de la même phase. »

Ainsi, par exemple, la glace, l'eau et sa vapeur forment trois phases différentes. Les cristaux d'un sel, sa solution dans l'eau, le mélange de la vapeur d'eau et de l'air, qui surmonte la solution, ne forment encore que trois phases.

Les cristaux différemment hydratés et des modifications allotropiques du même corps formeront des phases distinctes, par exemple Na_2SO_4 et $Na_2SO_4 \, 10H_2O$, ou le diamant et le graphite.

Les différentes phases, observées au microscope dans un alliage, sont souvent désignées comme des « constituants métallographiques »; quelquefois on attribue le même terme à un mélange bien défini (la perlite). Pour éviter la confusion des « constituants métallographiques » avec les constituants de la règle des phases nous emploierons de préférence le terme « éléments métallographiques ».

La masse des phases n'intervient pas : par exemple, à un morceau de glace de 1 gramme, en équilibre avec une certaine quantité d'eau liquide, on peut ajouter 1 kilogramme de glace sans modifier cet équilibre.

Les conditions de l'équilibre seront déterminées lorsque nous connaîtrons les facteurs caractéristiques de l'état du système, c'est-à-dire :

1° les valeurs numériques de la composition de chaque phase et

2° les valeurs numériques des grandeurs physiques capables d'influencer l'équilibre (température, pression, force électrique, tension superficielle etc.).

Tous ces facteurs ne peuvent pas être choisis arbitrairement; il suffit d'en fixer un certain nombre pour que la valeur des autres en découle comme conséquence. Nous appellerons *variance (ou degré de liberté)* du système le nombre de facteurs caractéristiques que l'on peut choisir *a priori* et faire varier arbitrairement sans rendre impossible l'équilibre.

La règle des phases nous indique la variance (V) du système par la relation suivante

$$V = n - c + p - \varphi$$

ou n est le nombre de constituants;

   c le nombre de réactions reversibles entre les constituants;

   p le nombre d'actions physiques influant sur l'équilibre;

   φ le nombre de phases dans le système.

En désignant par m le nombre de constituants indépendants, nous aurons $n - c = m$. Le nombre d'actions physiques influant sur l'équilibre varie suivant les systèmes; ordinairement, on ne considère que la température et la pression, alors $p = 2$. Dans certains cas, il faut en plus considérer l'électricité (piles) ou la tension superficielle, alors $p = 3$. Dans l'étude de la fusibilité des alliages, nous pouvons considérer uniquement la température, la pression ayant une influence presque toujours négligeable, ce qui permet de prendre $p = 1$.

La variation du point de fusion avec la pression pour les métaux étudiés jusqu'à présent (Bi, Cd, Hg, K, Na, Sn, Pb) suit, comme l'ont montré M. Tammann (1904) et MM. Johnston et Adams (1911), assez bien la formule de Clausius (1850).

$$\frac{dF}{dP} = 0,024 \frac{F}{L} \Delta v$$

où F est la température absolue de fusion du métal, P la pression en atmosphères, L la chaleur de fusion en petites calories et Δv la variation du volume, pendant la fusion d'1 gramme de métal, exprimée en cm³.

En général, il faut appliquer une pression supérieure à 100 atmosphères pour faire varier la température de fusion de 1°.

Nous pouvons donc admettre la pression comme constante et égale à la pression atmosphérique. Ainsi, nous n'aurons pas à nous occuper de la phase gazeuse des métaux, qui, dans les conditions ordinaires de l'analyse thermique, à une tension bien inférieure (à la pression atmosphérique et sera par conséquent supprimée.

Comme exemple, nous indiquerons la pression de la vapeur des métaux les plus volatils, notamment du mercure (Ramsay et Joung, 1886) et des métaux alcalins Hackspill, 1912).

MÉTAL	TEMPÉRATURE		Pression en mm. de mercure à			
	de fusion	d'ébullition	100°	200°	300°	400°
Mercure	— 39°	357°	0.3	17	247	1496
Cœsium	28°	670°	—	0.1	2.2	17
Rubidium	38°	700°	—	—	1.3	10
Potassium	63°	760°	—	—	0.4	5
Sodium	97°	880°	—	—	—	0.3

La pression de la vapeur des alliages est, de règle, inférieure à celle des métaux constituants.

Pour les alliages, la règle des phases prendra donc la forme

$$V = m + 1 - \varphi$$

où m indique le nombre de constituants indépendants, identique au nombre des métaux formant l'alliage.

Nous voyons que, d'une façon générale, la variance du système diminue d'une unité lorsqu'une nouvelle phase apparaît.

Si V $=$ 0 le système est *invariant*. L'équilibre ne peut alors subsister qu'à une température déterminée et pour une certaine composition des phases. Aucun des facteurs d'équilibre n'est alors arbitraire.

Si V $=$ 1, le système est *univariant*. Nous pouvons alors faire varier arbitrairement, dans certaines limites, la composition d'une phase ou la température sans rompre l'équilibre.

Si V $=$ 2 le système est *divariant*. Nous pouvons alors faire varier arbitrairement, dans certaines limites, la composition de deux phases ou la température et la composition d'une phase sans rompre l'équilibre.

Si nous considérons les alliages à pression et à température constante, par exemple à la pression atmosphérique et à la température ambiante de 15°, nous aurons $p = 0$. Alors

$$V = m - \varphi$$

et, comme la variance (V) ne peut pas être négative, le nombre de phases (φ) peut, au plus, être égal au nombre de métaux m.

Solidification des métaux. Lorsqu'un métal pur se solidifie, nous avons dans le système un constituant (le métal) et deux phases (le solide et le liquide). La variance étant $V = 1 + 1 - 2 = 0$, l'équilibre de la phase liquide avec la phase solide ne peut avoir lieu qu'à une température bien déterminée et toute la solidification se fait à température constante.

A la solidification, les métaux perdent une certaine quantité d'énergie qui porte le nom de *chaleur de solidification*. Pendant que celle-ci se dégage par rayonnement ou par conductibilité, la température reste stationnaire.

Suivant M. Crompton (1903) la chaleur de solidification d'un atome-gramme est proportionnelle à la température absolue de solidification. Ainsi :

$$\frac{L\,A}{F} = K$$

où L est la chaleur de solidification de 1 gramme, exprimée en petites calories, A, le poids atomique, F, la température absolue de solidification (F $=$ temp. de solidif. $+$ 273°) et K une constante.

	L.		A	F	$K = \dfrac{L.A}{F}$
Ag	24,7	(Pionchon)	107,9	1233	2,16
Al	80,0	(Pionchon)	27,1	930	2,33
Cd	13,0	(Person)	112,4	593	2,47
Cu	43,0	(Richards)	63,6	1356	2,02
Hg	2,82	(Person)	200,6	234	2,11
Pb	5,85	(Rudberg)	207,1	600	2,02
Pd	36,3	(Violle)	106,7	1815	2,14
Pt	27,2	(Violle)	195,2	2023	2,62
Sn	13,3	(Rudberg)	119,0	504	3,14
Tl	7,2	(Robertson)	204,0	574	2,61
Zn	28,1	(Person)	65,4	691	2,68
				En moyenne =	2,42
Bi	12,6	(Person)	208,0	542	4,84
Ga	19,1	(Berthelot)	69,9	303	4,41
				En moyenne =	4,63

Pour la majorité des métaux, qui se contractent pendant la solidification, la constante prend la valeur K = 2,42; par contre, pour les métaux, peu nombreux, qui se dilatent pendant la solidification (Bi, Ga et probablement le Sb), la constante est presque double. Les métaux alcalins (Na, K, Rb et Cs) ont une chaleur de fusion au-dessous de la normale et K = 1,68 (Rengade, 1913).

La diminution du volume atomique pendant la solidification diffère peu pour la plupart des métaux; en moyenne elle est de 0,56 cm³. Le mercure et les métaux alcalins se contractent davantage, alors que le bismuth, l'antimoine et le gallium se dilatent.

La résistance électrique des métaux varie proportionnellement à l'espace libre entre les molécules (covolume). Pendant la solidification la résistance électrique de la majorité des métaux se trouve, ainsi, réduite de moitié, celle des métaux alcalins de 1/3 et celles du mercure de 3/4. Pour les métaux qui se dilatent pendant la solidification, la résistance électrique augmente (Broniewski, 1906).

A la fusion des métaux purs, l'équilibre s'établit exactement dans les mêmes conditions que pendant la solidification et donne lieu aux mêmes phénomènes, mais en sens contraire.

Plan de l'exposé. — Nous nous occuperons d'abord du cas le plus fréquent, où les deux métaux fondus ensemble sont miscibles en toutes proportions.

Lorsque l'alliage liquide homogène se solidifie, le dépôt cristallin peut être composé :

1° par des constituants purs (métaux ou combinaisons ,
2° par des solutions solides.

Les formes élémentaires des courbes, correspondant à ces deux cas, peuvent être compliquées par l'instabilité des combinaisons ou l'instabilité de l'équilibre atteint (équilibre labile .

Enfin, nous passerons au cas où les deux métaux ne sont pas miscibles ou ne sont que partiellement miscibles; ils forment alors à l'état liquide deux couches superposées.

MÉLANGES

Dépôt de constituants purs. — Prenons comme exemple les alliages zinc-cadmium.

Les alliages riches en zinc et pauvres en cadmium peuvent être considérés à l'état liquide, comme des solutions du cadmium dans le zinc, analogues aux solutions d'un sel dans l'eau. Lorsque nous abaisserons suffisamment la température de l'alliage liquide, le zinc commencera à se cristalliser dans la solution. Il y aura alors dans l'alliage deux constituants indépendants (le zinc et le cadmium) divisés en deux phases (l'alliage liquide et les cristaux de zinc). La variance du système sera $V = 2 + 1 - 2 = 1$, c'est-à-dire que lorsque nous fixons la composition de l'alliage, nous fixons du même coup sa température de solidification. Mais la composition de la phase liquide ne reste pas invariable puisque c'est le zinc pur qui se dépose, et à mesure qu'elle s'enrichit en cadmium sa température d'équilibre s'abaisse. La solidification de l'alliage ne se fait donc pas à température constante, mais dans un certain espace de température.

Représentons graphiquement la solidification commençante des alliages riches en zinc en fonction de leur composition atomique.

Les courbes de solidification (de fusibilité) peuvent aussi bien être tracées en fonction de la composition en volume, en poids ou en atomes.

C'est donc un mode de représentation s'imposant pour d'autres méthodes d'études des alliages, que nous devons adopter pour les courbes de solidification afin de rendre comparables les différents diagrammes.

La représentation de la composition en volume rend la forme des courbes des propriétés électriques plus simple que la représentation en fonction du poids, mais elle possède deux défauts : 1° elle est fictive, car on y rapporte le volume d'un métal à la somme des volumes des métaux constituants et non pas au volume de l'alliage, quelque peu différent et ordinairement inconnu ; 2° elle est variable avec la température à cause de la dilatation différente pour chaque métal.

La représentation de la composition en atomes évite ces défauts, tout en s'approchant de la composition en volume, car, d'une façon générale, la densité des métaux augmente avec leur poids atomique. Il est donc commode de représenter tous les diagrammes en fonction de la composition atomique.

La courbe de solidification commençante des alliages riches en zinc commencera donc à la température de solidification du zinc et s'abaissera presque en ligne droite pour des proportions croissantes de cadmium (fig. 27).

Les alliages riches en cadmium et pauvres en zinc peuvent être considérés comme des solutions du zinc dans le cadmium. La courbe de solidification, indiquant le dépôt du cadmium, commencera donc à la température de fusion du cadmium et s'abaissera presque en ligne droite pour des proportions croissantes de zinc.

Les deux branches de la courbe de solidification se coupent en un point où doit, ainsi, avoir lieu un dépôt simultané de zinc et de cadmium. Trois phases seront alors en présence (le liquide, le zinc solide et le cadmium solide) et la variance du système sera $V = 2 + 1 - 3 = 0$.

Cet équilibre ne peut donc subsister que pour une certaine composition, dite *composition eutectique* et à une certaine température dite *température eutectique*. Ces deux constantes eutectiques sont pour l'alliage zinc-cadmium :

composition $= 74$ pour 100 atomiques de cadmium (83 en poids) ; température $= 270°$.

Voyons maintenant la marche de la solidification d'un alliage de composition n. A la température t les cristaux de zinc commenceront à se déposer. La partie liquide de l'alliage s'enrichira de plus en plus en cadmium et les cristaux de zinc se déposeront à des températures de plus en plus basses, correspondantes aux nouvelles compositions du liquide. Lorsque la phase liquide aura atteint la composition eutectique, elle se solidifiera en entier à la température eutectique.

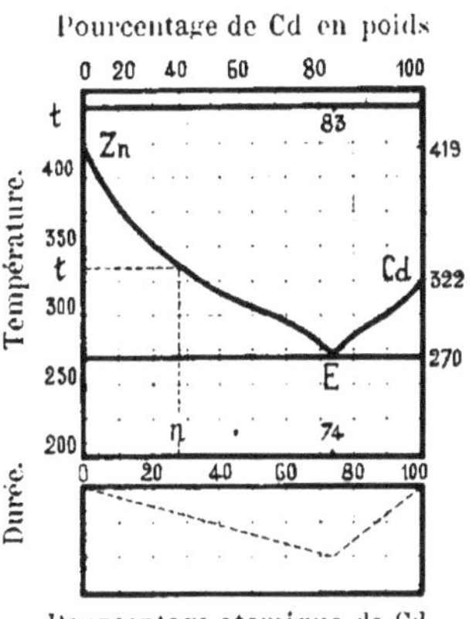

Fig. 27. — Zinc-cadmium. — Diagramme de solidification suivant M. Ilindrichs (1907). En *bas* : courbe de durée de la solidification eutectique.

La fin de la solidification de tous les alliages zinc-cadmium se fait donc à la température eutectique et sera représentée sur le diagramme par la ligne horizontale, passant par le point eutectique E.

La courbe de la solidification commençante Zn-E-Cd s'appelle *liquidus*, la courbe de la solidification finissante s'appelle *solidus*. Les alliages, dont les points représentatifs se trouvent au-dessus du liquidus sont à l'état liquide, ceux qui se trouvent au-dessous du solidus sont à l'état solide; entre le liquidus et le solidus les alliages sont formés par un mélange de la phase liquide et de la phase solide.

Abaissement du point de solidification. — Raoult (1882) a exprimé l'abaissement du point de congélation (Δt) des solutions diluées non ionisables par la formule :

$$\Delta t = \frac{p}{M}\,k$$

où p est le poids de la matière dissoute dans 1000 grammes de dissolvant, M le poids moléculaire du corps dissout et k une constante. Cette constante peut être déterminée par la formule de Vant Hoff (1887)

$$k = 0,002 \; \frac{F^2}{L}$$

où F est la température absolue de fusion du dissolvant et L sa chaleur de fusion.

Les études de M. Tammann (1889) et de MM. Heycock et Neville (1889 et 1890) sur l'abaissement du point de solidification du mercure, du sodium et de l'étain par un grand nombre de métaux, ont montré que les deux formules sont applicables, avec une précision médiocre, aux solutions métalliques lorsqu'il y a dépôt d'un constituant pur et ne sont plus applicables lorsqu'il y a dépôt d'une solution solide.

La très grande majorité des métaux étudiés a été trouvée monoatomique dans les solutions suffisamment diluées.

M. H. Le Chatelier (1894) a indiqué une formule qui n'est pas limitée par la concentration et s'applique aux constituants, ne formant que des mélanges à l'état solide :

$$\frac{1}{T} = \frac{1}{F} - 4,6 \; \frac{\lg S}{LM}$$

Dans cette formule F et M désignent la température absolue de solidification et le poids moléculaire du dissolvant, c'est-à-dire du corps précipité; L, sa chaleur latente de dissolution, supposée, en première approximation, égale à la chaleur latente de fusion; S indique la proportion moléculaire du dissolvant dans le liquide, c'est-à-dire le rapport du nombre de ses molécules au nombre total; T, la température absolue de la solidification commençante du dissolvant.

Une courbe analogue est construite pour le corps dissout, considéré, à son tour, comme dissolvant dans le domaine où il précipite le premier; l'intersection de ces deux courbes indique la position de l'eutectique.

La difficulté dans l'application de cette formule réside dans le fait, que le poids moléculaire des métaux en solution nous est ordinairement inconnu. On peut essayer de le déterminer en appliquant la loi de Raoult ou en cherchant par tâtonnement les multiples des poids atomiques, pour lesquels les indications de la formule sont satisfaisants. Ainsi, par exemple, pour les alliages zinc-cadmium les valeurs calculées s'accordent avec les données expérimentales en admettant, que les deux métaux sont biatomiques.

Courbes de durée de la solidification isotherme ou **courbes de paliers** — En suivant la marche d'un thermomètre pendant la solidification des alliages et en la représentant graphiquement en fonction du temps, nous obtenons les courbes de refroidissement (fig. 28).

Pour le métal pur (le zinc) la température reste constante pendant la solidification et la courbe de refroidissement I présente à cette température un palier bd. De même, la courbe de refroidissement du mélange eutectique III présente un palier cd.

Pour les alliages de composition intermédiaire, le commencement de la solidification se manifeste par une brisure b sur la courbe de refroidissement II. Pendant que les cristaux de zinc se déposent, la température baisse toujours, mais plus lentement qu'auparavant; la fin de la solidification à la température eutectique est marquée par un palier *cd*.

La longueur du palier *cd*, rapportée au poids de l'alliage solidifié nous indique la *durée de la cristallisation eutectique* pour 1 gramme d'alliage. Il est souvent utile dans l'analyse thermique de représenter graphiquement cette valeur en fonction de la composition de l'alliage. La figure, ainsi obtenue, se compose de deux lignes sensiblement droites qui indiquent par leur intersection la composition de l'alliage eutectique, alors que les points d'intersection avec l'axe des abscisses montrent les limites de la cristallisation eutectique.

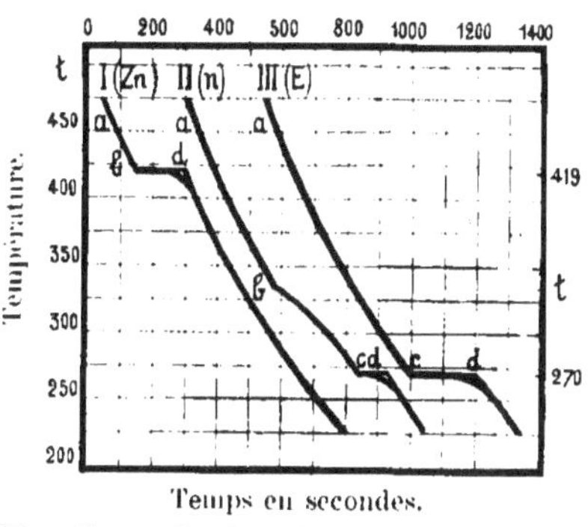

Fig. 28. — Courbes de refroidissement des alliages zinc-cadmium. I — zinc; II — composition *n*; III — eutectique.

Pour les alliages zinc-cadmium la courbe de durée de la solidification eutectique est placée au-dessous du diagramme de solification (fig. 27); ordinairement on la place sur le diagramme même au-dessous de chaque droite du solidus eutectique.

Structure. — Les alliages solides de composition eutectique se présentent au microscope comme un mélange de très fins cristaux des deux métaux (fig. 29). Il faut quelquefois appliquer un grossissement très fort afin de pouvoir les distinguer.

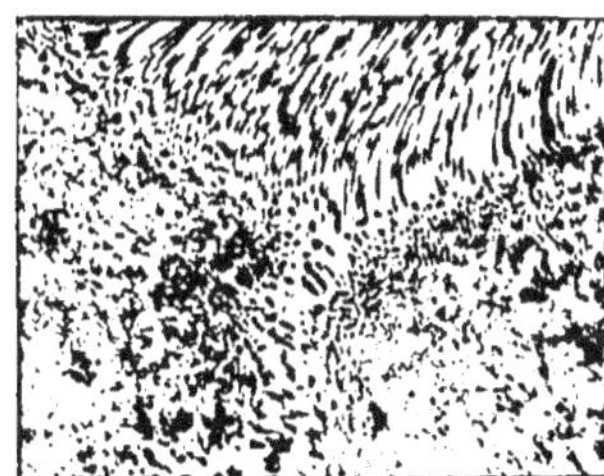

Fig. 29. — Eutectique zinc-cadmium (Le Grix). Gr. = 200.

Suivant M. Vogel 1912, l'eutectique est formé par des cristaux longs et fins orientés perpendiculairement à la surface de refroidissement. Pour un refroidissement très lent, ces cristaux partent de nombreux centres de cristallisation, autour desquels ils rayonnent, en formant des sphéroïdes entrecoupés.

Si les cristaux de l'eutectique sont coupés par la surface observée suivant leur longueur, ils nous apparaissent comme des stries; cet aspect de l'eutectique avait été longtemps considéré comme produit par des cristaux en forme de lamelles très fines et appelé eutectique lamellaire. Si les cristaux sont coupés perpendiculairement à leur longueur, ils nous apparaissent comme des points; cet aspect est appelé eutectique granulaire.

Dans un eutectique refroidi lentement et formé par des nids de cristaux en forme de sphéroïdes, nous rencontrons souvent sur le même échantillon ces deux aspects, comme nous le montre précisément la figure 29.

Les alliages plus riches en zinc que l'eutectique sont constitués par des cristaux de zinc noyés dans l'eutectique ; les alliages plus riches en cadmium que l'eutectique sont constitués par des cristaux de cadmium noyés dans l'eutectique.

L'ensemble de la structure des alliages zinc-cadmium est visible sur leur filiation (fig. 30).

On aurait pu supposer que les cristaux de zinc ou de cadmium, différents par leur densité du liquide dont ils se séparent, se rassembleront dans une partie du lingot, comme des cristaux d'un sel dans une solution aqueuse. Ceci n'a ordinairement pas lieu à cause de la petitesse des cristaux et de la viscosité relativement grande des métaux fondus.

Pourtant, lorsque la solidification se fait très lentement, les dimensions des cristaux augmentent et ils ont le temps de se séparer du liquide en rendant hétérogène le lingot. On appelle *liquation* ce phénomène assez fréquent dans les alliages. L'eutectique, se solidifiant à température constante, ne présente jamais de liquation.

Fusion. — Voyons maintenant comment se fera la fusion d'un alliage zinc-cadmium. Chauffons un alliage solide de composition *n* (fig. 27) jusqu'à la température de solidification de l'eutectique (270°). Si à cette température une goutte d'eutectique liquide apparaît, tous les phénomènes de solidification se produiront pendant la fusion en sens inverse et d'une façon reversible . Mais la fusion de l'eutectique à la température de sa solidification n'est pas évidente *à priori* et il est permis de se demander s'il ne faudra pas chauffer l'alliage jusqu'à 322°, température de fusion de son constituant le plus fusible, pour que le liquide apparaisse.

Fig. 30. — Filiation zinc-cadmium (Le Grix).

L'expérience nous montre que l'eutectique fond à la température de sa solidification et on explique ce résultat par la diffusion mutuelle des deux constituants solides.

L'eutectique fondra donc à température constante et dissoudra graduellement les cristaux de zinc dans les limites de température entre le solidus et le liquidus. Au-dessus des températures indiquées par le liquidus l'alliage sera complètement liquide.

Ainsi, la courbe de fusion d'un alliage se confond avec sa courbe de solidification.

Diffusion dans les solides. — La diffusion dans les solides, que nous venons d'invoquer à propos de la fusion de l'eutectique, est un phénomène aussi général que la diffusion dans les liquides.

La vitesse de la diffusion dans les solides diminue énormément avec la température; ainsi, Roberts-Austen (1896) a trouvé, que la diffusion de l'or dans le plomb solide à 165° est 200 fois plus forte qu'à 100° et 700 fois plus faible qu'à 500° dans du plomb liquide.

Deux métaux, mis en contact par leurs surfaces bien dressées, peuvent être fondus à la température de fusion de leur eutectique, mais l'opération dure alors plusieurs heures (Hallock, 1888; Spring 1894).

En comprimant un mélange de limaille de deux métaux, on facilite la diffusion et, pour une vitesse d'échauffement ordinaire, la fusion s'effectue avec un retard d'autant plus petit sur la température de solidification eutectique, que les grains de la limaille sont plus fins; le même résultat est obtenu par un fondant qui enlève la couche oxydée. MM. Benedicks et Arpi 1907 ont trouvé, ainsi, les points de fusion suivants pour un mélange eutectique de limaille de plomb et d'étain, alors que le point de solidification de l'alliage est à 180°.

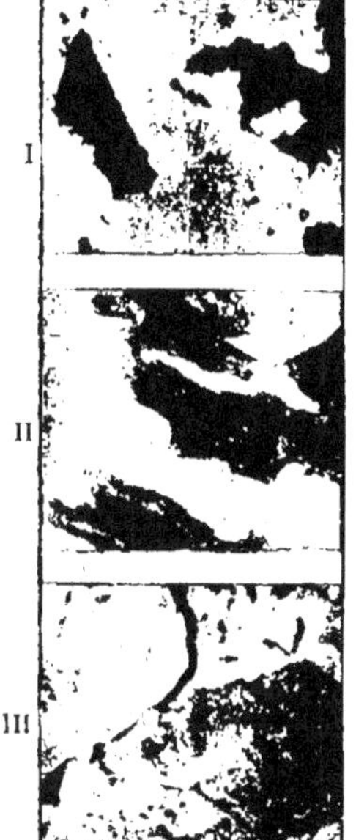

Fig. 31. — Diffusion dans les solides. I — thallium (foncé) et bismuth (clair) comprimés à 4000 atmosphères dans la proportion Tl³ Bi⁵ ; II — après un échauffement de 5 heures à 120° où la diffusion est 1000 fois plus rapide qu'à la température ordinaire; III — après un an. (Masing, 1909.)

Grosseur des grains en millimètres.	Point de fusion.
de 4 à 2	188°
de 0,50 à 0,15	183°
< 0,15	180°

Comme les cristaux de l'eutectique ont ordinairement des dimensions inférieures à 0,01 de millimètre, la diffusion s'y fait assez rapidement pour que le point de fusion corresponde très exactement au point de solidification.

Les conglomérats, obtenus par compression de la limaille, ne sont pas identiques aux alliages formés par la fusion, contrairement à ce que supposait Spring (1882). Ainsi, la fig. 31 nous montre le bismuth et le thallium mélangés dans une proportion correspondante au composé Tl^3Bi^5 et comprimés à 4000 atmosphères. Ce conglomérat est nettement hétérogène au début et ne se transforme en alliage qu'avec les progrès de la diffusion.

Un cas spécial de la diffusion est la *cémentation*. Nous appelons ainsi la formation d'un alliage sur une surface métallique solide par son contact avec une vapeur ou une poudre.

Ainsi, le cuivre, maintenu dans la vapeur de zinc, se transforme en laiton (Spring, 1894).

La fonte blanche, chauffée avec du peroxyde de fer au-dessous de son point de fusion, se décarbure et devient malléable.

Le fer se carbure superficiellement, étant chauffé en contact avec de la poudre de charbon. Cette réaction importante paraît s'effectuer par l'intermédiaire de carbures gazeux, car elle ne se produit pas dans le vide (Charpy et Bonnerot, 1910).

Manque d'eutectique. — La position de l'eutectique est déterminée par l'intersection des courbes de solubilité des deux métaux. On peut se demander quelle serait la forme du diagramme de fusibilité si les deux courbes ne se coupaient pas et nous connaissons des exemples, paraissant correspondre à ce cas. La température de fusion, la plus basse, est alors celle d'un des constituants qui joue le rôle de l'eutectique.

Prenons comme exemple les alliages cuivre-bismuth (fig. 32). A la température indiquée par le liquidus les cristaux de cuivre commencent à se déposer; à mesure que l'alliage liquide s'enrichit en bismuth, sa température d'équilibre avec les cristaux de cuivre s'abaisse et,

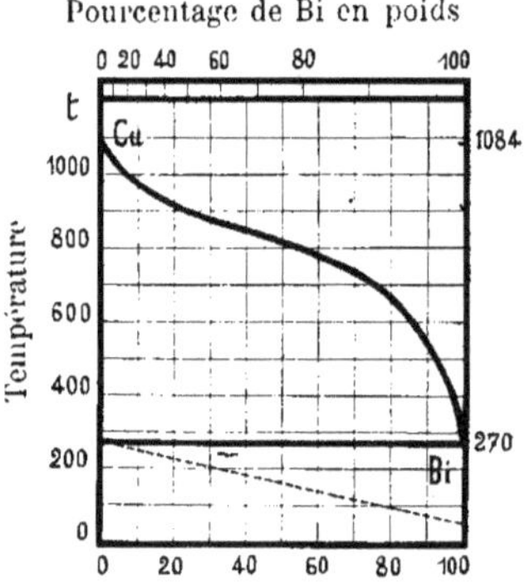

Fig. 32. — Cuivre-bismuth. Diagramme de solidification suivant M. Jeromin (1907).

enfin, le bismuth pur cristallise à température constante. Comme le bismuth joue ici le rôle de l'eutectique, la courbe des paliers aura la forme indiquée en pointillé sur le diagramme.

Dépôt d'une combinaison. — Admettons que les deux métaux alliés soient capables de former entre eux une combinaison fondant sans décomposition. Pendant la fusion de cette combinaison le système sera invariant et la température restera constante, comme pour un métal ou pour un eutectique.

Cette particularité a été même la cause d'une confusion des eutectiques avec les composés définis (Rudberg, 1831); ils peuvent être différenciés surtout par la composition qui, pour les eutectiques, ne correspond ordinairement pas à une combinaison chimique et par la structure qui, observée au microscope, est hétérogène pour l'eutectique et homiogène pour le composé défini.

Au contraire, l'analogie entre les composés définis et les métaux se maintient même dans les détails.

Prenons comme exemple les alliages magnésium-bismuth (fig. 33) formant la combinaison Bi^2Mg^3. Le magnésium, fondant à 651°, est soluble à l'état liquide dans le composé Bi^2Mg^3, fondant à 715°, et cette combinaison est soluble dans le magnésium. Les deux courbes de solubilité indiquent par leur intersection la composition de l'eutectique fondant à 552° et constitué par un mélange de cristaux de magnésium et de Bi^2Mg^3.

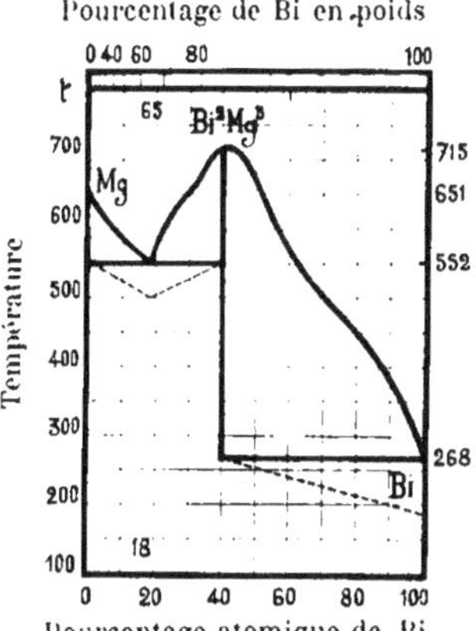

Fig. 33. — Magnésium-bismuth. Diagramme de solidification suivant M. Grube (1906).

Ces alliages se comportent donc comme ceux du zinc et du cadmium.

Au contraire, les alliages entre le composé Bi^2Mg^3 et le bismuth sont analogues à ceux du cuivre et du bismuth, car le bismuth y joue le rôle de l'eutectique.

Le diagramme de fusibilité nous montre que dans les alliages solides nous pouvons distinguer les structures suivantes :

Pour 100 atomique de bismuth	Structure
0	Magnésium, fond à 651°
	cristaux de magnésium entourés d'eutectique (Mg-Bi²Mg³).
18	eutectique (Mg-Bi²Mg³), fond à 552°.
	cristaux de Bi²Mg³ entourés d'eutectique (Mg-Bi²Mg³)
40	composé Bi²Mg³, fond à 715°.
	cristaux de Bi²Mg³ entourés de bismuth.
100	bismuth, fond à 268°.

Il est à remarquer que la température de fusion du composé Bi^2Mg^3 est supérieure à celle des métaux constituants.

La position de la combinaison est déterminée sur le diagramme par : 1° le maximum du liquidus; 2° la solidification à température constante; 3° les ordonnées nulles des courbes de durée de la solidification eutectiques (indiquées en pointillé).

La structure des alliages magnésium-bismuth, que nous venons d'établir, peut être facilement retrouvée sur leur filiation (fig. 34).

La formation des combinaisons dans les alliages n'est pas toujours immédiate. Ainsi, par exemple, suivant les recherches de M. Tammann (1906) la combinaison AlSb a besoin d'un échauffement de plus d'une heure à l'état liquide aux environs de son point de solidification pour se former complètement. Si on néglige d'attendre que l'équilibre soit établi, le maximum de la courbe de fusibilité, indiquant la combinaison, n'est plus observable, ce qui peut donner lieu à des interprétations inexactes.

SOLUTIONS SOLIDES.

Dépôt d'une solution solide. — Si l'alliage solide est en toute proportion microscopiquement homogène et identique, quant à sa composition, à l'alliage liquide, nous disons que les deux métaux constituants forment entre eux une solution solide continue.

Prenons comme exemple les alliages cuivre-nickel (fig. 35). Leur courbe de solidification commençante se composera d'une seule branche, notamment de la branche supérieure Cu-Ni. La solidification de l'alliage de composition n commencera donc à la température t', mais les cristaux, qui se déposeront à cette température et qui seront en équilibre avec le liquide, sont plus riches que lui en nickel.

Fig. 34. — Filiation magnésium-bismuth (Le Grix).

La composition des cristaux est bien déterminée, la variance du système étant $V = 2 + 1 - 2 = 1$ et, si nous fixons la composition de la phase liquide, tous les autres facteurs d'équilibre, y compris la composition de la phase solide, sont par cela même fixés.

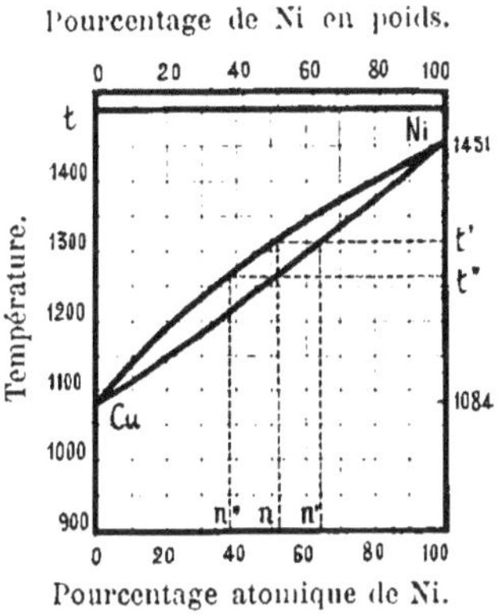

Nous pouvons donc tracer sur le même diagramme une courbe représentant la composition des cristaux en équilibre avec le liquide. Cette courbe, qui coïncidera pour les métaux purs avec le liquidus et sera placée pour les alliages entièrement à droite du liquidus, nous montre que les cristaux en équilibre avec le liquide de composition n auront la composition n'.

Le liquide s'appauvrira donc en nickel par suite du dépôt et les nouvelles couches cristallines, en équilibre avec la nouvelle composition du liquide, seront aussi de plus en plus pauvres en nickel. Les cristaux déposés ont donc une structure hétérogène, mais la diffusion tend à niveler cette hétérogénéité et, si la solidification se fait assez lentement pour permettre à l'équilibre de s'établir, nous aurons en présence du liquide des cristaux homogènes de composition indiquée par la courbe d'équilibre.

Fig. 35. — Cuivre-nickel. — Diagramme de solidification suivant MM. Guertler et Tammann (1907).

Lorsque les cristaux auront la composition du liquide primitif, ils seront en équilibre avec un liquide de composition n'' à la température t''. Mais ces cristaux forment alors la masse totale de l'alliage et n'' est la composition de la dernière goutte du liquide. C'est donc la fin de la solidification.

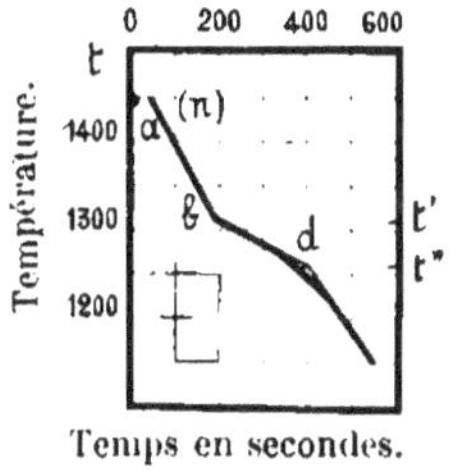

La courbe d'équilibre Cu-Ni inférieure), que nous avons tracée, peut donc avoir encore une autre signification, c'est la courbe de la fin de solidification, le solidus. Elle peut être établie par les courbes de refroidissement (fig. 36) dont les brisures b et d indiquent les températures du commencement et de la fin de solidification des solutions solides.

Fig. 36. — Courbe de refroidissement d'un alliage cuivre-nickel de composition n.

Si la solidification se fait trop rapidement, l'équilibre n'a pas le temps de s'établir. Les cristaux sont alors hétérogènes et trop riches en nickel ; par contre, le liquide, trop pauvre en nickel, finit de se solidifier à une température inférieure à celle de l'équilibre et le solidus observé s'écarte

davantage du liquidus. Les figures 37 et 38 nous montrent l'hétérogénéité d'une solution solide refroidie
trop rapidement et son homogénéisation par la diffusion.

Pour certains alliages formant des
solutions solides continues, ceux du
cuivre et du manganèse (fig. 39) par
exemple, la courbe du liquidus présente un *minimum*. Le solidus, représentant aussi la composition des cristaux en équilibre avec le liquide sur
la même horizontale, doit se confondre
avec le liquidus à l'endroit du minimum. Les alliages de cette composition se solidifient donc à température
constante et sont toujours homogènes.

**Solutions solides entre les
combinaisons.** — Des composés définis, formant des solutions solides
continues entre eux ou avec les métaux, se manifestent par une solidification à température constante,
comme nous le montre la fig. 40. Si

Fig. 37 et 38. — Homogénéisation d'une
solution solide par le recuit. En *haut*,
bronze à 4 p. 100 atom. d'étain après
la coulée; en *bas*, le même, ayant
subi le recuit. Gr. = 18 (Heycock et
Neville, 1904).

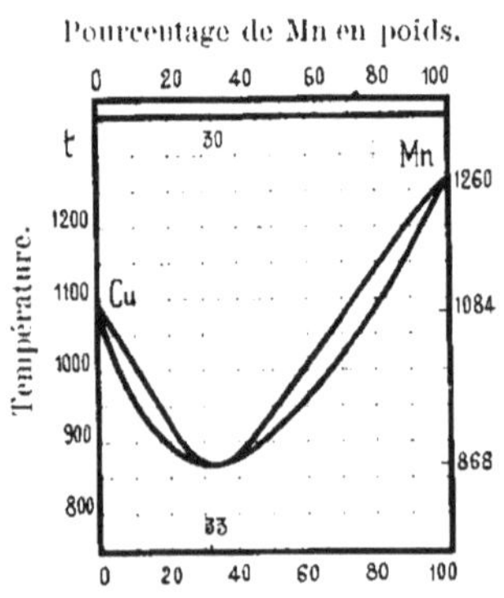

Fig. 39. — Cuivre-manganèse. —
Diagramme de solidification suivant M. Zemczuzny (1908).

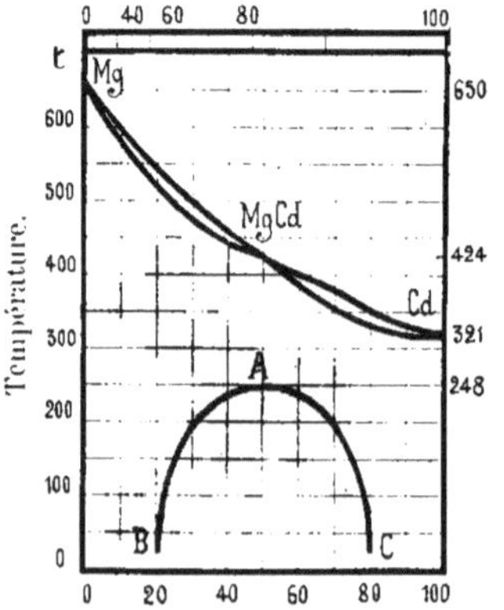

Fig. 40. — Magnésium-cadmium. —
Diagramme de solidification suivant
MM. Bruni et Sandonnini (1912).

le point de fusion du composé défini est inférieur à celui des métaux constituants, il devient difficile de discerner par l'analyse thermique, si nous avons à faire à un minimum de la courbe ou à une combinaison. On pourrait, dans ce cas, en appliquant de fortes pressions, se rendre compte que la position du minimum se déplace et que celle du composé défini reste invariable, mais ce procédé n'a pas de valeur pratique et il vaut mieux s'en remettre aux méthodes électriques pour trancher le doute.

Solutions solides limites. — La miscibilité des métaux à l'état solide peut être partielle, alors même qu'ils sont miscibles en toutes proportions à l'état liquide.

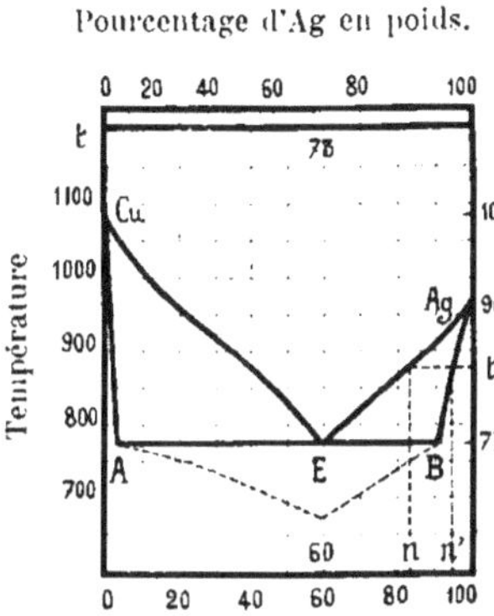

En examinant ces alliages au microscope, nous voyons que, jusqu'à une certaine teneur, l'alliage reste homogène. A partir de cette teneur les alliages deviennent hétérogènes, car un nouveau constituant apparaît, formant avec le premier un mélange, dans lequel sa proportion augmente de plus en plus. Enfin, ce constituant forme la totalité de l'alliage qui redevient homogène. Les alliages homogènes sont des solutions solides de deux métaux (ou composés définis) les alliages hétérogènes sont formés par les mélanges des deux solutions solides limites.

Fig. 11. — Cuivre-argent. — Diagramme de solidification suivant M. Lepkowski (1908).

Les courbes de solidification de ces alliages peuvent présenter un eutectique ou un point de transition; nous aurons donc à considérer successivement ces deux cas.

Comme exemple de la première catégorie nous prendrons les alliages cuivre-argent dont la courbe de fusibilité est indiquée sur la figure 11.

Le liquidus se compose de deux courbes se coupant au point E; le solidus, formé par les courbes Cu-A, Ag-B et la droite A-B, nous indique en même temps, comme pour les solutions solides continues, la température de la fin de solidification et la composition des cristaux en équilibre avec le liquide.

Nous voyons que l'alliage liquide, dont la composition correspond au point E, reste en équilibre avec les cristaux des solutions solides limites, indiquées par les points A et B. La variance du système est alors $V = 2 + 1 - 3 = 0$ et nous avons un dépôt simultané des deux solutions solides limites à une température constante.

La solidification d'un alliage de composition n commencera à la température t et les cristaux, qui se déposeront alors, auront la composition n'.
A mesure que le liquide s'appauvrira en
argent, la composition des cristaux variera
par diffusion et lorsque le liquide aura
atteint la composition de l'eutectique E,
les cristaux déposés auront la composition de la solution solide limite indiquée
par le point B. Alors, l'alliage resté liquide se congèlera à 778° en un mélange eutectique qui entourera le dépôt
primaire.

Les limites de la solution solide sont
indiquées par les ordonnées nulles de la
courbe de paliers, figurée en pointillé,
au-dessous de la ligne de l'eutectique.

La structure des alliages cuivre-argent
est visible sur leur filiation (fig. 42).

Les alliages argent-platine, étudiés
micrographiquement, nous apparaissent
aussi comme miscibles partiellement;
mais leur courbe de fusibilité, reproduite
sur la figure 43, ne possède pas de point
eutectique.

Nous y voyons que le liquide, dont
la composition est déterminée par le point
D, reste en équilibre avec les cristaux en
A et B. La variance du système est donc
$V = 2 + 1 - 3 = 0$, comme dans le cas
de l'eutectique, mais avec cette différence
capitale, que la composition du liquide
n'est pas intermédiaire à la composition
des cristaux avec lesquels il reste en équilibre. Le point D porte le nom de *point
de transition* et l'horizontale DB celui de
ligne de transition.

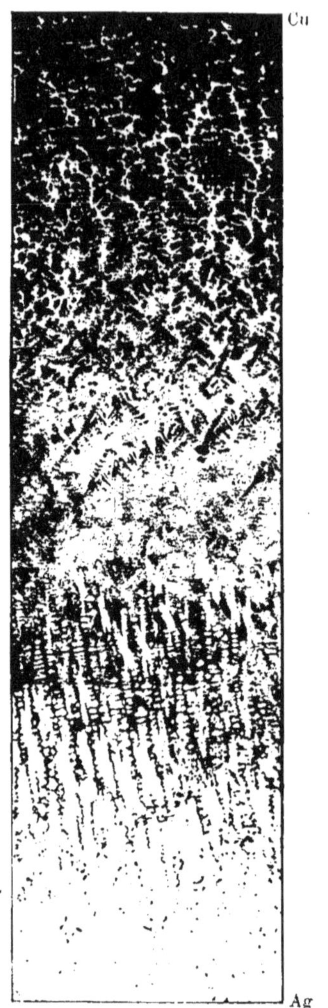

Fig. 12. — Filiation cuivre-argent
(Le Grix).

Voyons comment se fera la solidification de ces alliages.

Les alliages, dont la composition est intermédiaire entre l'argent et le
point D ainsi qu'entre le platine et le point B, donneront des solutions
solides en se solidifiant suivant les règles déjà établies.

Le liquide en D commencera par déposer les cristaux A (ou des cristaux B qui se transformeront immédiatement en cristaux A) et continuera ensuite sa solidification comme les solutions solides ordinaires.

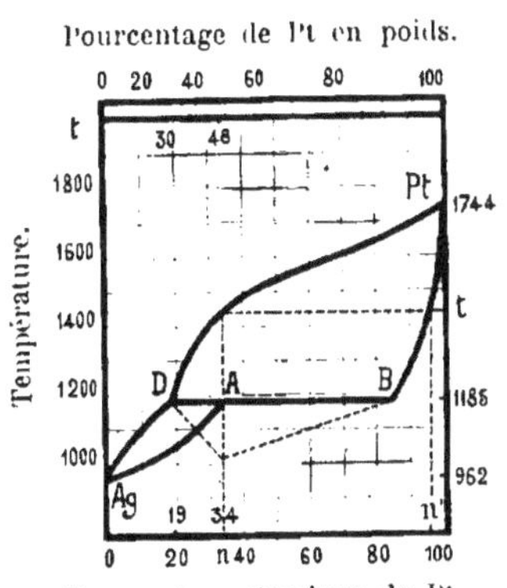

Fig. 43. — Argent-platine. — Diagramme de solidification suivant M. Dörinckel (1907).

La solidification de l'alliage, dont la composition n correspond au point A, commencera à la température t par le dépôt de cristaux de composition n'. A mesure que le liquide s'appauvrira en platine, la composition des cristaux variera par diffusion et, lorsque le liquide aura atteint la composition du point de transition D, les cristaux déposés auront la composition indiquée par le point B. Nous aurons donc alors en présence les cristaux B et le liquide D; si ce liquide s'appauvrit en platine par le moindre nouveau dépôt, les cristaux B cessent d'être en équilibre avec lui et une partie devra se transformer en cristaux A, ce qui enrichira le liquide en platine et rétablira pour un moment l'équilibre.

Il y aura donc une réaction :

$$\text{liquide D} + \text{cristaux B} \rightleftarrows \text{cristaux A}$$

qui aura lieu à la température constante de 1185° (le système étant invariant) et durera jusqu'à ce que tout l'alliage se soit converti en cristaux A, puisque c'est un liquide de cette composition que nous avons pris. Le point A porte le nom de *péritectique*.

Si nous prenons un alliage entre D et A, il y aura un excès de liquide D lorsque tous les cristaux B seront convertis en A; la solidification se poursuivra alors, comme celle des solutions solides ordinaires, et nous donnera un alliage homogène.

Mais, si nous prenons un alliage entre A et B, le liquide D s'épuisera avant que tous les cristaux B soient convertis en A et l'alliage sera formé par un mélange de deux solutions solides limites A et B.

La réaction du péritectique se produisant à température constante, peut être utilisée comme celle de l'eutectique et nous pouvons construire au-dessous de la ligne de transition une courbe de paliers pour la durée de recristallisation (indiquée en pointillé) qui aura un maximum correspondant au péritectique A et des ordonnées nulles aux points D et B.

Nous avons envisagé des exemples où les deux constituants formaient des solutions solides limites, mais on connaît aussi des cas où l'un des constituants forme des solutions solides, alors que l'autre se dépose à l'état pur. Par exemple, dans les alliages plomb-étain, le plomb dissout à l'état solide environ 25 % at. d'étain, mais l'étain ne paraît pas dissoudre du plomb.

Un composé défini peut souvent dissoudre à l'état solide ses deux constituants voisins et nous disons alors qu'il est *entouré de solutions solides*.

Les solutions solides limites forment le type le plus fréquent entre les alliages et l'on peut même se demander (Guertler, 1909) si ce qu'on considère ordinairement comme un dépôt de métaux purs ne devrait pas, plus justement, être envisagé comme un dépôt de solutions solides très restreintes.

Classification des courbes de fusibilité. — Les deux courbes de fusibilité, indiquées pour les solutions solides limites (fig. 41 et 43), peuvent être considérées comme typiques, car on peut en déduire celles des mélanges et des solutions solides continues.

Ainsi, en supposant que les solutions solides limites tendent vers zéro, nous voyons que la fig. 41 coïnciderait dans son allure générale avec la fig. 27 et la fig. 43 avec la fig. 32. Au contraire, en supposant que les deux solutions solides limites se rapprochent et tendent à se confondre, on peut déduire la fig. 39 de la fig. 41 et la fig. 35 de la fig. 43.

Nous croyons donc qu'il serait commode de classer les courbes de fusibilité entre deux constituants voisins (métaux ou composés définis) en courbes à minimum et courbes montantes suivant l'allure de leur liquidus.

Les COURBES A MINIMUM sont caractérisées par l'existence d'un alliage fondant à une température constante et inférieure à celle des deux constituants. Lorsqu'il y a dépôt de constituants purs ou de solutions solides limites, c'est un eutectique qui occupe le minimum. Les figures 27, 39 et 41 montrent des exemples de ces courbes.

Les COURBES MONTANTES caractérisent des alliages dont la solidification commence à des températures intermédiaires à celles des deux constituants et se poursuit toujours dans un certain intervalle de températures. Lorsqu'il y a dépôt de solutions solides limites, ces courbes présentent un point de transition qui se confond avec l'un des métaux pour un dépôt de constituants purs et disparaît dans le cas des solutions continues. Les figures 32, 35 et 43 nous donnent des exemples de ces courbes.

COMBINAISONS INSTABLES

Dissociation d'une combinaison avant sa fusion. — Si un composé défini se dissocie avant de fondre, l'allure des courbes de fusibilité peut en être très sensiblement modifiée, mais il est toujours possible de retrouver cette modification par un raisonnement à partir des courbes normales.

Nous ne nous occuperons ici que des cas les plus fréquents où la dissociation de la combinaison se manifeste par un plateau ou par un point de transition.

La courbe de fusibilité des alliages aluminium - calcium nous donne un exemple (fig. 44) du premier cas. La combinaison Al³Ca, qui devait occuper le maximum de la courbe de fusibilité, se décompose à 692°; les alliages, où elle se solidifiait la première, seront donc liquides au-dessus de cette température et le maximum de la courbe de fusibilité sera remplacé par la droite AB.

Nous aurons à considérer la solidification des alliages dont la composition est comprise entre celle des points A et B, car au delà de ces limites elle se poursuit normalement.

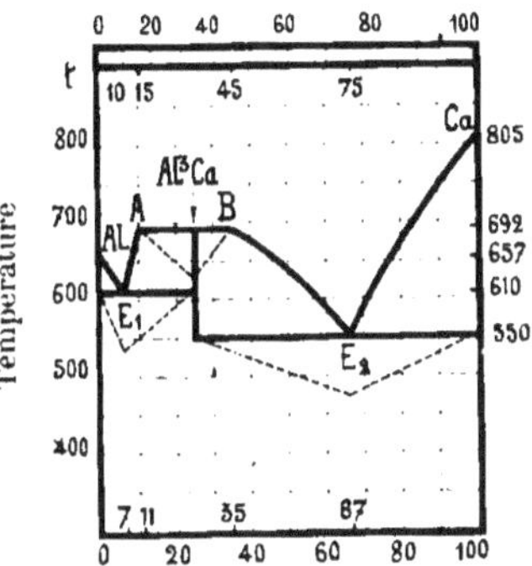

Fig. 44. — Aluminium-calcium. — Diagramme de solidification suivant M. Donski (1908).

L'alliage dont la composition correspond à Al³Ca, forme la combinaison et se solidifie en même temps. Il y a donc une réaction chimique qui intervient dans le système où nous aurons à considérer en plus trois constituants (Al, Ca et Al³Ca), une action physique (la température) et deux phases (solide et liquide). La variance du système sera $V = 3 - 1 + 1 - 2 = 1$ et, comme la composition de la phase liquide a été fixée par nous (Al³Ca), la température du commencement de la solidification est par cela même fixée aussi. La composition du liquide ne variant pas avec le dépôt des cristaux Al³Ca, les conditions de l'équilibre ne changent pas non plus et toute la solidification de l'alliage se fera à température constante, comme celle des systèmes invariants.

Dans les alliages, dont la composition est comprise entre le point A et la combinaison, la solidification commencera aussi à 692° par la formation et le dépôt de la combinaison. Le liquide s'enrichira donc en aluminium à température constante et, lorsque sa composition sera celle du point A, la solidification s'achèvera normalement, comme dans les alliages ordinaires.

D'une façon analogue se poursuivra la solidification des alliages à composition intermédiaire entre la combinaison et le point B.

Si nous construisons une courbe de paliers (indiquée en pointillé) pour l'arrêt à 692°, son maximum correspondra à la combinaison et servira pour l'indiquer. En plus, le composé Al^3Ca ne formant pas de solutions solides avec l'aluminium, ni avec le calcium, sera indiqué par les ordonnées nulles des courbes de paliers des eutectiques E_1 et E_2.

Une combinaison dissociée avant sa fusion peut aussi se manifester par un point et une ligne de transition, comme nous le montre le diagramme des alliages potassium-sodium (fig. 45).

Nous y voyons la courbe E-D correspondre à un dépôt de la combinaison Na^2K et la courbe Na-D à un dépôt de sodium. Leur point d'intersection D se

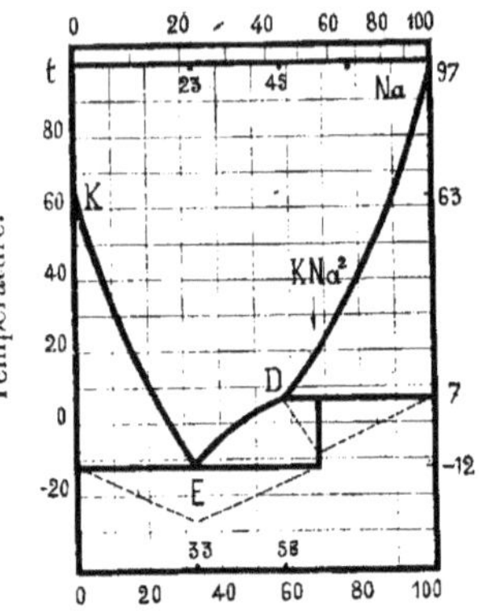

Fig. 45. — Potassium-sodium. — Diagramme de solidification suivant M. Van Rossen Hagendijk (1912).

trouve à la température de 7°, au-dessus de laquelle la combinaison Na^2K n'est plus stable.

Les alliages d'une composition intermédiaire entre celle du point D et le potassium, se solidifient normalement et nous n'aurons qu'à considérer les alliages entre le point D et le sodium.

La solidification de l'alliage correspondant au composé Na^2K, commencera, comme nous le voyons sur le diagramme, vers 20° par un dépôt de sodium et le liquide s'enrichira en potassium. A la température de 7° il y aura donc en présence des cristaux de sodium et un liquide de composition D. Comme à cette température le composé Na^2K devient stable, il commencera à se former aux dépens du liquide et des cristaux. Tant qu'il y aura trois phases dans le système (liquide, Na et Na^2K), il sera invariant et la réaction se passera à température constante. Comme nous avons pris un alliage correspondant à la combinaison, le liquide et le sodium se transformeront entièrement en cristaux de

Na²K. La réaction est donc analogue à celle qui se passe au point péritectique (p. 56).

L'alliage, dont la composition est intermédiaire entre celle du point D et de la combinaison, laisserait, après la transformation de tous les cristaux de sodium en Na²K, un excès de liquide qui déposerait la combinaison en suivant la courbe D-E et finirait la solidification par l'eutectique E. Nous aurions donc des cristaux de Na²K entourés d'eutectique (Na²K + K).

Au contraire, dans la solidification des alliages plus riches en sodium que la combinaison, le liquide s'épuiserait avant la fin de la transformation des cristaux de sodium et l'alliage serait composé d'un mélange de sodium et de la combinaison.

La position du composé Na²K est indiquée par le maximum de la courbe de paliers, construite pour la transformation, et par l'ordonnée nulle de la courbe des paliers de l'eutectique E, la combinaison ne formant pas de solutions solides avec le potassium, ni avec le sodium.

Si une combinaison C (I, fig. 46), instable à chaud, ne donne pas de solutions solides avec le constituant de précipitation primaire B, mais en donne une avec l'autre (A), cette combinaison se formera au point péritectique P et ses cristaux pourront s'enrichir en métal A par une réaction à température variable :

combinaison C + liquide → solution solide F ;

c'est un cas qui se rencontre assez souvent.

Lorsque, au contraire, la combinaison C donne une solution solide avec le constituant B (II, fig. 46), le péritectique P correspond à la limite de la solution solide. La combinaison C se forme alors à partir de l'alliage liquide par une double réaction. La première se passe à température constante :

cristaux B + liquide D → cristaux P.

Le liquide serait épuisé pour une composition C des cristaux et il en reste un surplus pour la formation des cristaux P, ce qui donne lieu à une réaction à température variable :

cristaux P + liquide → combinaison C.

Un refroidissement trop rapide permettrait, ainsi, la présence dans un échantillon de composition C de quatre phases solides au lieu d'une seule, car, en plus des cristaux B, P et C, on y trouverait le constituant A faisant partie de l'eutectique solidifié en dernier lieu. Ce cas se présente bien plus rarement que le précédent, il a lieu, par exemple, pour le composé CuSn (Heycock et Neville, 1904).

Si la combinaison C dissout les deux constituants voisins, le diagramme prend une forme (III, fig. 46) où l'espace entre la fin de l'eutectique F et le péritectique P nous indique le

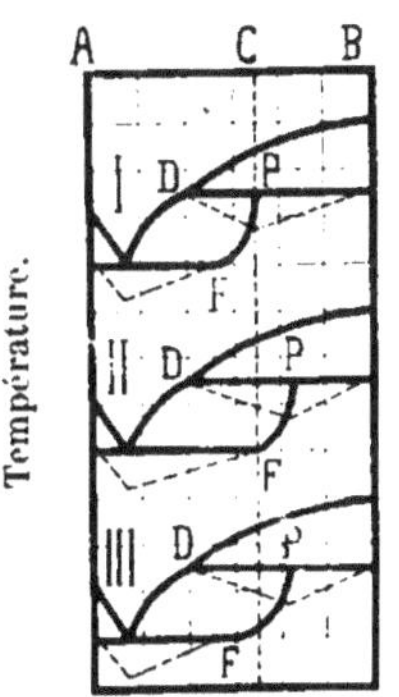

Fig. 46. — Formation de la combinaison C au point de transition, en présence de solutions solides.

domaine des solutions solides entourant la combinaison, sans qu'on puisse préciser sa position exacte.

Alliages pseudo-binaires. — Quelques-unes des combinaisons se dissocient partiellement à l'état liquide et restent en équilibre avec les produits de leur dissociation. Nous avons alors à faire à un système pseudo-binaire, contenant trois constituants au lieu de deux (Roozeboom et Aten, 1905).

Deux cas se distinguent particulièrement dans les alliages pseudo-binaires, notamment la dissociation partielle au point de fusion et celle au-dessus de la ligne de transition.

Il n'est pas rare qu'une combinaison, stable à l'état solide, se dissocie partiellement en fondant. La solidification de ce composé équivaudra ainsi à son dépôt d'une solution et se passera à une température plus basse que si le composé était non-dissocié. Les maxima du diagramme de solidification, qui indiquent ces combinaisons, ont alors une forme arrondie, intermédiaire entre la forme anguleuse que manifestent les combinaisons stables à l'état liquide, étant le point d'intersection de deux courbes de solubilité, et la forme à palier caractéristique pour les combinaisons dissociées avant la fusion (p. 58). Dans ces alliages pseudo-binaires les maxima peuvent même ne pas correspondre au composé défini, mais à une solution solide de ce composé, comme l'a fait voir M. H. Le Chatelier (1896).

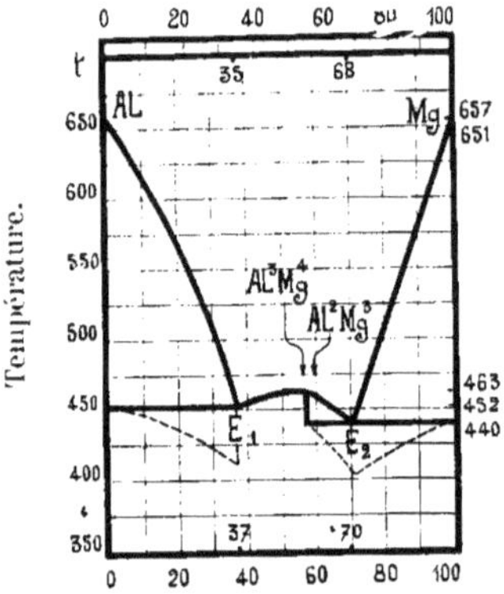

Les alliages aluminium-magnésium nous en donnent un exemple. Sur la courbe de solidification (fig. 47) on voit un maximum à 57 pour 100 atomiques de magnésium, ce qui porterait à croire qu'il correspond à la combinaison $Al^3 Mg^4$, alors que les méthodes électriques nous montrent qu'il s'agit de la combinaison $Al^2 Mg^3$ à 60 pour 100 de magnésium.

Entre ce maximum et le premier eutectique E_1 le solidus n'a pas pu être déterminé et la structure reste incertaine; nous verrons, encore par les méthodes électriques, la présence dans ces limites du composé AlMg.

Dans le cas considéré on aurait pu s'attendre plutôt à la stabilité

Fig. 47. — Aluminium-magnésium. — Diagramme de solidification suivant M. Grube (1905).

de la combinaison à l'état liquide, aucune cause apparente ne faisant prévoir la coïncidence des phénomènes indépendants : la dissociation et la fusion. Au contraire, pour un composé formé sur une ligne de transition et instable à une température supérieure, on pourrait s'attendre à une dissociation complète à l'état liquide.

Si cette dissociation est incomplète, l'alliage pseudo-binaire se manifeste par une réaction secondaire. Notamment la partie non dissociée du composé possède une température de solidification qui lui est propre et à laquelle il se déposera sous une forme instable (ou *métastable*).

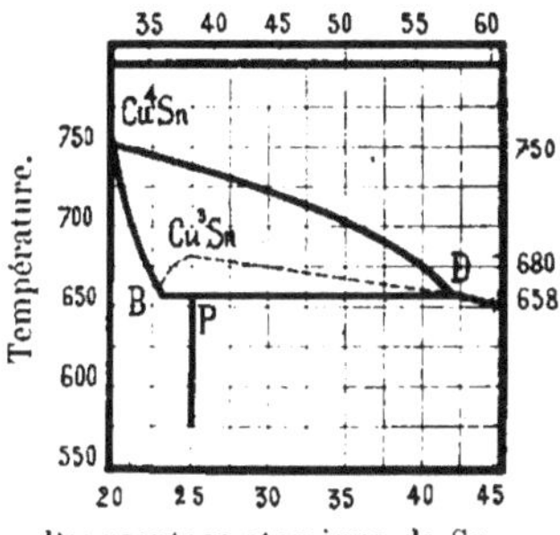

Pourcentage atomique de Sn.

Fig. 18. — Cuivre-étain. — Diagramme de solidification entre 20 et 45 p. 100 atomiques d'étain.

A la température du dépôt de la combinaison à l'état instable les courbes de refroidissement indiqueront un phénomène thermique qui pourra être reproduit sur le diagramme, sous la forme d'une courbe complémentaire.

Les alliages cuivre-étain paraissent donner un exemple de ce cas, visible sur une fraction de leur diagramme de solidification (fig. 18). Alors que la combinaison Cu^4Sn se solidifie à la température constante de 750°, le composé Cu^3Sn est instable à l'état solide au-dessus de 658° et se forme au péritectique P par l'action du liquide D sur les cristaux de la solution solide B. A ce tracé normal du diagramme se superpose la courbe B—Cu^3Sn—D indiquant le dépôt de la combinaison Cu^3Sn à l'état instable (Broniewski, 1915). Si le refroidissement est suffisamment lent, ce dépôt se décompose, à mesure de sa formation, en cristaux, voisins par leur composition de B, et en un liquide, voisin de D, en équilibre à la température considérée ; au contraire, pour un refroidissement assez rapide les cristaux de la combinaison passent dans le domaine des températures où ils sont stables.

Alliages fer-carbone. — Le fer paraît former avec le carbone des alliages pseudo-binaires à l'état liquide.

A l'état solide, ils peuvent se présenter sous deux états différents, notamment comme un mélange d'une solution solide riche en fer soit avec du graphite, soit avec une combinaison Fe^3C qui porte le nom de *cémentite*.

L'état fer-cémentite apparaît en premier lieu pendant la solidification, mais ne se conserve que par un refroidissement rapide, en donnant de la *fonte blanche*.

Si le refroidissement n'est pas assez rapide, la cémentite se décompose en partie ou en totalité en précipitant du graphite et en formant ainsi de la *fonte grise*.

Ces phénomènes peuvent être expliqués en admettant que dans l'alliage liquide la cémentite se trouve partiellement dissociée en fer et en graphite,

$$Fe^3C \rightleftharpoons C + 3Fe$$

De ce système en équilibre se dépose celui des trois corps dont la limite de solubilité est dépassée par l'abaissement de la température.

Dans les alliages riches en fer, c'est la limite de solubilité de celui-ci qui se trouve dépassée à une température indiquée par la courbe Fe — L (fig. 49) et il se dépose alors une solution solide riche en fer, délimitée par la courbe Fe—S.

La courbe de dépôt du fer est coupée par celle de la cémentite, dont la limite de solubilité se trouve atteinte avant le graphite. Au point d'intersection L des deux courbes à 1135° et à 4,2 pour 100 de carbone se dépose un eutectique portant le nom de *ledeburite* (en l'honneur de M. Ledebur). Cet eutectique est donc constitué par un mélange de cémentite avec une solution solide limite à 1,7 pour 100 de carbone.

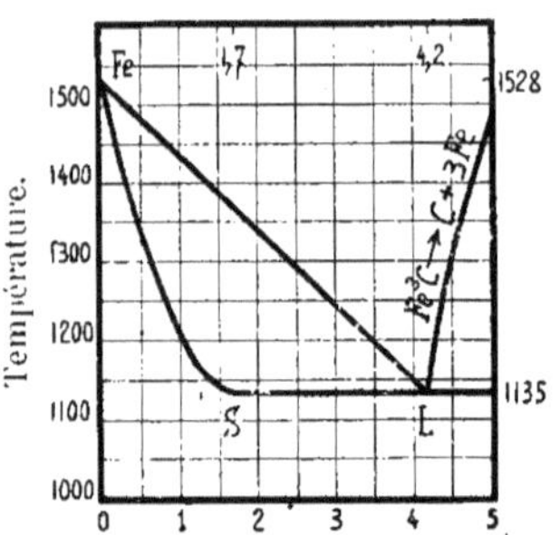

Fig. 49. — Fer-carbone. — Diagramme de solidification suivant M. Goerens (1907) et M. Wüst (1909).

L'alliage solidifié se compose ainsi d'une solution solide, s'il contient moins de 1,7 pour 100 de carbone ; au delà de cette proportion il contient de la ledeburite qui entoure soit les cristaux de la solution solide limite, soit ceux de la cémentite.

La cémentite précipitée n'est pas stable. Dans l'alliage liquide elle n'est décomposée que partiellement, en restant en équilibre avec les produits de sa dissociation ; par contre, à l'état solide elle subit une décomposition complète en graphite et en la solution solide limite riche en fer. La décomposition atteint chaque cristal de la cémentite immédiatement après son dépôt, si le refroidissement est assez lent, de sorte que la courbe de dissociation de la cémentite se confond avec le liquidus.

La fusion de la fonte grise doit commencer par la diffusion du graphite dans le fer à l'état solide (voir p. 47). Cette réaction est très lente, de sorte que, pour une vitesse d'échauffement ordinaire, il y a un retard appréciable dans la fusion qui s'effectue aux environs de 1200° alors que la solidification finit à 1135°.

L'explication des phénomènes, observés dans les alliages fer-carbone, à l'aide du diagramme que nous venons d'indiquer, a été donnée par M. Goerens (1907) et fut développée par M. Wüst (1909). Elle n'est pas la seule qu'on puisse concevoir, comme nous aurons l'occasion de le voir bientôt dans la partie consacrée aux équilibres labiles.

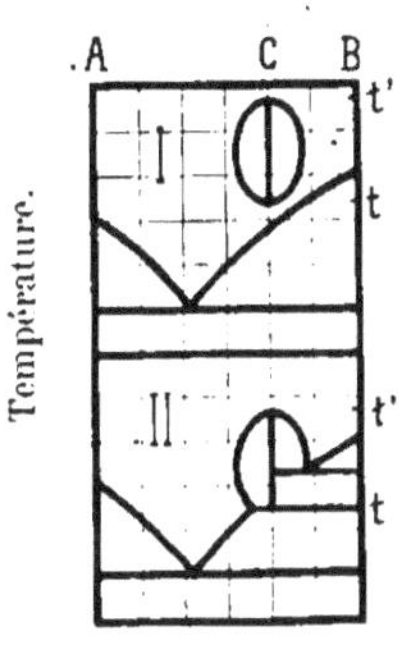

Fig. 50. — Schémas de la formation d'une combinaison dans le liquide.

Formation de combinaisons dans le liquide. — Certaines combinaisons ne se forment qu'à une température ou une partie de l'alliage, au moins, est à l'état liquide.

Considérons deux constituants A et B (I, fig. 50) ne formant pas de combinaisons à l'état solide. Si nous chauffons l'alliage liquide, correspondant à la combinaison C, jusqu'à la température t, la combinaison se forme et l'alliage se solidifie ; il ne fond de nouveau qu'à une température t', qui est la température de fusion de la combinaison. Les alliages voisins par leur composition de la combinaison se solidifient plus tard et fondent plus tôt qu'elle, de sorte, que nous pouvons tracer sur le diagramme une surface fermée, correspondante aux alliages resolidifiés.

Si la température de formation t de la combinaison est inférieure au liquidus (II, fig. 50), un point de transition l'indique et la courbe de fusion peut revenir partiellement en arrière avant de former un maximum. Dans ce cas nous avons à faire le plus souvent à des alliages pseudo-binaires. Suivant les travaux de M. Ruff (1911) et de M. Wittorf (1912) cette forme de courbe est propre aux alliages fer-carbone où la cémentite (Fe³C) ne serait stable qu'entre 1700° et 2000°.

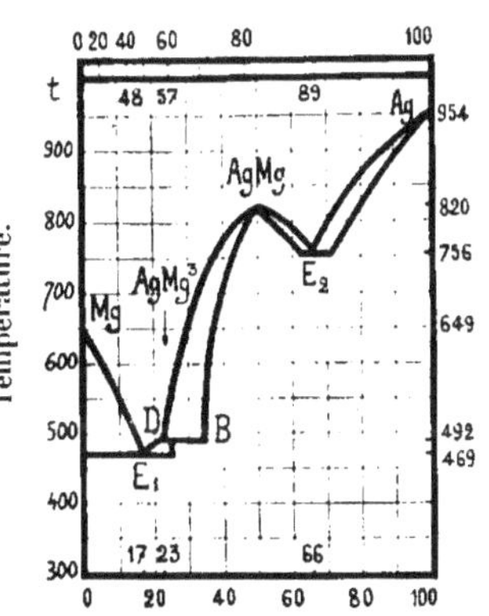

Pourcentage d'Ag en poids.

Pourcentage atomique d'Ag.

Fig. 51. — Magnésium-argent. — Diagramme de solidification suivant M. Zemczuzny (1906).

Formation de plusieurs combinaisons. — La courbe de solidification des alliages magnésium-argent, qui forment les combinaisons Mg³Ag et MgAg, nous servira d'exemple (fig. 51).

La combinaison MgAg est indiquée par le maximum de la courbe et une solidification à température constante. Elle forme avec l'argent deux solutions solides limites et un mélange de ces solutions, comme le cuivre avec l'argent.

Entre le magnésium et la combinaison MgAg, la courbe a une allure, comme entre le potassium et le sodium, le composé Mg^3Ag étant marqué par un point de transition à 492°. La courbe D-E₁ correspond à un dépôt de Mg^3Ag, alors que des cristaux d'une solution solide du magnésium dans le composé MgAg se déposent suivant la courbe MgAg-D. Le composé Mg^3Ag sera donc formé par l'action du liquide de composition D sur les cristaux d'une solution solide de composition B.

On vérifie facilement la structure, que nous venons d'établir, sur la filiation des alliages magnésium-argent (fig. 52). Il est à remarquer que la solution solide de la combinaison AgMg avec l'argent est de beaucoup plus attaquable que celle avec le composé $AgMg^3$; c'est un cas assez rare où la micrographie aurait pu déterminer la position d'une combinaison entourée de solutions solides.

Les alliages solides, dont la composition est comprise entre celle du point B et le composé MgAg, sont constitués au-dessus de 492° par une solution solide de magnésium dans le composé MgAg. Comme au dessous de 492° la combinaison Mg^3Ag devient stable, il est probable que c'est elle qui se dissout alors dans MgAg. Mais nous sommes réduits à invoquer la probabilité, car la métallographie n'a pas encore su trancher la question, si une combinaison peut être dissociée en solution solide dans les limites de températures où elle est stable à l'état libre.

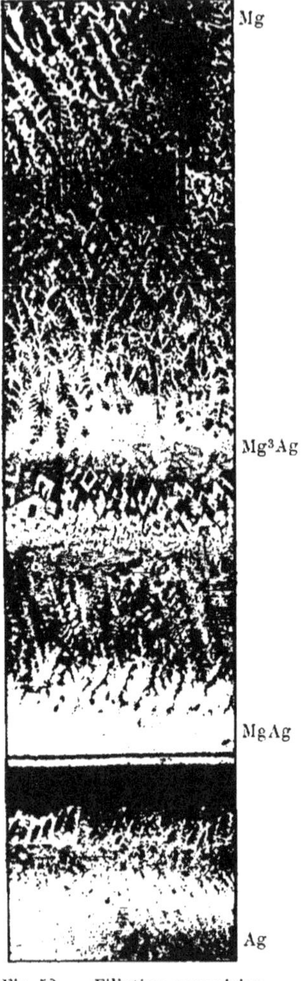

Fig. 52. — Filiation magnésium-argent (Le Grix).

Équilibre labile. — L'équilibre stable dans les alliages tarde parfois à s'établir, comme nous l'avons déjà vu pour la formation lente des combinaisons (p. 51).

Aussi un alliage fondu peut être refroidi au-dessous de sa température de solidification, sans qu'il y ait de dépôt solide : c'est le phénomène de surfusion. Mais, aussitôt qu'un germe cristallin s'est formé spontanément ou a été introduit dans le liquide, la surfusion cesse, un dépôt solide se forme et fait remonter la température, par la chaleur dégagée, jusqu'au point normal de solidification.

Il peut arriver qu'un liquide en surfusion, dont on abaisse la température, rencontre ainsi un nouveau système d'équilibre, moins stable que le système normal, mais par rapport auquel il ne sera pas en surfusion. Cet état, le moins stable entre deux états d'équilibres possibles à la même température, s'appelle *équilibre labile*.

Les alliages zinc-antimoine, dont la courbe de solidification est reproduite sur la fig. 53, nous en donnent un exemple. A l'état d'équilibre normal ces alliages forment deux combinaisons : Zn^3Sb^2, indiqué par le maximum de la courbe à 566° et ZnSb, manifesté par le point de transition D à 537°. A partir du maximum jusqu'au point D la courbe correspond donc à un dépôt de Zn^3Sb^2, du point D jusqu'à l'eutectique E_2 (à 505°) à un dépôt de ZnSb. Mais cet état d'équilibre ne se produit qu'en présence de germes cristallins du composé ZnSb ; autrement, le liquide reste en surfusion par rapport à ce composé et la solidification se poursuit suivant la courbe D-F-E_2 du système labile en formant un eutectique F à 482°.

Le système labile tend ensuite à se transformer en système stable par une modification à l'état solide.

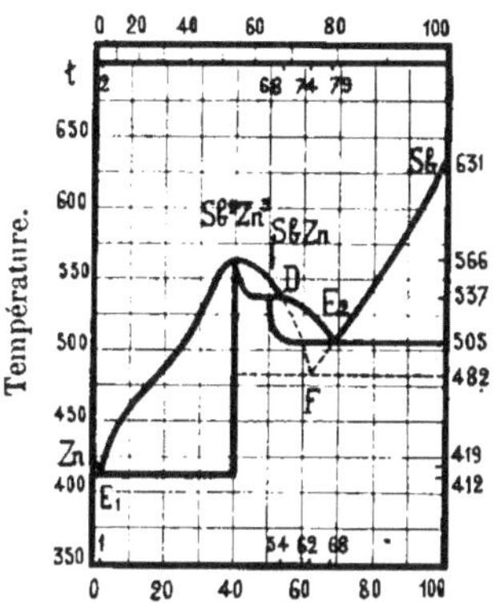

Fig. 53. — Zinc-antimoine. — Diagramme de solidification suivant M. Zemczuzny (1906).

Les phénomènes observés dans les ALLIAGES FER-CARBONE (voir p. 62) peuvent aussi être expliqués à l'aide d'un diagramme double impliquant l'existence d'un équilibre labile.

C'est l'explication la plus ancienne. Elle avait été donnée par M. Henry Le Chatelier pour interpréter les résultats obtenus par Roberts-Austen (1899) et fut reprise quelques années plus tard par M. Heyn (1904) et par M. Charpy (1905).

Cette théorie admet que le système stable fer-graphite se solidifie suivant le diagramme reproduit en trait continu (fig. 54). A une température inférieure se solidifie le système labile fer-cémentite indiqué en pointillé dans sa partie qui n'est pas commune avec le premier diagramme.

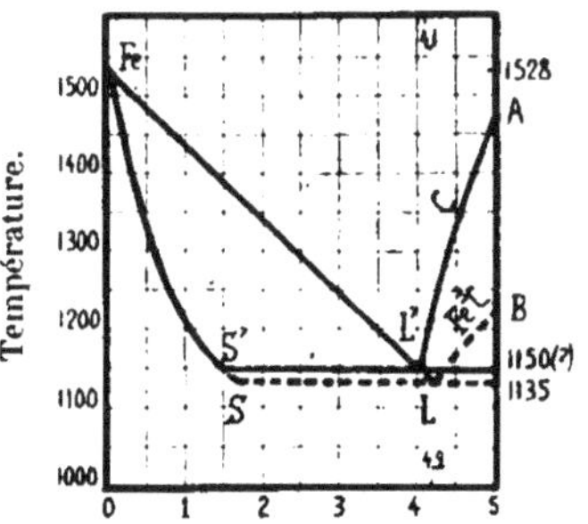

Fig. 54. — Fer-carbone. — Diagramme double de solidification.

Le système stable, étant sujet à la surfusion, l'alliage liquide atteint le système labil qui se solidifie sans retard. La solidification se fait donc toujours suivant le système labil fer-cémentite, mais l'alliage solide tend à revenir au système stable par la décomposition de la cémentite qui donne un dépôt de graphite.

Cette explication a été souvent adoptée, bien qu'elle exige la présence sur le diagramme de plusieurs courbes hypothétiques, la solidification du système stable fer-graphite n'ayant jamais été observée. Ainsi, les lignes S′ L′ et L B sont hypothétiques et la courbe L′A, admise comme liquidus du diagramme stable, paraît plutôt correspondre à un dépôt de cementite transformée rapidement en graphite. De même, l'eutectique fer-graphite (L′), qui devrait contenir 4,1 pour 100 de carbone, n'a jamais été constaté avec certitude.

MISCIBILITÉ INCOMPLÈTE.

Lorsque deux métaux fondus ensemble ne sont pas du tout solubles l'un dans l'autre à l'état liquide, ils forment deux couches superposées suivant leur densité et chacun se solidifie à la température qui lui est propre.

Lorsque les deux métaux sont partiellement solubles l'un dans l'autre, ils présentent à l'état liquide, dans les limites de solubilité, une seule couche et deux couches pour les compositions intermédiaires.

Chaque couche forme une phase, le système est donc univariant et pour chaque température la composition des deux couches est bien déterminée. Ainsi, en faisant varier à température constante la composition des alliages liquides formant deux couches, on change l'épaisseur respective de ces couches mais non leur composition.

La composition de chaque couche liquide, qui correspond à la solubilité limite d'un métal dans l'autre, varie avec la température. Le plus souvent la solubilité réciproque augmente avec la température et les deux couches liquides se confondent en une seule à partir d'une certaine température.

Prenons comme exemple la solidification des alliages thallium-cuivre (fig. 55).

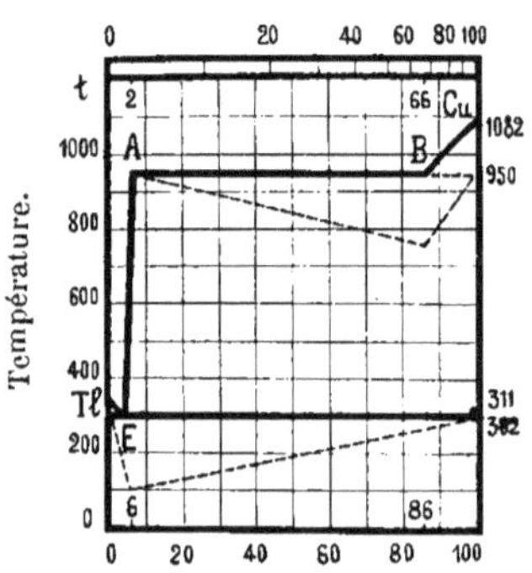

Fig. 55. — Thallium-cuivre. — Diagramme de solidification suivant M. Döerinckel (1906).

Les alliages, renfermant de 0 à 6 pour 100 atomique de cuivre, forment un liquide homogène dont la solidification se poursuit suivant les courbes Tl-E ou A-E par un dépôt de thallium ou de cuivre et finit à 302° par la solidification de l'eutectique E.

Les alliages, dont la composition est comprise entre celle des points A et B, sont formés à l'état liquide par deux couches. A la température de la solidification commençante, la couche inférieure renferme 6 pour 100 et la couche supérieure 86 pour 100 atomiques de cuivre.

La couche supérieure commencera à se solidifier la première en déposant du cuivre. A l'apparition de la phase solide, le système devient invariant et le dépôt se poursuit à la température constante de 950°. Comme la composition des phases d'un système invariant ne peut pas changer, le liquide riche en cuivre (Cu = 86) se dédouble en cuivre solide et en liquide pauvre en cuivre (Cu = 6). Lorsque le liquide riche en cuivre aura disparu, le système, devenu univariant, se composera d'un dépôt de cuivre solide et d'un liquide homogène, à 6 pour 100 de cuivre, qui se solidifie comme nous l'avons vu précédemment.

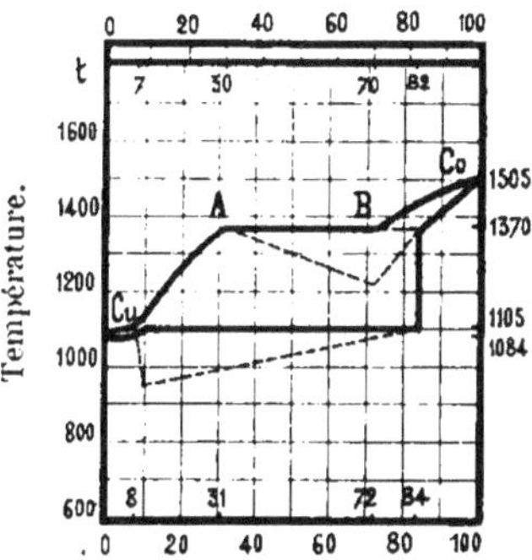

Fig. 56. — Cuivre-cobalt. — Diagramme de solidification suivant M. Konstantinow (1907).

Les alliages renfermant plus de 86 pour 100 de cuivre sont homogènes à l'état liquide et leur solidification commençante est indiquée par la courbe Cu-B. Le dépôt de cuivre enrichit en thallium le liquide et, lorsque la composition de celui-ci correspond au point B, un nouveau dépôt fait apparaître la couche liquide pauvre en cuivre.

Ainsi, la solidification des alliages thallium-cuivre finit toujours à la température eutectique (302°).

La partie horizontale A-B du liquidus est caractéristique pour les alliages formant deux couches à l'état liquide ; la courbe des paliers, tracée pour cette horizontale, donne un maximum correspondant à la composition du point B.

Les alliages cuivre-cobalt, dont la courbe de solidification est reproduite sur la figure 56 forment aussi deux couches à l'état liquide lorsque leur composition est comprise entre celle des points A et B. Mais ce sont des solutions solides qui se déposent, le cuivre dissolvant à l'état solide 7 pour 100 de cobalt et le cobalt 17 pour 100 de cuivre. Dans ces limites, les alliages cuivre-cobalt seront donc homogènes, alors que pour des compositions intermédiaires ils seront formés par un mélange de solutions solides limites.

V. ANALYSE THERMIQUE

(ALLIAGES TERNAIRES, THÉORIE).

Diagramme triangulaire. — Surface de solidification. — Marche de la solidification.
Structure. — Solutions solides continues. — Présence des combinaisons.

Diagramme triangulaire. — Le diagramme de solidification des alliages ternaires ne peut pas être représenté sur un plan, étant déterminé par trois variables dont deux indiquent la composition de l'alliage, la troisième sa température de solidification.

Pour représenter la composition d'un alliage ternaire, on utilise ordinairement un diagramme triangulaire. Soit ABC un triangle équilatéral (fig. 57); on sait que la somme des perpendiculaires, abaissée d'un point quelconque à l'intérieur de ce triangle sur ses côtés, est égale à sa hauteur. Nous pouvons admettre que cette hauteur est égale à 100 et que le pourcentage de chaque métal dans l'alliage est représenté par l'une des perpendiculaires.

Les sommets du triangle correspondront alors aux métaux purs, ses côtés aux alliages binaires et chaque point m à l'intérieur du triangle représentera une composition de l'alliage ternaire, bien déterminée par la longueur des perpendiculaires mp, mq et mr représentant respectivement la proportion des trois métaux A, B et C dans l'alliage. Par définition la hauteur $Aa = 100$.

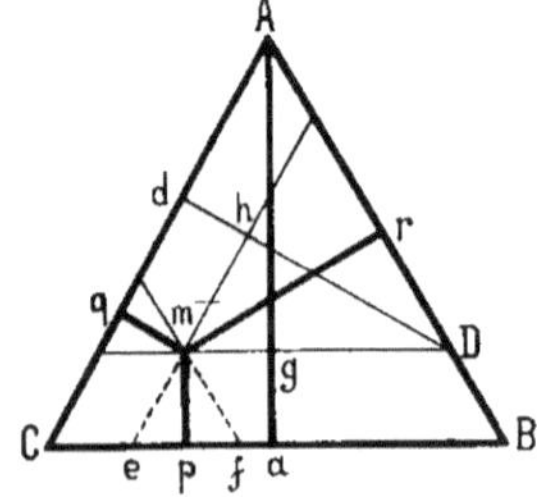

Fig. 57. — Propriétés d'un triangle équilatéral.

Il est facile de vérifier la propriété mentionnée des triangles équilatéraux. Menons par le point m trois lignes parallèleles aux trois côtés du triangle. Du point D, placé sur l'intersection de AB avec la ligne parallèle à CB, abaissons une perpendiculaire Dd sur

AC. Nous obtenons alors les équations suivantes, qui additionnées membre à membre nous donnent la relation cherchée.

$$ga = mp \qquad \rbrace \qquad \text{comme coupures de parallèles}$$
$$dh = mq \qquad \qquad \text{par des parallèles.}$$
$$hD = mr \qquad \rbrace \qquad \text{comme hauteurs du même}$$
$$Ag = Dd \qquad \qquad \text{triangle équilatéral.}$$
$$Dd = dh + hD \qquad \rbrace \qquad \text{par définition.}$$
$$Aa = Ag + ga$$
$$\overline{\qquad\qquad\qquad\qquad}$$
$$Aa = mp + mq + mr$$

La proportion des métaux dans l'alliage peut aussi être représentée un peu différemment. Les longueurs mq, mp et mr, étant respectivement proportionnelles aux longueurs ce, ef et fB (rapport de la hauteur d'un triangle équilatéral à son côté), celles-ci nous montrent le pourcentage des métaux B, A et C dans l'alliage, si par définition la longueur CB = 100.

Surface de solidification. — Si en chaque point du triangle nous élevons une perpendiculaire, dont la longueur est proportionnelle à la température de solidification commençante de l'alliage représenté par ce point, nous obtiendrons une surface, appelée *surface de solidification*, qui forme le diagramme des alliages ternaires.

Les alliages ternaires étain-plomb-bismuth, étudiés par M. Charpy (1901), nous serviront de premier exemple à cause de la simplicité de leur structure.

M. GEORGE CHARPY
(né en 1865).

Les alliages binaires correspondants ne forment pas de combinaisons. A l'état liquide, les métaux qui les composent sont miscibles en toute proportion et conservent à l'état solide des solutions de quelques pour cent. La figure 58 montre le liquidus des courbes de solidification de ces alliages binaires.

Les alliages étain-bismuth présentent un eutectique (A) à 136° et à 44 pour 100 atomiques de bismuth. A la température du solidus, l'étain dissout environ 5 % atomiques de bismuth, alorsque celui-ci ne paraît pas conserver en solution plus de 1 % d'étain (Lepkowski, 1908).

Les alliages étain-plomb forment un eutectique (B) à 182° et à 25 % atomiques de plomb. A la température du solidus, le plomb dissout environ 23 % atomiques d'étain et de moitié moins à la température ordinaire ; l'étain ne dissout pas le plomb d'une façon appréciable à l'état solide. (Rosenhain et Tucker, 1909).

Les alliages plomb-bismuth présentent un eutectique (C) à 125° et à 56 % atomiques de bismuth. A la température du solidus, le plomb dissout environ 30 % de bismuth et celui-ci 11 % atomiques de plomb (Barlow, 1911).

Le diagramme de solidification des alliages étain-plomb-bismuth (fig. 59) est formé par trois surfaces distinctes, dont l'intersection avec les côtés du prisme se fait suivant les courbes de solidification des alliages binaires.

Chacune des trois surfaces part du point représentatif d'un des métaux qui forme son point culminant; ainsi, nous avons la surface de l'étain, celle du plomb et celle du bismuth.

Ces surfaces nous indiquent non seulement la température de la solidification commençante, mais aussi le métal qui sera déposé de l'alliage en premier lieu; par exemple, l'alliage, dont le point représentatif M se trouvera sur la surface de l'étain, commencera par déposer des cristaux d'étain ou de ses solutions solides limites.

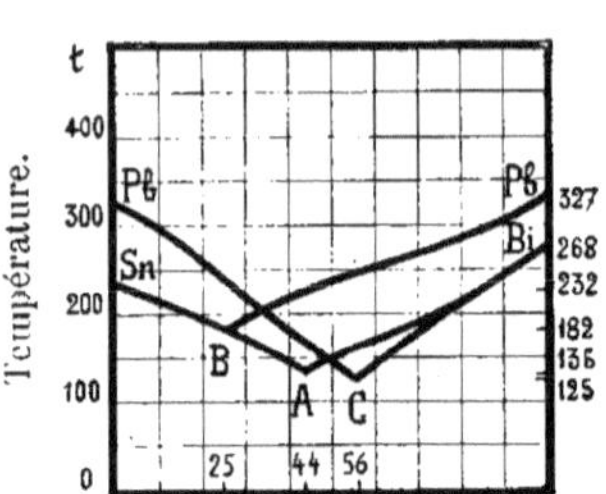

Fig. 58. — Courbes de solidification 𝑡 (liquidus) des alliages étain-bismuth, étain-plomb et plomb-bismuth.

Les alliages, dont les points représentatifs se trouvent sur l'intersection de deux surfaces, devront commencer leur solidification en déposant à la fois les cristaux des deux métaux en question. Enfin, l'alliage, correspondant à l'intersection des trois surfaces, déposera à la fois les trois métaux de l'alliage.

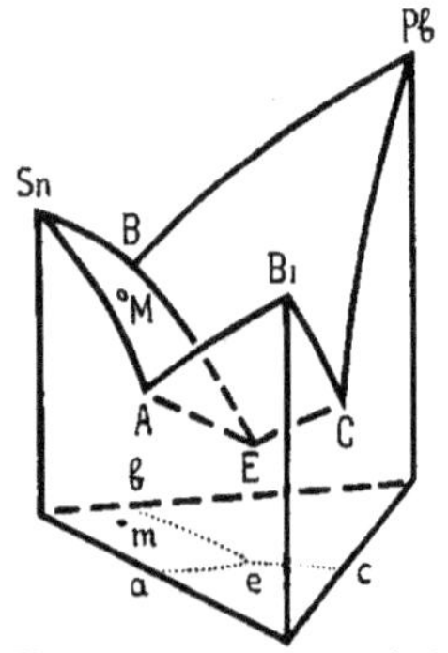

La surface de solidification peut être représentée sur un plan, de la façon en usage pour la reproduction du relief d'un terrain. Pour cela on mènera une série de plans équidistants parallèlement à la base. Ces plans couperont la surface de solidification suivant des *lignes isothermes*, ce qui veut dire, que les alliages, dont les points représentatifs se trouvent sur une isotherme, commenceront leur solidification à la même température.

Les isothermes et les lignes d'intersection des surfaces de solidification, sont projetées sur le triangle équilatéral qui sert de base au diagramme de solidification.

La figure 60 représente le plan du diagramme de solidification des alliages étain-plomb-bismuth. Les lignes *ae*, *be* et *ce* y correspondent à l'intersection des surfaces de solidification; en trait discontinu sont reproduites les isothermes de 125°, 175°, 225° et 275°.

Fig. 59. — Surface de solidification des alliages étain-plomb-bismuth suivant M. Charpy (1901). La composition est en atomes.

Marche de la solidification. — Prenons comme exemple la solidification d'un alliage contenant 72 pour 100 atomiques d'étain, 18 de plomb et 10 de bismuth. Le point figuratif de cet alliage, déterminé par les coordonnées mq, mp et mr, se trouve en m (fig. 60) sur la projection de la surface de solidification de l'étain.

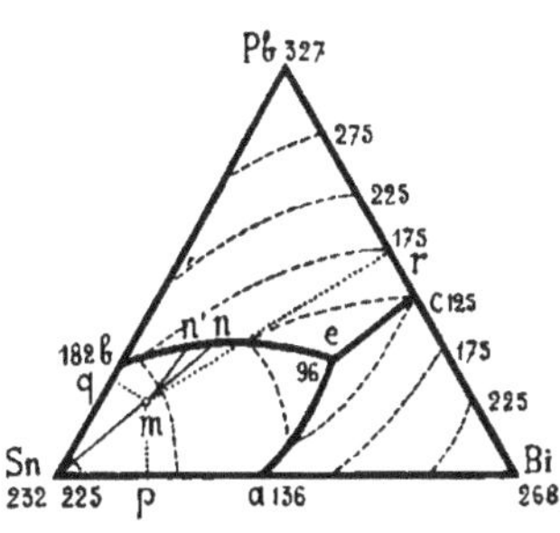

Fig. 60.° — Plan du diagramme de solidification des alliages étain-plomb-bismuth suivant M. Charpy (1901):La composition est en atomes.

Vers 183°, la solidification de cet alliage commencera par un dépôt de cristaux d'étain, renfermant comme solution solide quelques pour cent de bismuth. La quantité du plomb et du bismuth va donc augmenter dans l'alliage resté liquide et son point figuratif se déplacera sur le diagramme.

Pendant cette solidification commençante, le système sera divariant $(3 + 1 — 2 = 2)$ et, comme pour déterminer la composition d'un alliage ternaire quelconque il faut deux valeurs numériques, nous épuisons la liberté du système en fixant la composition de la phase liquide. Un système divariant des alliages ternaires est donc analogue sous ce rapport aux systèmes univariants des alliages binaires.

Si les cristaux déposés étaient constitués par de l'étain pur, le rapport des deux autres métaux dans l'alliage liquide devrait rester constant; le point figuratif m se serait alors déplacé de façon à conserver le rapport $\frac{mq}{mp} = $ const., c'est-à-dire sur la continuation de la droite Sn — m, en coupant la ligne be au point n.

Comme les cristaux déposés renferment 5 % de bismuth, le chemin du point m déviera quelque peu de cette droite et coupera la ligne be au point n', représentant un alliage à teneur moindre de bismuth que le point n.

Le point figuratif, dont la projection se trouve en n', est situé à la fois sur la surface de solidification de l'étain et sur celle du plomb à une température de 152°. Lorsque l'alliage liquide aura atteint la composition et la température du point n', commencera le dépôt simultané des cristaux d'étain et de plomb ou, plutôt, de leurs solutions solides limites. L'alliage liquide s'enrichira en bismuth et son point figuratif suivra la ligne be jusqu'au point e.

Pendant le dépôt de l'eutectique binaire, le système sera univariant $(3 + 1 — 3 = 1)$. Pour fixer la composition de l'alliage liquide, une seule valeur numérique est alors suffisante, car sur la courbe du dépôt de l'eutectique binaire, il n'y a qu'un seul point qui corresponde à la valeur fixée d'un des constituants; c'est ce point qui représentera la composition de la phase liquide.

Le point figuratif, dont la projection se trouve en *e*, est situé sur l'intersection des trois surfaces de solidification, ce qui indique le dépôt simultané des trois métaux. Nous aurons alors un état d'équilibre comprenant trois constituants indépendants (Sn, Bi et Pb), et quatre phases (les trois métaux et le liquide), la liberté du système sera donc

$$V = 3 + 1 - 4 = 0$$

Le système étant invariant, la solidification devra finir à une température constante de 96° et à une composition constante de cet eutectique ternaire contenant 24 pour 100 atomiques d'étain, 29 de plomb et 47 de bismuth.

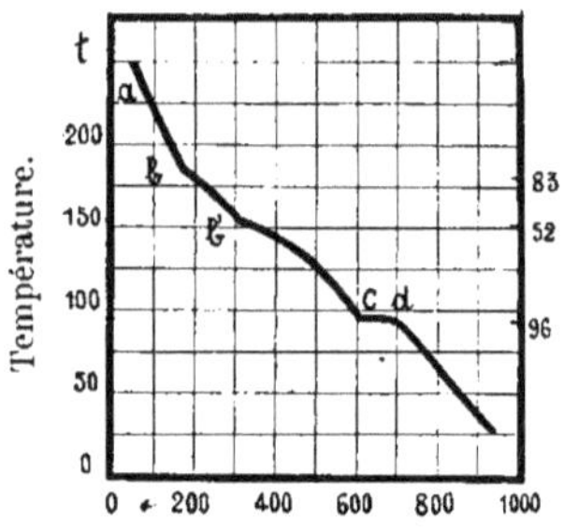

Fig. 61. — Courbe de refroidissement d'un alliage étain-plomb-bismuth.

D'une façon générale, la solidification d'un alliage étain-plomb-bismuth commencera par le dépôt d'une solution solide riche en un des métaux, continuera par le dépôt d'un eutectique binaire et finira à la même température pour tous les alliages par la solidification de l'eutectique ternaire. Nous verrons plus tard, comment se solidifient les solutions solides ternaires. L'étude de la solidification des alliages ternaires se fait, comme celle des alliages binaires, à l'aide des courbes de refroidissement.

La figure 61 représente la courbe de refroidissement d'un des alliages, que nous venons d'étudier. A 183° on voit une brisure *b* correspondre au dépôt des cristaux d'étain, à 152° une nouvelle brisure *b'* indique le dépôt de l'eutectique binaire, enfin, à 96° un palier *cd* montre la solidification de l'eutectique ternaire.

La longueur des paliers permet d'établir les courbes des paliers, rendant ici les mêmes services que pour les alliages binaires.

Structure. — Il est facile d'établir la structure des alliages ternaires en suivant la marche de leur solidification. Ainsi, un alliage, dont le point représentatif se trouve sur la surface de solidification de l'étain, sera constitué par des cristaux d'étain impur entourés par des cellules de l'eutectique binaire, le tout étant noyé dans l'eutectique ternaire.

Nous observons cette structure sur le milieu de la filiation analytique (fig. 16). Les cristaux arborescents d'étain, colorés en sombre, apparaissent sur le fond clair des cellules de l'eutectique étain-plomb, qui, à ce faible grossissement, font l'impression de cristaux homogènes ; le fond gris est constitué par l'eutectique ternaire.

La figure 62 représente la structure d'un alliage dont le point représentatif se trouve sur la surface de solidification du bismuth (71 Bi, 20 Pb, 9 Sn). Les cristaux, peu colorés, d'une solution solide riche en bismuth, sont entourés de l'eutectique binaire bismuth-plomb qui montre assez bien sa structure hétérogène. Le tout est noyé dans l'eutectique ternaire, fortement coloré et paraissant homogène à ce faible grossissement, mais qui, à un grossissement plus fort, diffère peu des eutectiques binaires.

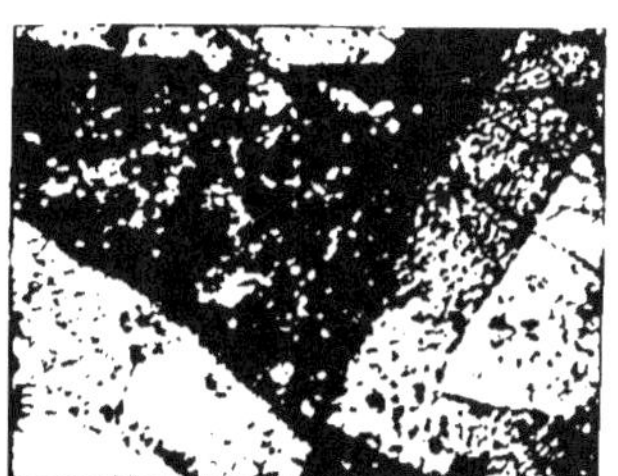

Fig. 62. — Structure d'un alliage à 71 p. 100 atomiques de bismuth, 20 de plomb et 9 d'étain (Charpy, 1901).

Solutions solides continues. — Le mode de solidification des solutions solides ternaires est analogue à celui des solutions solides binaires. Les alliages cuivre-nickel-manganèse nous serviront d'exemple.

Nous connaissons les diagrammes de solidification cuivre-nickel et cuivre-manganèse (pp. 52 et 53) qui indiquent des solutions solides continues. De même, le nickel et le manganèse ne donnent pendant la solidification que des solutions solides et leur diagramme (fig. 63) est analogue à celui du cuivre-manganèse, en présentant un minimum à 56 pour 100 atomiques de manganèse.

Les alliages ternaires cuivre-nickel-manganèse ne forment, de même, que des solutions solides en toutes proportions et leur diagramme (fig. 64) nous montre une surface de solidification commençante très simple. La fin de la solidification s'y passera à une température distante de 10° à 30° environ de son commencement et la surface du solidus indique, comme dans les alliages binaires, la composition des cristaux en équilibre avec le liquide à une certaine température.

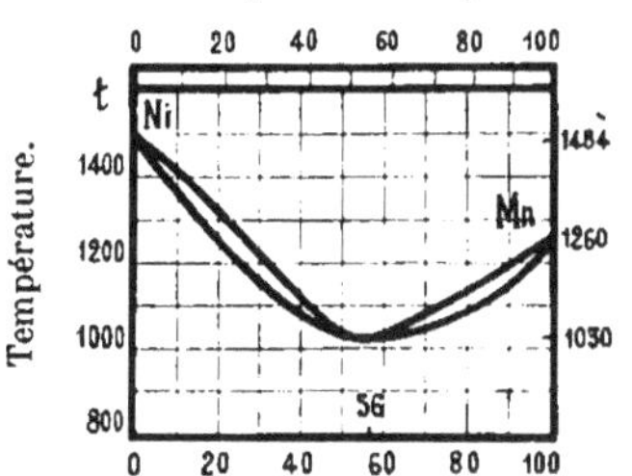

Fig. 63. — Nickel-manganèse. — Diagramme de solidification suivant M. Zemczuzny (1908).

viron de son commencement et la surface du solidus indique, comme dans les alliages binaires, la composition des cristaux en équilibre avec le liquide à une certaine température.

Ainsi, la solidification d'un alliage ternaire commencera à une température qui est déterminée par l'intersection de la perpendiculaire, élevée à son point représentatif, avec la surface du liquidus. Tous les points de la surface du solidus, se trouvant à cette température, correspondront à la composition des cristaux dont l'équilibre avec le liquide est possible. Entre tous ces alliages, dont le dépôt est possible, nous ne savons pas distinguer, *a priori*, celui qui se déposera réellement.

Les cristaux de précipitation primaire changent la composition du liquide et doivent parallèlement changer la leur, comme dans les alliages binaires. Si la solidification est assez lente pour permettre à l'équilibre de s'établir, l'alliage solide sera homogène et, par conséquent, aura en chaque point la composition du liquide; une solidification par trop rapide donnerait un alliage hétérogène.

Présence des combinaisons. — Le diagramme de solidification devient plus complexe, lorsque les métaux, faisant partie de l'alliage ternaire, sont capables de former des combinaisons.

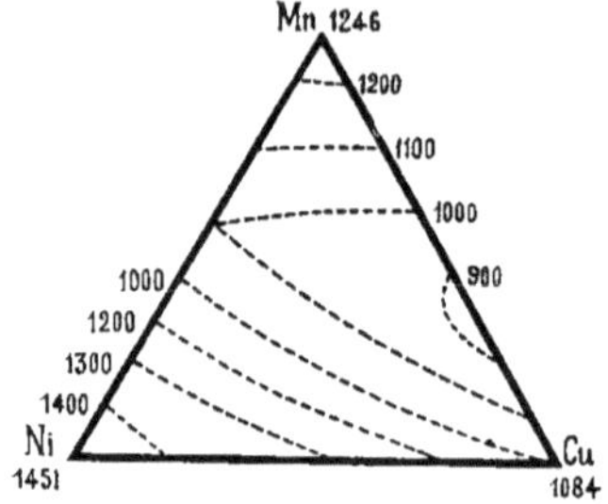

Fig. 64. — Cuivre-nickel-manganèse. — Diagramme de solidification en composition atomique suivant M. Parravano (1913).

Comme exemple pourront servir les alliages magnésium-zinc-cadmium.

Nous savons que le cadmium ne donne avec le zinc que des mélanges à l'état solide (p. 44); avec le magnésium, le cadmium forme la combinaison MgCd et celle-ci dissout à l'état solide les métaux constituants en toute proportion (p. 53). Le diagramme de solidification des alliages magnésium-zinc (fig. 65) montre l'existence de la combinaison $MgZn^2$ qui à l'état solide se mélange mécaniquement avec les deux métaux. Cette structure est confirmée par la filiation (fig. 66) où les cristaux peu attaquables de la combinaison se trouvent séparés des métaux par des eutectiques.

Sur le diagramme de solidification des alliages magnésium-zinc-cadmium (fig. 67), nous voyons deux lignes d'eutectique binaire, notamment AE et BEDC, dont le point d'intersection E forme un eutectique ternaire.

Ces lignes d'eutectique divisent le diagramme en trois parties; la plus grande, BEDCB, correspond à la préci-

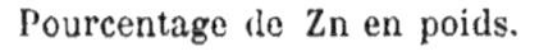

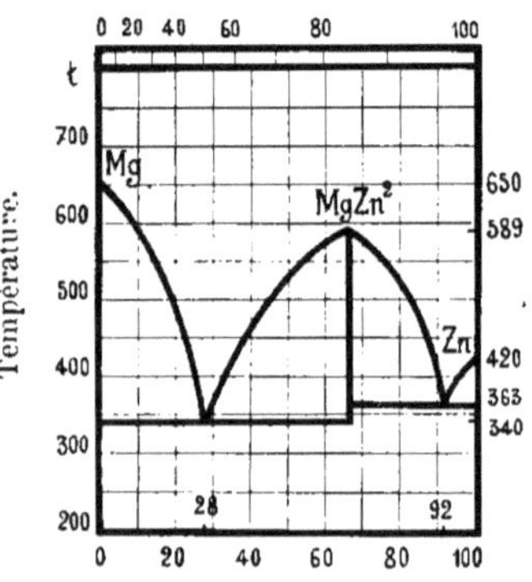

Pourcentage atomique de Zn.

Fig. 65. — Magnésium-zinc. — Diagramme de solidification suivant MM. Bruni et Sandonnini (1912).

pitation primaire du composé $MgZn^2$; la deuxième, ZnBEAZn, indique le dépôt primaire du zinc, enfin, la troisième, CdAEDCMgCd, forme le domaine des solutions solides du cadmium et du magnésium avec la combinaison MgCd.

Sur la ligne de l'eutectique binaire BEDC, le point D 55 Mg, 15 Zn, 30 Cd en atomes) indique un maximum à 358°, de même que le point B à 363°. Les minima correspondants se présentent au point E (2 Mg, 25 Zn, 73 Cd) à 256° et au point C à 340°. De sorte que, si le dépôt primaire conduit l'alliage liquide à une composition de l'eutectique binaire entre les points B et D ou entre les points A et E, la solidification continuera par le dépôt de l'eutectique binaire et finira au point E par la solidification de l'eutectique ternaire à 256°. Si la précipitation primaire conduit à l'eutectique entre les points D et C, la solidification finira au point C par le dépôt d'un eutectique binaire à 340°.

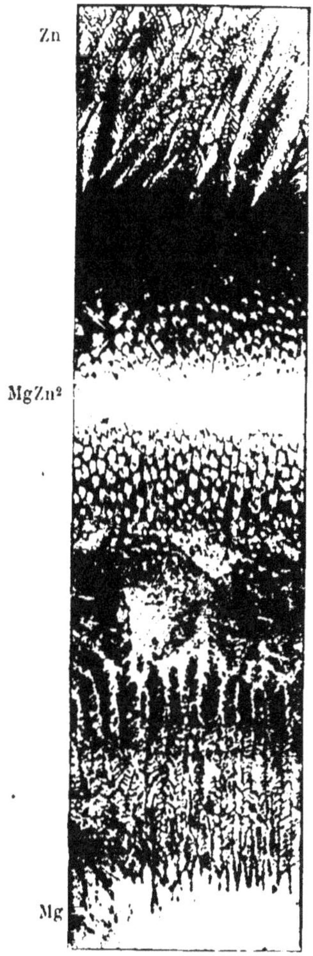

Voyons maintenant sur quelques exemples la marche de la solidification. Un alliage, dont le point représentatif se trouve en m (80 Mg, 10 Zn, 10 Cd en atomes), commencera la solidification à 523° par le dépôt d'une solution solide de magnésium avec le composé MgCd et un peu de zinc. Comme les cristaux déposés contiennent moins de 2 pour 100 de zinc, la proportion de ce métal augmentera dans l'alliage liquide suivant la droite qui relie le point m avec le point représentatif du zinc. Cette droite coupe la ligne de l'eutectique binaire entre les points C et D à 350° où commencera le dépôt de l'eutectique binaire constitué par la combinaison $MgZn^2$ et les cristaux de la solution solide de précipitation primaire. L'alliage liquide atteindra ainsi la composition du point C et sa solidification finira à 340°.

Fig. 66. — Filiation magnésium-zinc (Le Grix).

La solidification d'un alliage de composition l (30 Mg, 40 Zn, 30 Cd) commencera à 476° par le dépôt de $MgZn^2$. La composition du liquide variera donc suivant la prolongation de la droite, qui relie le point représentatif de $MgZn^2$ avec le point l et rencontrera la ligne de l'eutectique binaire entre les points D et E à 325°. La fin de la solidification aura lieu au point E à 256°.

Un alliage de composition n (5 Mg, 90 Zn, 5 Cd) déposera les premiers cristaux de zinc à 361°. La composition de l'alliage liquide variera suivant la prolongation de la droite qui relie le point représentatif du zinc avec le point n; à 344° commencera le dépôt de l'eutectique binaire Zn-MgZn² et à 256° la solidification de l'alliage finira par le dépôt de l'eutectique ternaire E.

Dans certains cas, l'étude des alliages ternaires peut être simplifiée et réduite à celle d'un alliage binaire, dans lequel on aurait pris comme constituants deux composés définis binaires contenant un métal commun. Si l'affinité chimique est la plus grande dans la formation des combinaisons mises en œuvre, elles doivent rester stables, comme cela a lieu pour deux sels fondus ensemble. Ainsi, par exemple, les alliages obtenus par la fusion de MgZn² avec MgCd ou avec le cadmium, indiqués par un pointillé sur la fig. 67, manifestent dans leurs diagrammes de solidification (fig. 68) le caractère des systèmes binaires.

Au contraire, le zinc et la combinaison CdMg se comportent comme un système ternaire, en donnant naissance au composé MgZn², à cause de l'affinité chimique du magnésium, plus grande pour le zinc que pour le cadmium. En traçant le diagramme de solidification de ces alliages (fig. 69), nous le voyons formé de trois courbes superposées. La première, Zn amb CdMg, indique le commencement de la solidification, la deuxième, $caebd$, correspond au dépôt commençant de l'eutectique binaire, alors que la droite peq montre le dépôt de l'eutectique ternaire et la fin de la solidification. Cette forme du diagramme à trois arrêts est caractéristique non seulement pour les systèmes ternaires, mais aussi pour certains alliages pseudo-binaires, comme le fer-molybdène (Lautsch et Tammann, 1907).

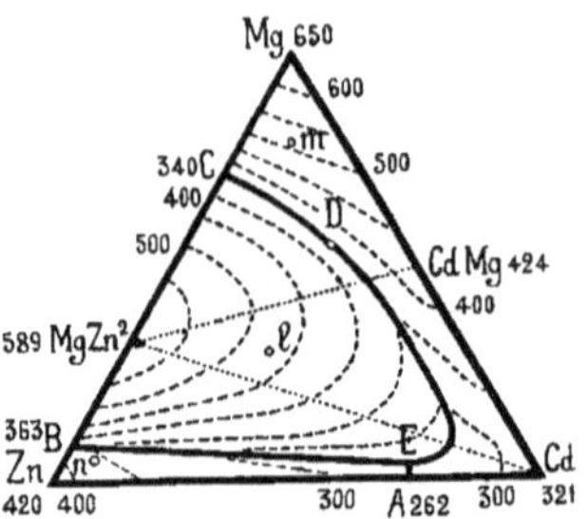

Fig. 67. — Magnésium-zinc-cadmium. — Diagramme de solidification en composition atomique suivant MM. Bruni et Sandonnini (1912).

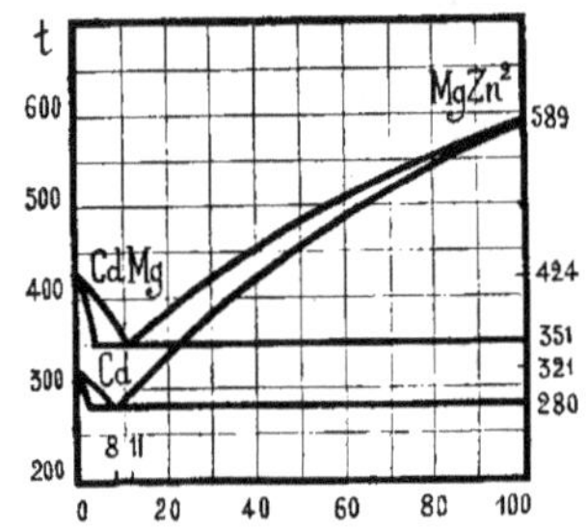

Fig. 68. — Diagramme de solidification de MgZn² avec CdMg et Cd suivant MM. Bruni et Sandonnini (1912).

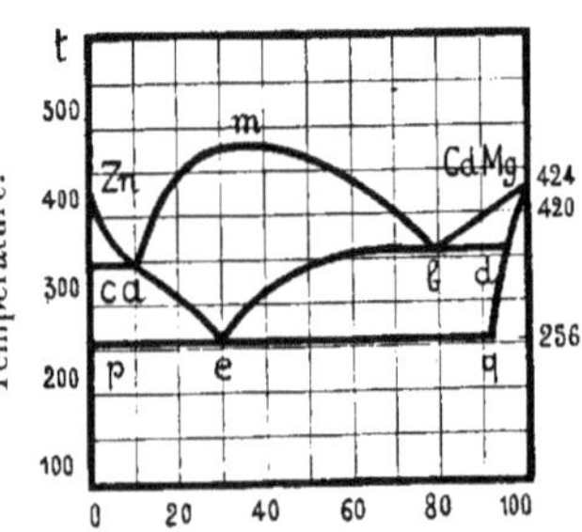

Fig. 69. — Diagramme de solidification du zinc avec MgCd suivant MM. Bruni et Sandonnini (1912).

VI. ANALYSE THERMIQUE

(PRATIQUE).

Échauffement (fours électriques, fours à gaz). — Mesure des températures (couple thermo-électriques et pyromètre optique). — Courbes de refroidissement. — Leur lecture. — Construction du diagramme. — Mémoires cités aux chapitres IV, V et VI.

Échauffement. — Pour des températures inférieures à 1200°, les FOURS A RÉSISTANCE électrique (fig. 70) présentent des avantages sensibles. L'échauffement y est produit par le passage du courant électrique dans un fil métallique enroulé autour d'un tube en terre réfractaire; la température est réglée par une résistance additionnelle mise en série avec le four.

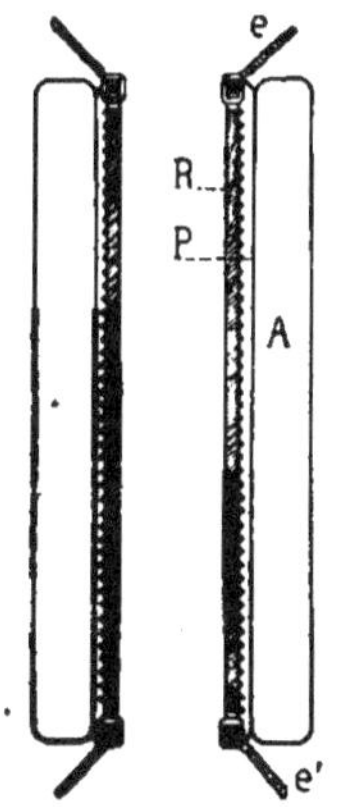

Dans ces fours, la vitesse de refroidissement, importante dans l'analyse thermique, peut être réglée en diminuant le courant d'échauffement, sans toutefois le supprimer.

La construction des fours à résistance électrique n'est pas difficile. Deux fils de nichrome (alliage de nickel et de chrome fondant vers 1.400°) de 5 mètres de longueur et d'une résistance de 4 ohms environ par mètre (0,6 mm. de diamètre) sont enroulés en parallèle autour d'un tube en terre réfractaire de 5 centimètres de diamètre et de 30 centimètres de longueur. Les enroulements des fils, fixés aux extrémités du tube où la paroi est percée, sont recouverts d'une couche de pâte de 3 millimètres d'épaisseur environ, formée de deux parties d'alumine calcinée et d'une partie de chaux délayées dans une solution concentrée d'alun ammoniacal. Le four, ainsi formé, est séché pendant deux jours à la température ambiante, ensuite pendant quelques heures dans une étuve à 120° et recouvert de deux couches de toile d'amiante et de deux couches de carton d'amiante; le premier échauffement se fait en 5-6 heures. Pour une tension de 110 volts (continu ou alternatif) les deux enroulements servent en parallèle; pour une tension de 220 volts, ils sont mis en série. Fonctionnant sans résistance additionnelle le four arrive à 1.200° en 3/4 d'heure environ.

Fig. 70. — Four à résistance électrique. R, tube en terre réfractaire autour duquel est enroulé le fil de nichrome; P, couche d'aluminate de chaux; A, enveloppe d'amiante; e et e', électrodes. $\frac{1}{6}$ de la grandeur naturelle.

Pour dépasser 1.200° on peut se servir du four à résistance électrique de M. Tammann, représenté schématiquement sur la figure 71. L'échauffement se fait par le passage du courant dans un tube de charbon A relié aux électrodes en fer e et e' par l'intermédiaire des charbons E et E'. L'isolement calorifique du four est assuré par de la poudre de braise B entassée entre le tube conducteur et un tube en terre réfractaire R. Le courant alternatif alimentant le four est abaissé à une tension de 10 à 20 volts par un transformateur spécial pouvant supporter un courant de 200-300 ampères; l'altération du tube conducteur et des électrodes exige un montage nouveau à chaque échauffement. L'atmosphère du four est réductrice, sa température peut dépasser 2.000°.

MM. Ruff et Gœcke (1911) ont perfectionné le four de M. Tammann en le faisant fonctionner dans le vide. La température peut alors monter à 2.700°.

Les FOURS A CRYPTOL permettent d'atteindre les mêmes limites de températures que le four de Tammann, mais avec des installations plus simples. Le cryptol, produit industriel à base de charbon de cornue, y sert comme résistance électrique.

La figure 72 représente un four à cryptol facile à construire au laboratoire (Zemczuzny et Lebedew, 1912). Le creuset C est séparé de l'enveloppe en terre réfractaire R par une couche de 10 à 15 millimètres de cryptol K qui peut être remplacé par le charbon de cornue en grains de 1 millimètre environ. Le courant est amené par les charbons E et E', de 3 centimètres de diamètre, munis d'électrodes en fer e et e'. Avec un courant de 40 à 60 ampères sous 110 volts le four atteint 1.700° en une heure environ.

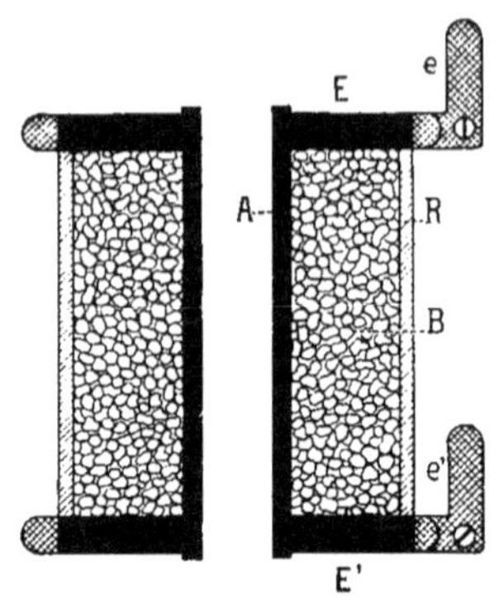

Fig. 71. — Four à résistance électrique de M. Tammann. A, tube en charbon; E et E', électrodes en charbon; e et e', électrodes en fer; B, poudre de charbon de bois; R, tube en terre réfractaire. $\frac{1}{3}$ de la grandeur naturelle.

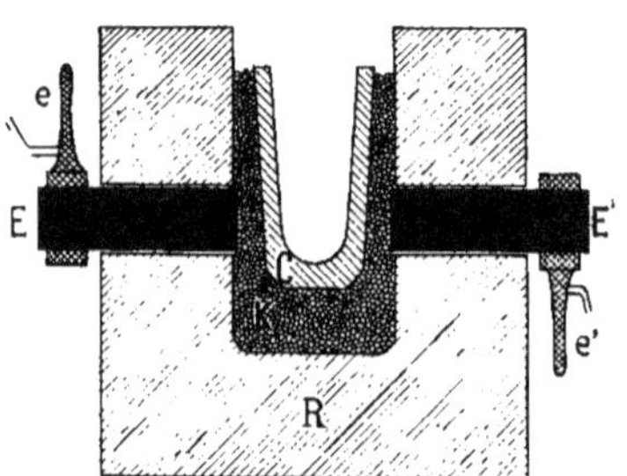

Fig. 72. — Four à cryptol. le C, creuset; K, cryptol; E et E', charbons; e et e', électrodes; R, enveloppe en terre réfractaire. $\frac{1}{6}$ de la grandeur naturelle.

Les FOURS A ARC peuvent donner une température supérieure à 3.000°
avec un courant dépassant parfois 1.000 ampères sous 80 volts. Ils ont
servi surtout pour la préparation des alliages réfractaires, étudiés
ensuite par la méthode chimique.

Pour une fusion rapide il est commode de se servir d'un petit
FOUR FLECHER représenté sur la figure
73. Le four est chauffé par un mélange
d'air, sous 1 kilog. de pression, et de gaz
d'éclairage. Le mélange se fait dans le
bec B, mais une grille métallique, qui
le termine, ne permet l'inflammation que
dans l'enceinte R en terre réfractaire.
La flamme contourne le creuset C et
sort par l'orifice A. L'air comprimé
est fourni soit par des entreprises exis-
tant dans certaines villes, soit par une
petite turbine à compression mue par
un moteur électrique. Le four Flecher

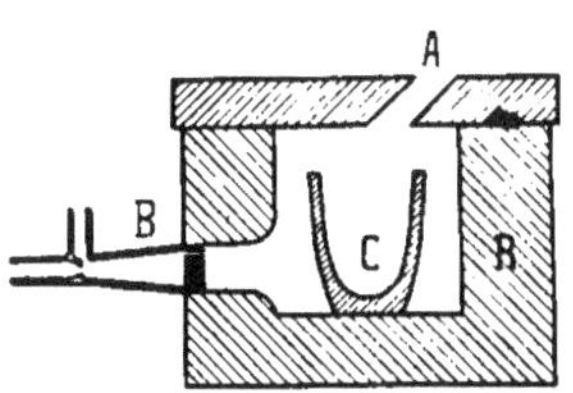

Fig. 73. — Four Flecher. B, bec; C,
creuset; R, enveloppe en terre
réfractaire; A sortie de la flamme.
$\frac{1}{1}$ de la grandeur naturelle.

peut atteindre 1.500°; il dépasse 1.200° en 20 minutes, son atmosphère
est oxydante.

Les fours Méker sont basés sur le même principe d'échauffement,
mais ont des dimensions plus grandes que les fours Flecher.

Mesure des températures. — Deux méthodes sont surtout employées en analyse thermique pour la mesure des températures : la
thermo-électricité et la méthode optique.

LES COUPLES THERMO-ÉLECTRIQUES à base de platine peuvent être
utilement employés à partir de — 80° et jusqu'à 1.600°. Le couple,
formé par le platine et le platine rhodié à 10 pour 100 de rho-
dium (couple Le Chatelier), donne environ 10 millivolts à 1.000°; le
couple platine-platine iridié à 20 pour 100 d'iridium peut donner 16
millivolts à 1.000°.

Pour des températures ne dépassant pas 500°, on emploie les couples argent-constantan ou cuivre-constantan, qui donnent environ 4 millivolts pour une différence de 100° entre les deux soudures.

La soudure des couples se fait le plus facilement par l'électricité en utilisant la tension ordinaire de 110 ou 220 volts. Les deux fils, ligaturés à leurs extrémités, sont atta-
chés à un pôle, une baguette de charbon formant l'autre. La soudure s'effectue en quelques secondes par une étincelle entre le charbon et les fils, une résistance mise en
série empêchant le courant de dépasser 2-3 ampères au moment du court-circuit. Les
couples à base de constantan sont enduits sur la ligature par un fondant dissolvant les
oxydes, du borax par exemple.

Pour isoler le couple de l'alliage fondu qui pourrait l'altérer, on emploie des tubes, fermés à un bout, en silice fondue ou en porcelaine pour les hautes températures et en verre de Iéna pour les températures ne dépassant pas 500°. Ces tubes protecteurs se brisent souvent pendant la solidification de l'alliage.

Pour séparer les deux fils du couple, on entortille l'un d'eux avec un fil d'amiante ou, ce qui est préférable pour les hautes températures, on l'isole par un tube en porcelaine; des tuyaux de pipes ordinaires en terre peuvent très bien servir dans ce but.

On emploie, le plus souvent, pour les couples des fils de 1 mètre de longueur et de 0,5 mm. de diamètre.

Pour allonger le couple, on soude des fils de cuivre à ces extrémités. Ces soudures doivent être maintenues à température constante, par exemple, à l'aide du dispositif indiqué sur la fig. 74.

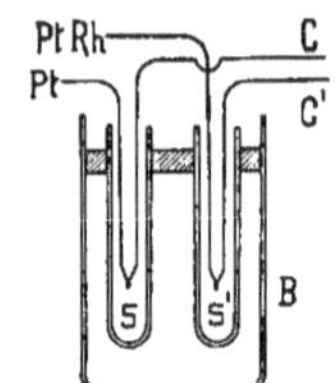

Fig. 74. — Allonge du couple. — B, récipient contenant de l'eau à la température ambiante ou de la glace fondante; Pt et PtRh, fils du couple; C et C', fils de cuivre; S et S', tubes à essais remplis d'huile et contenant les soudures du couple avec les fils de cuivre.

La force électromotrice du couple est déterminée par la déviation d'un galvanomètre à cadre mobile (Depretz-d'Arsonval) dont la résistance doit être d'au moins 100 ohms pour rendre négligeable la variation de la résistance du couple, qui peut ne pas être la même pendant le calibrage et pendant l'expérience.

Si les déviations du galvanomètre sont trop grandes, une résistance est mise dans le circuit de préférence au shunt.

Pour le calibrage du couple, les températures fixes suivantes peuvent être employées :

Mélange de neige carbonique avec l'acétone........	$- 78°,3.$
Fusion de la glace.....................	$0°$
Ebullition de l'eau.....................	$100° + 0,037 (p - 760).$
Ebullition de la naphtaline.............	$217°,96 + 0,058 (p - 760).$
Ebullition du soufre....................	$444°,55 + 0,090 (p - 760).$
Ébullition du cadmium	$778° + 0,11 (p - 760).$
Fusion de l'argent.....................	$961°.$
Fusion de l'or........................	$1064°.$
Fusion du nickel......................	$1452°.$

p étant la pression atmosphérique en mm. de mercure.

Le couple doit, autant que possible, être calibré dans les limites de températures où il aura à servir. On construit alors la courbe des températures en fonction de la déviation du galvanomètre ou l'on établit la formule indiquant les températures en fonction de la déviation du galvanomètre. Suivant la précision des mesures, c'est une formule parabolique ou une formule de 3e degré qui sert.

La précision absolue dans la mesure des températures à l'aide du couple thermo-électrique est d'environ 1 pour 100 vers 1000°.

Si la température à mesurer dépasse 1600°, on doit avoir recours aux PYROMÈTRES OPTIQUES.

Nous n'en décrirons que le télescope pyrométrique de M. Féry, le plus employé dans ce but et dont la figure 75 donne le schéma. Un miroir M, doré sur sa surface, concentre l'image du corps incandescent sur la soudure du couple thermo-électrique D.

L'échauffement du couple, indiqué par un galvanomètre, est une fonction du rayonnement absorbé et dépend de la température du corps incandescent. Pour des conditions expérimentales déterminées, les déviations du galvanomètre peuvent nous indiquer directement les températures.

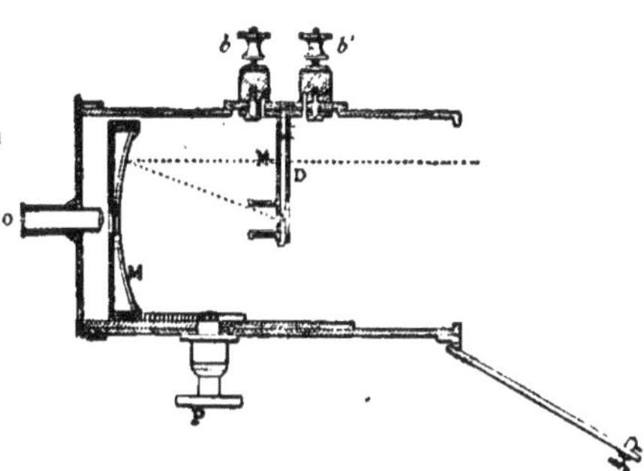

Fig. 75. — Schéma du télescope pyrométrique de M. Féry. M, le miroir; D, couple thermo-électrique; b et b', bornes; O, l'oculaire; P, le bouton de réglage.

La mise au point du télescope se fait par l'oculaire O à travers une ouverture percée dans le miroir et a pour but de rendre les indications de l'appareil indépendante de la distance du corps incandescent; la masse de ce corps n'intervient pas, ni la grandeur de la surface lumineuse, à condition que son image englobe la soudure du couple.

Le télescope pyrométrique, une fois calibré, est donc applicable à tous les corps dont le rayonnement varie de la même façon en fonction de la température. Pour les corps noirs et les enceintes presque complètement fermées, le rayonnement est proportionnel à la quatrième puissance de leur température absolue (loi de Stefan, 1879).

Mais les alliages en fusion ne réalisent qu'imparfaitement ces conditions et une correction devrait être apportée au calibrage théorique exécuté pour le corps noir. On se contente ordinairement d'un calibrage empirique du télescope braqué sur des surfaces dont on connaît la température.

Le télescope pyrométrique permet d'évaluer les températures entre 400° et 3.500°; à mesure que la température croît, la précision des lectures augmente, mais l'incertitude sur la correction augmente aussi.

Les limites où le télescope pyrométrique peut être appliqué avec le plus
de précision sont ainsi réduites entre 1.000 et 2.200° où les températures
peuvent être évaluées avec une précision analogue à celle du couple
thermo-électrique.

Dans certaines usines on détermine encore la température à vue suivant la teinte
de la lumière émise par le four ou les lingots. Cette méthode optique, très rudimentaire, a été pendant des siècles l'unique moyen de fixer la température de diverses opérations métallurgiques. Suivant M. Howe (1902), la correspondance des teintes observées aux températures serait approximativement la suivante.

Rouge naissant .... 470°.
Rouge sombre .... 550°.
Rouge franc (cerise) .... 700°.
Rouge clair .... 850°.
Jaune orangé .... 900°.
Jaune franc .... 1.000°.
Jaune clair .... 1.100°.
Blanc .... 1.200°.

Courbes de refroidissement. — Les courbes de refroidissement
sont utilisées de préférence aux courbes d'échauffement, car les conditions
du refroidissement sont, ordinairement, plus régulières que ceux de l'é-
chauffement. Elles présentent, pourtant, assez souvent, l'inconvénient de
la surfusion, alors que le phénomène inverse qui consisterait en un
retard dans la liquéfaction n'a pas été remarqué. Pour être comparables,
les courbes de refroidissement doivent être obtenues dans des conditions
semblables, sinon identiques. Dans ce but, on solidifie toujours le même
volume d'alliage choisi de sorte que la solidification de l'eutectique
ou d'un des métaux dure environ 300 secondes. Les autres facteurs du
refroidissement, comme le creuset, le four, la température ambiante,
sont maintenus, autant que possible, identiques.

Les courbes de refroidissement peuvent être établies par points
ou par un enregistrement photographique.

Dans le premier cas, la température de l'alliage est observée pendant son refroidissement toutes les 5 ou toutes les 10 secondes. Ordinairement, les températures sont notées par l'observateur à des temps
annoncés par un métronome. Les données, ainsi obtenues, permettent de
construire la courbe par interpolation.

La construction des courbes de refroidissement par points est plus
simple, mais moins précise que leur enregistrement photographique
qui donne une ligne continue sur laquelle les inflexions sont plus facilement et plus exactement observables.

Les appareils enregistreurs, employés pour l'analyse thermique, sont assez nombreux : nous décrirons comme exemple celui de M. Rengade (1909).

Les figures 76 et 77 donnent respectivement le schéma et la reproduction de cet appareil. Un petit orifice O, éclairé par un bec Auer, sert de source lumineuse. Le rayon lumineux, rendu convergent par la lentille L, se réfléchit du miroir d'un galvanomètre G et vient se concentrer sur le papier sensible enroulé autour d'un cylindre P. Le cylindre, animé d'un mouvement de rotation uniforme, trace les abscisses de la courbe proportionnelles au temps; les ordonnées dépendent de la déviation du galvanomètre relié au couple thermo-électrique. Le cylindre P a une longueur de 20 centimètres; on peut faire varier sa vitesse de rotation de 5 minutes à 3 heures à l'aide d'un frein électromagnétique. Cette vitesse doit être réglée de sorte que la pente moyenne de la courbe soit d'environ 45°. Le galvanomètre a une résistance de 150 ohms et donne une déviation de 10 centimètres par millivolt.

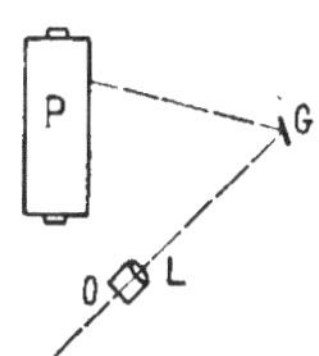

Fig. 76. — Schéma de l'enregistreur photographique de M. Rengade. O, collimateur circulaire; L, lentille; G, miroir du galvanomètre; P, cylindre tournant.

Lecture des courbes de refroidissement. — Sur les courbes de refroidissement, obtenues par points ou par l'enregistrement, on distingue, comme nous l'avons vu, des brisures et des paliers.

Les brisures indiquent surtout le commencement de la solidification; pour les solutions solides ils indiquent aussi sa fin. Lorsque la brisure n'est pas nette et sa température difficile à déterminer, on prolonge les deux fragments de la courbe aux environs de la brisure et l'on repère leur point d'intersection (fig. 36).

Fig. 77. — Enregistreur photographique de M. Rengade.

Les paliers indiquent l'invariance du système et peuvent être dus à une solidification eutectique ou à un point de transition, lorsqu'ils suivent une brisure: ils viennent en premier lieu dans le cas d'une combinaison dissociée ou de deux couches liquides.

Les paliers présentent ordinairement des bords arrondis, ce qui est dû au fait que le refroidissement de l'alliage se poursuit non seulement par le creuset, mais aussi par l'enveloppe du thermomètre. Celui-ci se trouve avant la fin de la solidification séparé du liquide par une croûte d'alliage solide et marque une température inférieure à celle du liquide.

La correction de la longueur du palier se fait en prolongeant le fragment inférieur de la courbe jusqu'à son intersection avec l'horizontale du palier (fig. 28).

La longueur du palier, ainsi obtenue, est proportionnelle non seulement à la quantité de l'alliage qui se solidifie en un système invariant, mais aussi à la lenteur du refroidissement qui, malgré les précautions prises, peut ne pas être la même d'une expérience à l'autre. Pour éliminer l'influence de la vitesse de refroidissement, on prend au lieu de la longueur du palier *cd* la valeur *ch* (fig. 78) obtenue par l'intersection du prolongement de la courbe *ed* avec la perpendiculaire élevée en *c*. La longueur de *ch* est proportionnelle à la longueur du palier et inversement proportionnelle à la lenteur de refroidissement qui détermine l'inclinaison de la courbe *de*.

La longueur *ch*, divisée par le poids de l'alliage, nous indique donc la proportion de l'alliage solidifié en système invariant dans 1 gramme et peut servir à la construction de la courbe des paliers.

Lorsqu'il y a surfusion, la correction de la courbe de refroidissement est faite suivant le schéma de la fig. 79.

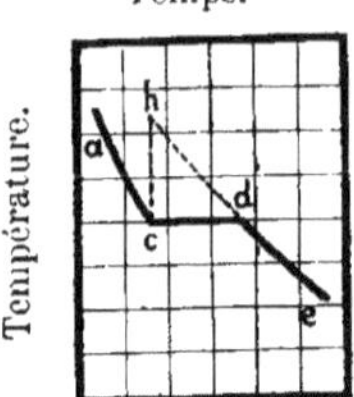

Fig. 78. — Correction d'une courbe de refroidissement (vitesse de refroidissement).

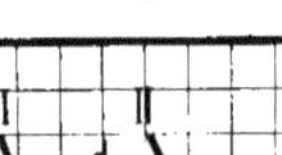

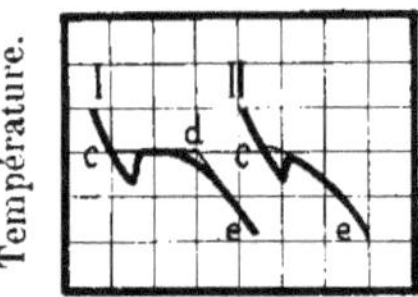

Fig. 79. — Correction des courbes de refroidissement (surfusion). I, palier; II, brisure.

Dans la courbe des paliers, la partie centrale peut être seule construite avec précision et c'est par l'extrapolation qu'on détermine les limites de la courbe.

Construction du diagramme. — Prenons comme exemple les données relatives à la solidification des alliages aluminium-cuivre indiqués dans le tableau suivant.

Aluminium-cuivre

| % de Cu | | SOLIDIFICATION | | 1er ARRÊT | | 2e ARRÊT | |
en poids	en atomes	commencement	fin	température	secondes	température	secondes
0	0	657	—				
1	0,4	655	?				
2	0,9	651	628				
3	1,2	649	587				
5	2,2	646		?	?		
10	4,5	628		542	50		
20	9,6	601		542	150		
25	12,4	587		540	200		
30	15,4	561		544	260		
32,5	17,0	—		544	310		
35	18,6	556		544	250		
37,5	20,3	564		543	225		
40	22,1	573		544	170		
42	23,5	583		544	150		
45	25,7	—		543	95	588	50
48	28,1	?		545	50	588	180
50	29,8	595		545	30	590	230
51	30,6	598		540	20	590	290
54	33,3	606				590	360
55	34,1	613				590	340
57	35,9	626				589	290

| % de Cu | | SOLIDIFICATION | | 2e ARRÊT | | 3e ARRÊT | |
en poids	en atomes	commencement	fin	température	secondes	température	secondes
60	39,0	666		588	200		
64,8	43,9	728		589	110	625	10
67,5	47,0	758		587	50	623	15
70	49,9	807		585	?	626	20
72	52,2	852	684				
75	56,1	910	880				
77,5	59,4	956	924				
81	64,5	1017	980				
84	69,0	1044	1033				
87,6	74,9	1050					
88	75,6	1042					
88,5	76,5	1038					
89	77,4	?	1040				
90,5	80,1	?	1038				
91	81,1	?	1036				
91,4	81,9	1052	1036				
92,5	84,0	1056	1044				
95,5	90,0	1070	1056				
98	93,4	1080	1070				
100	100	1084	—				

Traçons suivant ces données le diagramme de solidification et les courbes de paliers. Le diagramme ainsi obtenu (fig. 80) nous montre un maximum aux environs de 75 p. 100 atomiques de cuivre, deux minima (à 17 et à 77 p. 100), dont le premier se confond avec l'arrêt eutectique à 544°, et deux points de transition (à 590° et à 625°). Ces données indiquent trois combinaisons : Al^2Cu, $AlCu$ et $AlCu^3$.

$AlCu^3$ est indiqué par le maximum du diagramme et une solidification à température constante.

$AlCu$ est indiqué par le maximum de la courbe de paliers, correspondante au point de transition à 625°, et par l'ordonnée nulle de la courbe des paliers à 590°. Ce composé se forme à 625° par l'action du liquide à 36 p. 100 atomiques de cuivre sur les cristaux à 51 p. 100 environ.

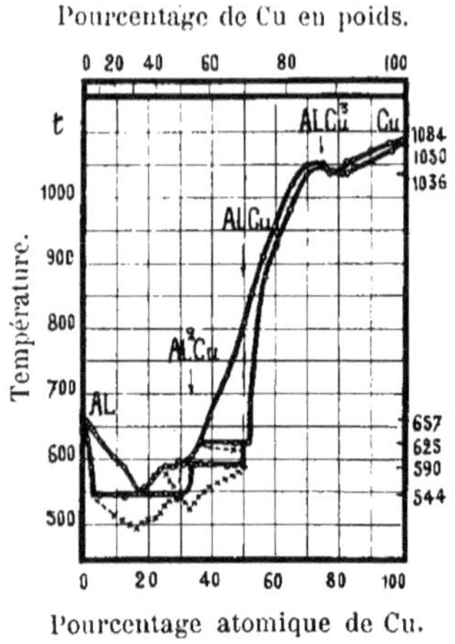

Al^2Cu est indiqué par le maximum de la courbe de paliers, correspondante au point de transition à 590°, et par l'ordonnée nulle de la courbe de paliers de l'eutectique à 544°. Ce composé se forme à 590° par l'action du liquide à 30 p. 100 atomiques de cuivre sur les cristaux de $AlCu$ déposés en premier lieu.

Fig. 80. — Aluminium-cuivre. Courbe de solidification suivant M. Gwyer (1908). Le signe o indique les températures, × indique les temps d'arrêt.

Le diagramme de solidification ne nous renseigne pas, si le minimum entre le composé $AlCu^3$ et le cuivre correspond à une solution solide continue (comme celle du manganèse avec le cuivre) ou à un eutectique formé par deux solutions solides limites très rapprochées.

Entre 55 et 70 p. 100 de cuivre le solidus se rapproche tellement du liquidus, qu'il devient difficile de tirer des conclusions sur la structure des alliages dans ces limites en se basant sur leur solidification. D'autres méthodes nous renseigneront plus exactement sur ce sujet.

Mémoires cités aux chapitres IV, V et VI.

Adams et Johnston, voir Johnston et Adams.
Arpi et Benedicks, voir Benedicks et Arpi.
Aten et Roozeboom, voir Roozeboom et Aten.
Barlow, *Zs. anorg. Chem.*, **70**-178 1911 (Bi Pb).
Benedicks et Arpi, *Métallurgie*, **4**-416-1907.
Bonnerot et Charpy, voir Charpy et Bonnerot.
Broniewski, *Revue de Métall.*, **12**-961-1915.

Broniewski, *Journ. Chim. phys.*, **4**-285-1906 : **5**-57, 609-1907.
Bruni et Sandonnini, *Zs. anorg. Chem.*, **78**-273-1912 (Cd Mg Zn).
Charpy, *Bull. Soc. Encour.*, *1896*, p. 230.
— *Contribution à l'étude des alliages*, Paris, 1901, p. 218 (Bi Pb Sn).
— C. R., **141**-948-1905.
Charpy et Bonnerot, C. R., **150**-173-1910.
Clausius, *Pogg. Ann.*, **81**-168-1850 (Influence de la pression).
Crompton, *Chemical News*, **58**-237-1903.
Donski, *Zs. anorg. Chem.*, **57**-185-1908 (Al Ca).
Dörinckel, *Zs. anorg. Chem.*, **48**-185-1906 (Cu Tl).
— *Zs. anorg. Chem.*, **54**-332-1907 (Ag Pt).
Féry, *Jour. de Phys.*, (4)-**3**-701-1904 (Pyromètre).
Gautier, *Bull. Soc. Encour.*, *1896*, p. 1293.
Gibbs J. Willard, *Trans. of the Connecticut Academy*, **3**-152-1876. *Equilibres des systèmes chimiques*, traduction de M. Le Chatelier, Paris, 1899. Résumé par M. Le Chatelier, *Revue générale des Sciences*, **10**-789-1899 (Règles des phases).
Goecke et Ruff, voir Ruff et Goecke.
Goerens, *Métallurgie*, **4**-137-1907.
Grube, *Zs. anorg. Chem.*, **45**-225-1905 (Al Mg).
— *Zs. anorg. Chem.*, **49**-72-1906 (Mg Bi).
Guertler, *Zs. phys. Chem.*, **68**-186-1909 (Solutions solides).
Guertler et Tammann, *Zs. anorg. Chem.*, **52**-25-1907 (Cu Ni)
Guthrie, *Phil. Mag.* (5)-**17**-462 1884.
Gwyer, *Zs. anorg. Chem.*, **57**-113-1908 (Al Cu).
Hackspill, *Ann. chim. et phys.*, (8)-**28**-613; Thèse, 1912 (Métaux alcalins).
Hallock, *Zs. phys. Chem.*, **2**-378-1888.
Heycock et Neville, *Journ. Chem. Soc.*, **55**-666-1889; **57**-376-1890 (Cryoscopie).
— *Journ. Chem. Soc.*, **71**-383-1897.
— *Phil. Trans R. Soc.*, (A)-**202**-1-1904 (Cu Sn).
Heyn, *Zs. f. Elektroch.*, **10**-491-1904.
Hindrichs, *Zs. anorg. Chem.*, **55**-415-1907 (Cd Zn).
Howe, *Metallurgical laboratory notes*, Boston, 1902.
Jeromin, *Zs. anorg. Chem.*, **57**-412-1907 (Bi Cu).
Johnston et Adams, *Zs. anorg. Chem.*, **72**-11-1911 (Fusion sous pression).
Joung et Ramsay, Voir Ramsay et Joung.
Konstantinow, *Revue de Métall.*, **4**-983-1907 (Co Cu).
Lautsch et Tammann, *Zs. anorg. Chem.*, **55**-386-1907 Fe Mo).
Lebedew et Zemczuzny, voir Zemczuzny et Lebedew.
Le Chatelier H., *Journ. de Phys.* (2),-**6**-23-1887 (Couple th. el.).
— C. R., **118**-638 et 709-1894 (Loi de solubilité).
— *Revue générale des Sciences*, **6**-529-1895; *Bull. Soc. Encour.*, *1895*, p.569.
— C. R **123**-593-1896 (Dissociation).
Lepkowski, *Zs. anorg. Chem.*, **59**-285-1908 (Ag Cu et Bi Sn).
Masing, *Zs. anorg. Chem.*, **62**-265-1909.
Moissan, *Le four électrique*, Steinheil éd. Paris, 1897.
Neville et Heycock, voir Heycock et Neville.
Parravano, *Intern. Zs. f. Metallogr.*, **4**-171-1913 (Cu Mn Ni).
Ramsay et Joung, *Journ. chem. Soc.*, **49**-37-1886 (Hg).
Raoult, C. R., **94**-1517-1882 (Cryoscopie).
Rengade, *Bull. Soc. chim.*, (4)-**5**-943-1909 (Enregistreur).

Rengade, C. R., **156**-1897-1913 (Chaleur de fusion).

Roberts-Austen, *Inst. mech. Eng.*, *1895* pp. 245 et 269.

— *Phil. Trans. R. Soc.*, **187**-383-1896 (Diffusion).

— *Inst. mech. Eng.*, 1899, p. 35 (p. 49 est le diagramme double fer-carbone suivant M. H. Le Chatelier).

Roozeboom B., *Zs. phys. Chem.*, **30**-385-1899; *Die heterogenen Gleichgewichte*, Braunschweig, 1901.

Roozeboom et Aten, *Zs. phys. Chem.*, **53**-449-1905. Résumé par M. Portevin, *Revue de Métall.*, **8**-7-1911 (Alliages pseudo-binaires).

Rosenhain et Tucker, *Phil. Trans. R. Soc.* (A),-**209**-89-1909 (Sn Pb).

Rudberg, *Ann. chim. et phys.* (2),-**48**-353-1831.

Ruff et Goecke, *Métallurgie*, **8**-417-1911 (Four).

Sandonnini et Bruni, voir Bruni et Sandonnini.

Spring, *Ber. Chem. Gesell.*, **15**-595-1882 (Alliages par pression).

— *Bull. Acad. Belge* (3),-**28**-23-1894.

Stefan, *Wiener Ber.*, **79**-(II)-391-1879 (Loi du rayonnement).

Tammann, *Zs. phys. Chem.*, **3**-441-1889 (Cryoscopie).

— *Zs. anorg. Chem.*, **37**-303-1903; **45**-24-1905; **47**-290-1905. Résumé par M. Portevin, *Revue de Métall.*, **4**-797 et 915-1907 (Analyse thermique).

— *Zs. anorg. Chem.*, **40**-54-1904 (Fusion sous pression).

— *Zs. anorg. Chem.*, **48**-53-1906 (Formation lente des composés).

Tammann et Guertler, voir Guertler et Tammann.

Tammann et Lautsch, voir Lautsch et Tammann.

Tucker et Rosenhain, voir Rosenhain et Tucker.

Van Rossen Hagendijk, *Zs. anorg. Chem.*, **74**-152-1912 (K Na).

Vant'Hoff, *Zs. phys. Chem.*, **1**-481-1887.

Vogel, *Zs. anorg. Chem.* **76**-425-1912 (Structure de l'eutectique).

Wittorf, *Revue de Métall.*, **9**-600-1912 (Fe C).

Wüst, *Zs. f. Elektroch.*, **15**-565, 965-1909.

Zemczuzny, *Zs. anorg. Chem.*, **49**-384 et 400-1906 (SbZn et AgMg).

— *Zs. anorg. Chem.*, **57**-263-1908 (CuMn et MnNi).

Zemczuzny et Lebedew, *Comm. de l'Institut Polytechn. de St-Pétersb.*, *1912*, p. 225 (en russe).

VII. MÉTHODES ÉLECTRIQUES

(Théorie)

Conductivité électrique. — Historique. — Mélanges et solutions solides. — Résistance complémentaire. — Présence des combinaisons. — Influence de l'orientation cristalline. — Influence de la trempe. — Alliages liquides. — Coefficient de température de la résistance électrique. — Historique. — Mélanges et solutions solides. — Présence des combinaisons. — Pouvoir thermo-électrique et sa variation. — Mélanges et solutions solides. — Présence des combinaisons. — Variation du pouvoir thermo-électrique avec la température. — Force électromotrice de dissolution. — Historique et théorie. — Les métaux. — Mélanges et solutions solides. — Présence des combinaisons.

Les propriétés électriques des alliages sont au nombre de cinq : la résistance électrique ou son inverse la conductivité, le coefficient de température de la résistance, le pouvoir thermo-électrique, sa variation avec la température et la force électromotrice de dissolution. Indirectement on pourrait considérer comme propriétés électriques le ferromagnétisme et la radioactivité, mais ces propriétés ne se manifestent que dans certains alliages et ne peuvent pas servir de base à des méthodes générales.

CONDUCTIVITÉ ÉLECTRIQUE

Historique. — Le développement historique des conceptions sur la conductivité électrique des alliages montre la difficulté avec laquelle s'établissent les relations qui, une fois prouvées, paraissent simples et presques évidentes.

Matthiessen, qui, le premier, avait fait des travaux systématiques sur la conductivité des alliages, essaya de donner l'explication des diverses formes de courbes de conductivité.

Si l'on porte en abscisses le pourcentage en volume et en ordonnées la conductivité spécifique, on remarque que, dans certains cas, la conductivité de l'alliage est intermédiaire entre celle des deux métaux constituants et la courbe de conductivité se confond presque avec une droite. Dans d'autres cas, la conductivité des alliages descend rapidement au-dessous de la conductivité moyenne des deux métaux composants et cette diminution est plus rapide pour les premiers pour 100 de l'alliage que pour les suivants. Enfin, dans certains alliages, on observe un relèvement de la courbe de conductivité dans un ou plusieurs endroits.

Matthiessen (1863) croyait que la première catégorie de courbes s'appliquait aux solutions solides d'un métal dans l'autre, car, disait-il, les métaux constituants formaient des alliages homogènes et ne se séparaient pas après la fusion en deux couches distinctes. ce qui aurait dû se produire dans le cas d'un mélange mécanique. Pour expliquer la diminution rapide de la conductivité, Matthiessen émet l'hypothèse que certains métaux peuvent exister en deux états allotropiques, dont un est stable pour le métal pur, l'autre pour le métal impur. La diminution de conductivité serait ainsi provoquée par ce changement allotropique « produit par une petite quantité de l'autre métal, la quantité de métal nécessaire pour le changement complet dépendant du métal employé ». Matthiessen attribue les maxima de la courbe de conductivité à la formation de composés définis.

De toutes ces hypothèses, seule la dernière, concernant les maxima, a été confirmée par les recherches ultérieures.

M. Henry Le Chatelier montra que dans les solutions des métaux, comme dans les solutions salines, il se produit souvent une séparation de constituants pendant la solidification et que la solubilité à l'état liquide ne peut pas servir de preuve de la solubilité à l'état solide (1895). Les lingots conservent l'aspect homogène à cause de la viscosité du liquide qui ne permet pas la séparation rapide des constituants précipités en petits cristaux.

Cette constation permet à M. Le Chatelier de donner une explication de la forme des courbes de conductivité, plus simple que celle de Matthiessen et qui se trouve confirmée aussi bien par l'étude microscopique, que par les courbes de fusion.

« Il semble *a priori*, dit M. Le Chatelier (1895), que dans le cas d'alliages constitués par la juxtaposition des cristaux des deux métaux, la conductibilité doive être la somme des conductibilités propres des quantités des deux métaux entrant dans l'alliage ». Dans ce cas, la conductivité est une fonction linéaire de la composition.

Lorsque la conductivité diminue rapidement, « il semble plutôt que cet accroissement de résistance doive être attribué à la production de mélanges isomorphes », ou, autrement dit, de solutions solides. Les composés définis doivent être indiqués avec beaucoup de prudence, car « le passage par une combinaison définie est bien une cause de discontinuité dans la variation des propriétés de l'alliage, mais elle n'est pas la seule ». On peut, pourtant, admettre avec une certitude suffisante que les maxima de la courbe de conductivité correspondent à des composés définis.

Les recherches ultérieures n'ont fait que confirmer et préciser les relations établies par M. Le Chatelier sans y apporter d'éléments essentiellement nouveaux.

Ainsi, Roozeboom (1901) critique la déduction de M. Le Chatelier que la conductivité des mélanges est une droite lorsque la composition des alliages est indiquée en fonction du volume des composants.

« Cette opinion, dit-il, ne serait exacte que si la position des particules des deux métaux dans la barre dont on mesure la conductivité était telle, que la barre aurait pu être considérée comme constituée par la juxtaposition de deux barres de même longueur formées par les deux métaux.

« Si, au contraire, la position des particules était telle, que la barre aurait pu être considérée comme constituée par la réunion de deux barres de même section, ce n'est pas la conductivité, mais la résistance qui aurait dû être calculée par la règle des mélanges de la composition en volume.

« En réalité, aucun de ces cas ne se présente, mais les particules solides des deux métaux sont mélangées d'une façon quelconque et, en général, ni la conductivité, ni la résistance ne peuvent être déduites de la composition en volume comme une fonction linéaire ».

Le raisonnement de Roozeboom est parfaitement exact, mais il n'infirme pas l'énoncé de M. Le Chatelier, il le précise. Car si, en général, la conductivité des mélanges n'est pas représentée exactement par une droite, elle s'approche de la droite très sensiblement et bien plus que la résistance. L'énoncé de M. Le Chatelier peut donc être conservé comme une loi limite.

M. Nicolas Kurnakow.

Les nombreuses déterminations de la constitution des alliages par l'analyse thermique, faites entre 1895 et 1905, ont permis à M. Kurnakow et M. Zemczuzny et à M. Guertler de confirmer et de préciser presque simultanément les relations établies par M. Le Chatelier.

MM. Kurnakow et Zemczuzny (1906) confirment ces relations sous leur forme générale, en insistant plus particulièrement sur la forme de la courbe de conductivité pour les solutions solides limites.

M. Guertler (1906) interprète, en plus des courbes de conductivité utilisées déjà par M. Le Chatelier, quelques nouvelles. Il insiste sur le fait, que les composés définis jouent le rôle de métaux purs et que le diagramme de la conductivité doit être sectionné suivant ces composés. On voit alors que les composés définis ne sont représentés par des maxima de la courbe que dans le cas où ils forment des solutions solides avec les deux constituants voisins et que, dans d'autres cas, ils ne se manifestent que par des points anguleux. « Les choses se présentent donc ici, dit M. Guertdler, de façon que du manque d'un maximum on ne peut pas conclure à l'absence du composé défini, mais que la présence du maximum montre la présence d'un composé défini à cette place avec une certitude absolue. »

Tous ces raisonnements sont faits en partant de la composition en volume, mais les relations établies restent valables pour la composition atomique, ordinairement peu différente.

Mélanges et solutions solides. — Résumons les relations dont nous venons d'exprimer le développement historique.

Dans les courbes de conductivité, une descente plus forte pour les premiers pour 100, que pour les suivants, correspond aux solutions solides; une ligne sensiblement droite correspond aux mélanges.

Les figures 81, 82 et 83 nous montrent les formes typiques des courbes de conductivité lorsque les deux métaux constituants ne forment pas de combinaisons.

Ainsi, pour les alliages zinc-cadmium, qui ne sont formés à l'état solide que par un mélange de deux métaux, la courbe de conductivité, se confond presque avec une droite (fig. 81).

Au contraire, la conductivité des alliages cuivre-nickel (fig. 82), qui forment une solution solide continue, montre une diminution rapide aux environs des deux métaux et un minimum plat.

Lorsqu'il y a formation de deux solutions solides limites et d'un mélange de ces solutions, comme dans les alliages cuivre-argent (fig. 83), les solutions solides sont indiquées par une diminution rapide de la conductivité, alors qu'une ligne

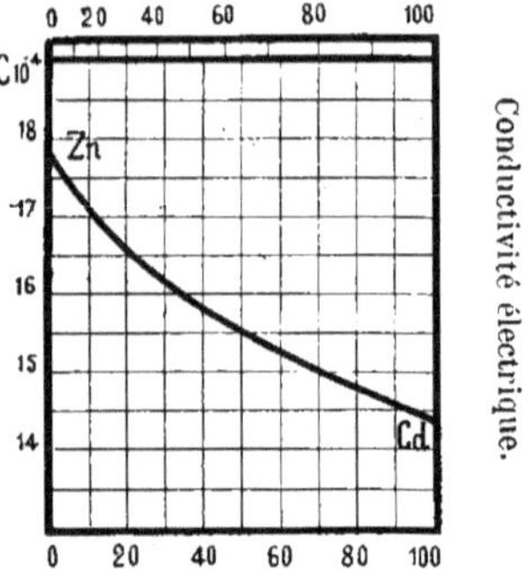

Fig. 81. — Zinc-cadmium. — Conductivité électrique à 21° suivant Matthiessen (1860).

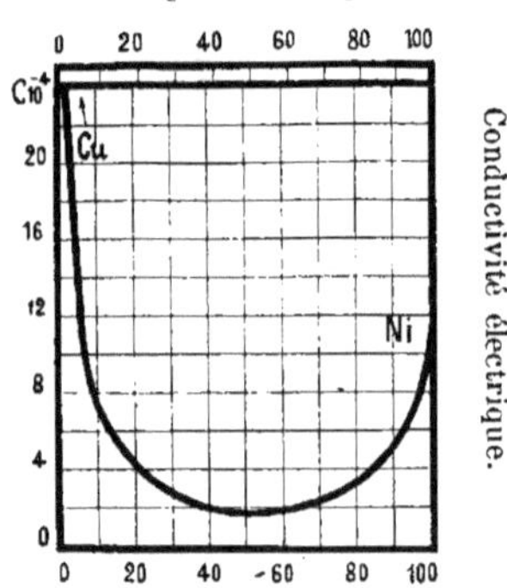

Fig. 82. — Cuivre-nickel. — Conductivité électrique à 0° suivant M. Feussner (1891.)

sensiblement droite indique le mélange des deux solution solides limites.

Les courbes de conductivité peuvent donc nous indiquer non seulement l'existence, mais aussi les limites des solutions solides. Pourtant, la forme imparfaitement droite de la portion de la courbe correspondante aux mélanges diminue souvent la précision de ces indications.

Pourcentage d'Ag en poids.

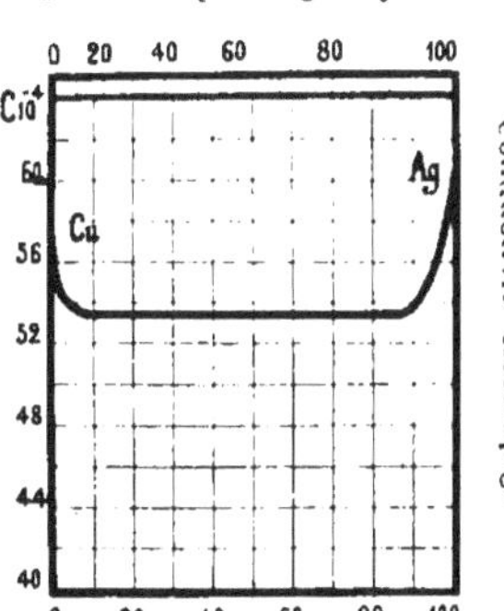

Fig. 83. — Cuivre-argent. — Conductivité électrique à 25° suivant MM. Kurnakow, Puchin et Senkowski (1910).

Résistance complémentaire. — Il aurait été difficile de prévoir *a priori* l'influence des solutions solides sur la conductivité des alliages. Dans ce cas, tout se passe comme si à la résistance propre des deux métaux s'ajoutait une résistance, dite complémentaire, due à la formation des solutions solides.

La grandeur de la résistance complémentaire varie suivant la nature des métaux alliés. Dans certains cas, elle décuple la résistance principale, qu'on pourrait calculer par la règle des mélanges, dans d'autres elle est à peine perceptible.

Par exemple, dans les alliages plomb-étain, le plomb dissout à l'état solide environ 13 % at. d'étain à la température ordinaire (Rosenhain et Tucker, 1909), mais cette solution solide n'est pas indiquée par la conductivité des alliages qui se comportent comme s'ils étaient constitués uniquement par des mélanges (Matthiessen, 1860).

De pareils exemples sont assez rares; dans la très grande majorité des cas, même de très faibles solutions solides sont nettement manifestées par la conductivité électrique. Par exemple, une addition de 0,2 pour 100 de fer et de cuivre suffit pour doubler la résistance spécifique de l'or pur (Jaeger et Disselhorst, 1900).

La conductivité électrique est donc, le plus souvent, un instrument d'investigation très subtil, mais non absolu. Un abaissement rapide de la conductivité aux environs d'un métal ou d'un composé défini nous prouve avec certitude l'existence d'un solution solide, tandis que l'absence de cet abaissement n'est pas une preuve de l'absence de la solution solide.

La forme de la courbe de conductivité, propre aux solutions solides, a été l'objet de plusieurs recherches. Ainsi, M. Benedicks (1902) trouva que pour les faibles solutions solides formées dans le fer par le carbone, l'aluminium, le manganèse et le silicium la résistance complémentaire est proportionnelle au pour 100 atomique de l'élément en solution et ne dépend pas de sa nature.

M. Guertler (1908) exprime la résistance complémentaire (R'') d'une solution solide par la formule,

$$R'' = p\,(100 - p)\,k$$

où p est le pourcentage atomique d'un des constituants et k une constante. La même expression peut être obtenue des formules que Lord Rayleigh (1896) et M. Liebenow (1897) ont déduit par une voie théorique.

La nature de la résistance complémentaire est peu éclaircie, malgré les nombreuses études faites sur ce sujet.

M. Ostwald (1893), Lord Rayleigh (1896) et M. Liebenow (1897) expliquent la résistance complémentaire par des phénomènes thermo-électriques. Le courant électrique, qui traverse l'alliage, produirait par l'effet Peltier une différence de température au contact des molécules hétérogènes entrant dans la solution solide. Cette différence de température produit par l'effet Thomson une force contre-électromotrice équivalente à une résistance complémentaire.

Plusieurs essais faits par MM. Willows (1906), Léderer (1908) et Brooks (1910) pour vérifier expérimentalement cette théorie n'ont pas abouti.

La théorie électronique ne donne pas non plus de réponse précise sur la résistance complémentaire des alliages. M. Rieke (1909) l'attribue à une diminution du nombre des électrons; au contraire, M. Schenk (1910) est d'avis que le nombre des électrons ne change pas, mais que leur frottement est plus grand dans une solution solide que dans un métal pur.

Présence des combinaisons. — S'il y a formation de combinaisons, nous retrouvons dans les sections du diagramme de conductivité, faites suivant les composés définis, les mêmes formes simples que nous avons rencontrées dans les alliages ne formant pas de combinaisons.

Prenons comme exemple les alliages magnésium-bismuth dans lesquels la combinaison Mg^3Bi^2 ne forme que des mélanges avec les deux métaux. Nous voyons sur le diagramme (fig. 84) que la courbe Mg-Mg^3Bi^2 ne s'infléchit que légèrement vers l'axe des abscisses, alors que la partie Mg^3Bi^2-Bi se confond avec une droite. La position du composé Mg^3Bi^2, est indiquée par un point angulaire de la courbe.

La figure 85 donne le diagramme de la résistance électrique des alliages magnésium-bismuth. Nous y voyons que la portion Mg-Mg^3Bi^2 de la courbe est plus fortement incurvée que sur le diagramme de la conductivité électrique (fig. 84) : il serait donc plus difficile de différencier les solutions solides et les mélanges sur une courbe de conductivité.

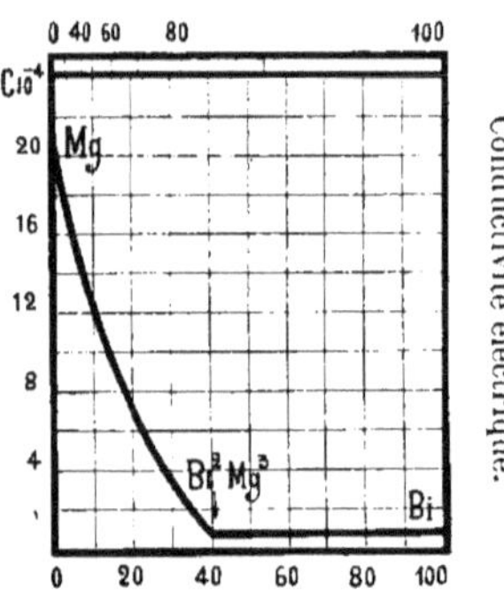

Fig. 84. — Magnésium-bismuth. — Conductivité électrique à 25° suivant M. Stepanow (1912).

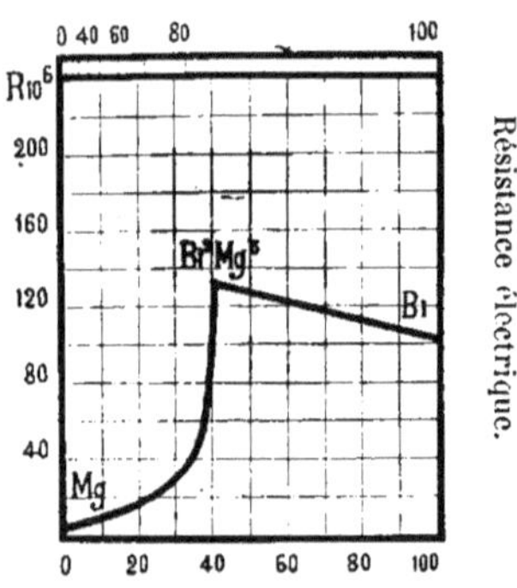

Fig. 85. — Magnésium-bismuth. — Résistance électrique à 25° suivant M. Stepanow (1912).

La position des composés définis, formant des mélanges avec les constituants (métaux ou combinaisons) voisins, n'est pas toujours nettement marquée sur le diagramme de conductivité. Notamment, si la conductivité spécifique de la combinaison ne diffère que peu de la conductivité calculée par la règle des mélanges, le point angulaire, qui marque la combinaison, devient très faible et peut passer inaperçu.

Au contraire, lorsque le composé défini est entouré de solutions solides, il est marqué sur le diagramme par un maximum anguleux, comme nous le voyons pour la combinaison MgAg sur la courbe de conductivité des alliages magnésium-argent (fig. 86). Le composé Mg^3Ag y est indiqué par un point angulaire assez prononcé, car il forme une solution solide avec l'un de ses constituants voisins et un mélange avec l'autre.

Voici donc la structure des alliages magnésium-argent, que nous relève leur diagramme de conductivité.

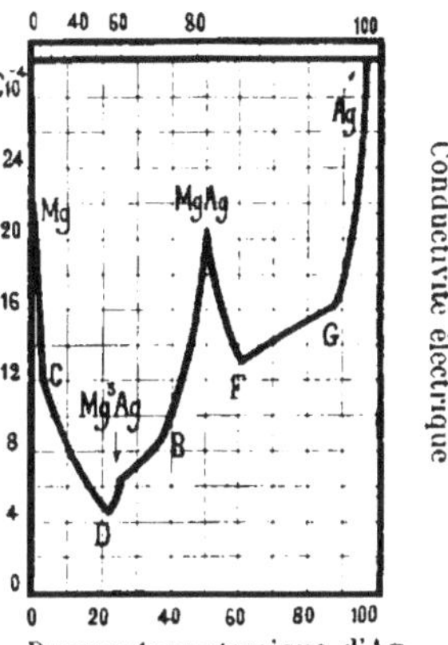

Fig. 86. — Magnésium-argent. — Conductivité électrique à 25° suivant MM. Smirnow et Kurnakow (1911).

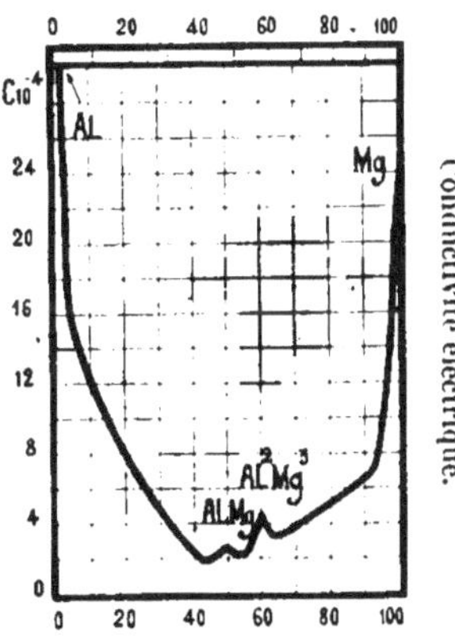

Fig. 87. — Aluminium-magnésium. — Conductivité électrique à 0° (Broniewski, 1911).

PORTION DE LA COURBE.	STRUCTURE.
Mg-C	Solution solide de Mg^3Ag dans le magnésium.
C-D	Mélange de deux solutions solides limites.
D-Mg^3Ag	Solution solide du magnésium dans Mg^3Ag.
Mg^3Ag-B	Mélange de Mg^3Ag et de sa solution solide limite dans MgAg.
B-MgAg	Solution solide de MgAg dans MgAg.
MgAg-F	Solution solide de l'argent dans MgAg.
F-G	Mélange de deux solutions solides limites.
G-Ag	Solution solide de MgAg dans l'argent.

En comparant ces données avec les indications du diagramme de solidification (fig. 51), nous voyons que les solutions solides entre le composé Mg³Ag et le magnésium y ont passé inaperçues à cause de leur faiblesse. L'espace occupé par le mélange des solutions solides limites entre le composé MgAg et l'argent (portion F-G des courbes) apparaît plus étroit sur le diagramme de solidification que sur le diagramme de conductivité. Ceci est dû probablement à une solubilité plus petite à la température ordinaire qu'à la température de solidification.

Bien souvent, les propriétés électriques permettent de préciser ou de corriger les indications de l'analyse thermique. Ainsi, sur le diagramme de conductivité des alliages aluminium-magnésium (fig. 87) nous voyons deux maxima, peu éminents mais nets, correspondre aux combinaisons AlMg et Al²Mg³, alors que la courbe de solidification de ces alliages (fig. 47) paraissait indiquer, sous réserves, la combinaison Al³Mg⁴ et faisait soupçonner l'existence d'une autre combinaison entre 37 et 57 pour 100 atomiques de magnésium.

Les alliages aluminium-magnésium sont constitués, suivant leur courbe de conductivité, par deux solutions solides limites et un mélange de ces solutions entre l'aluminium et le composé AlMg. La même structure se présenterait entre le composé Al²Mg³ et le magnésium, alors que les deux combinaisons paraissent former entre elles une solution solide continue ou presque continue.

Cette structure, qui sera confirmée par l'étude des autres propriétés électriques, est visible aussi sur la filiation aluminium-magnésium (fig. 88.). Nous voyons en bas de la filiation les cristaux arborescents d'aluminium (ou plutôt de la solution solide de AlMg dans l'aluminium) pénétrer jusqu'au composé AlMg, peu attaqué par les réactifs. Le composé Al²Mg³ le

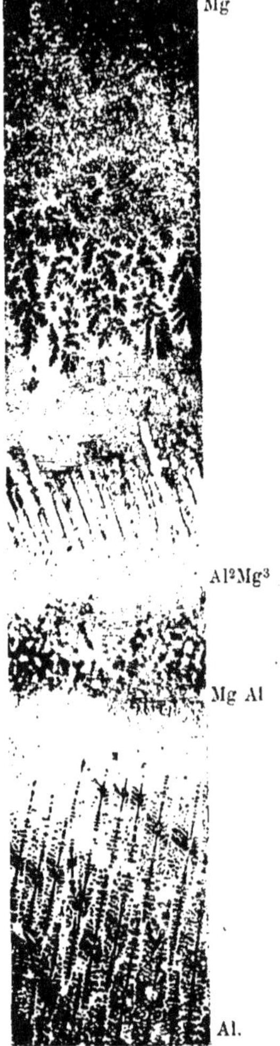

Fig. 88.— Filiation aluminium-magnésium. (Broniewski, 1911).

suit, séparé par une bande foncée de solutions solides plus attaquables que les composés purs. Entre Al²Mg³ et le Mg, nous voyons un eutectique dans lequel pénètrent les cristaux respectifs des deux constituants.

Influence de l'orientation cristalline. — La conductivité électrique du bismuth, indiquée dans l'étude de ses alliages avec le magnésium (p. 95), concernait un métal pseudo-isotrope dont les cristaux n'ont pas d'orientation prépondérante.

Si les cristaux du bismuth, qui appartiennent au système rhomboédrique, ont une orientation déterminée, leur résistance électrique en dépend. Parallèlement à l'axe principal la résistance spécifique est de 269 microhms, perpendiculairement à cet axe elle est de 151 microhms. De même, le pouvoir thermo-électrique du bismuth est influencé par l'orientation de ses cristaux. Parallèlement à leur axe principal il est de — 130 microvolts à 0° par rapport au cuivre, perpendiculairement à cet axe il n'est que de — 48 microvolts (Lownds, 1901).

Des phénomènes analogues ont été observés pour l'antimoine (Matthiessen, 1858), qui cristallise comme le bismuth, et l'on pourrait s'attendre à les rencontrer dans d'autres systèmes cristallins où se manifeste un axe principal différent des autres.

Au contraire, dans le système cubique, auquel appartient la grande majorité des métaux, il n'existe aucune différence entre les axes et aucune influence de l'orientation des cristaux sur les propriétés électriques n'a été observée.

Influence de la trempe. — Un refroidissement par trop rapide trempe les alliages, c'est-à-dire conserve à la température ordinaire leur structure stable à une température plus élevée. L'équilibre est rétabli par le recuit qui consiste à chauffer l'alliage à une température où les réactions sont plus rapides qu'à la température ordinaire et à le refroidir lentement. Lorsque le recuit est fait dans le vide, il débarrasse en plus l'alliage des gaz occlus qui peuvent diminuer la conductivité.

La conductivité électrique peut différer sensiblement, suivant que les alliages sont trempés ou recuits. Nous pouvons le voir sur l'exemple des alliages aluminium-cuivre (fig. 89 : la courbe de conductivité

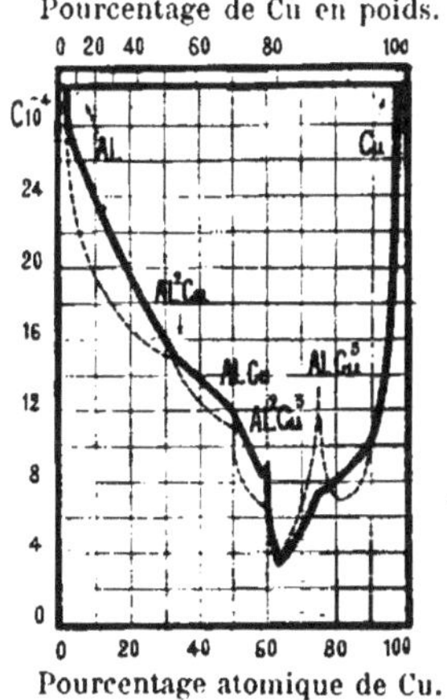

Fig. 89. — Aluminium-cuivre. — Conductivité électrique à 0° (Broniewski, 1911).

pour les alliages recuits est tracée sur le diagramme en trait continu, celle qui correspond aux alliages trempés, en pointillé.

Considérons la courbe de conductivité des alliages recuits et comparons là au diagramme de solidification fig. 80).

Cette courbe nous indique les mêmes trois combinaisons, Al²Cu, AlCu et AlCu³, qui avaient été déjà trouvées par l'analyse thermique et la méthode chimique (p. 33). De plus, dans les limites où l'analyse thermique ne pouvait nous donner aucune indication précise (de 55 à 70 p. 100 atomique de cuivre), nous découvrons un nouveau composé défini correspondant à la formule Al²Cu³. Ce composé est entouré de faibles solutions solides et se présente comme un maximum peu éminent de la courbe; nous verrons que son existence sera plus amplement confirmée par d'autres propriétés électriques.

Le composé Al²Cu³ est visible aussi sur la filiation des alliages aluminium-cuivre (fig. 5) que nous pouvons mieux comprendre maintenant.

La courbe de conductivité des alliages trempés diffère très sensiblement de celle des alliages recuits. Ainsi, la conductivité du composé AlCu³ est bien plus grande lorsqu'il est trempé que lorsqu'il est recuit. Ceci peut être expliqué par le changement de structure de ce composé vers 580°.

L'augmentation de l'étendue des solutions solides à haute température est, probablement, la cause principale pour laquelle la courbe de conductivité des alliages trempés passe bien au-dessous de celle des alliages recuits, comme c'est le cas entre l'aluminium et le composé Al²Cu³.

Conductivité électrique des alliages liquides. — Les règles établies pour la conductivité des alliages solides paraissent s'étendre aussi aux alliages liquides.

Prenons comme exemple les alliages du potassium et du sodium qui, à l'état liquide, sont homogènes en toutes proportions et ne présentent pas de composés définis, la combinaison Na²K n'étant pas stable au-dessus de 7°. La courbe de conductivité électrique (fig. 90) de ces alliages montre nettement l'analogie entre les solutions solides et les solutions liquides.

Certaines solutions liquides, comme certaines solutions solides, présentent une résistance complémentaire si faible, qu'elles peuvent aisément être confondues avec les mélanges. C'est, par exemple, le cas des alliages liquides plomb-étain dont la courbe de conductivité électrique se confond presque avec une droite (Bornemann et Rauschenplatt, 1912). Nous avons déjà fait remarquer (p. 94) que le même phénomène a lieu pour ces alliages à l'état solide.

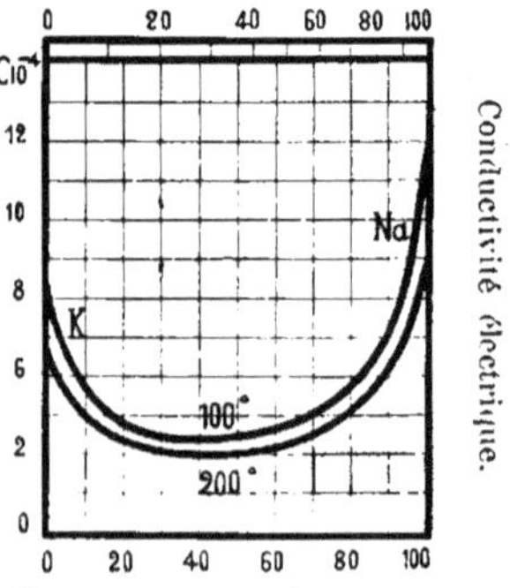

Fig. 90. — Potassium-sodium. — Conductivité électrique des alliages liquides à 100° et à 200° suivant MM. Bornemann et Müller (1910).

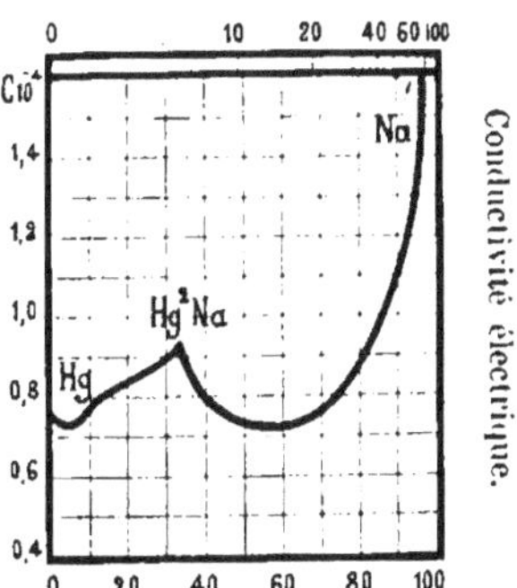

Pourcentage atomique de Na.

Fig. 91. — Mercure-sodium. — Conductivité électrique des alliages liquides à 300° suivant MM. Bornemann et Muller (1910).

Les combinaisons stables à l'état liquide peuvent se manifester par des maxima de la courbe de conductivité, comme nous le voyons pour les alliages mercure-sodium (fig. 91). Ces alliages forment à l'état solide de nombreuses combinaisons Schuller, 1904) dont une seule, correspondante à la formule Hg²Na, ne se dissocie pas à l'état liquide et se manifeste par un maximum sur la courbe de conductivité.

COEFFICIENT DE TEMPÉRATURE DE LA RÉSISTANCE ÉLECTRIQUE

Historique. — Il existe entre la conductivité et le coefficient de température de la résistance un parallélisme, sinon une loi de proportionnalité, qui permet aux courbes de conductivité de conserver leur allure avec le changement de température.

Considérons avec M. Liebenow (1897) que la résistance spécifique observée d'un alliage (R_0) est composée de deux parties, notamment de la résistance principale R'_0, qu'on pourrait calculer par la règle des mélanges, et d'une résistance complémentaire (R''_0), produite par des phénomènes thermo-électriques.

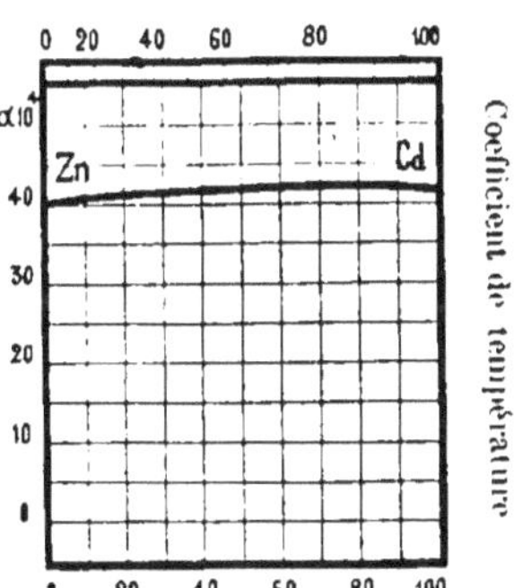

Pourcentage atomique de Cd.

Fig. 92. — Zinc-cadmium. — Coefficient de température de la résistance entre 21° et 100° suivant Matthiessen (1864).

Nous aurions donc :

$$R_0 (1 + \alpha t) = R'_0 (1 + \alpha' t) + R''_0 (1 + \alpha'' t),$$

où α, α' et α'' sont les coefficients de température des résistances correspondantes.

En admettant que la résistance complémentaire ne varie pas avec la température ($\alpha'' = 0$) et que le coefficient de température de la résistance principale est constant $\alpha' = 0,004$), nous obtenons :

$$\alpha = 0,004 \frac{R'_0}{R_0} = 0,004 \frac{C_0}{C_0}$$

ce qui signifie que le coefficient de température observé de la résistance (α) est proportionnel au rapport de la conductivité spécifique observée (C_0) à la conductivité spécifique calculée (C_0) par la règle des mélanges.

Cette relation avait été découverte expérimentalement par Matthiessen et Vogt 1863). Elle n'est pas rigoureuse, certains cas étant connus où des alliages présentent un coefficient de température négatif (Cu-Ni-Mn, Cu-Mn), ce qui n'aurait pas dû avoir lieu si la relation leur était applicable.

M. Guertler (1907 montra qu'on pouvait utiliser les courbes du coefficient de température de la résistance pour la détermination de la tructures des alliages. Ces courbes ont, ordinairement, la même allure que les courbes de conductivité, sans que leurs valeurs respectives soient strictement proportionnelles, ni les courbes superposables.

Certains auteurs utilisent pour les diagrammes indistinctement le coefficient de température de la conductivité et celui de la résistance. Dans l'application, la différence est faible, mais la proportionnalité de la conductivité au coefficient de température de la résistance nous est plus compréhensible, car elle a lieu, comme nous venons de le voir, lorsque la résistance complémentaire ne varie pas avec la température.

Mélanges et solutions solides. — Dans les courbes du coefficient de température de la résistance, une descente de la courbe, plus forte pour les premiers pour 100 que pour les suivants, correspond aux solutions solides; une ligne sensiblement droite correspond aux mélanges.

La différence entre les courbes de conductivité et les courbes du coefficient de température provient surtout du fait, que la conductivité spécifique des métaux diffère bien davantage que leur coefficient de température qui, pour la très grande majorité des métaux purs, se maintient entre 0,0037 et 0,0047.

Il est probable que la variation de la résistance électrique des métaux purs avec la température de même que pendant la fusion, est proportionnelle à la variation de l'espace libre entre leurs molécules (Broniewski, 1906).

Pour un grand nombre de métaux, la variation de la résistance électrique peut être exprimée par la formule

$$\frac{R_T}{(2F + T)\,T} = \text{const.}$$

ou R_T est la résistance du métal à la température absolue T et F sa température absolue de fusion.

Cette formule cesse d'être applicable à basse température où un grand nombre de métaux paraissent subir une transformation allotropique. A la température ordinaire elle n'est pas applicable aux métaux du groupe du fer (Fe, Co, Ni).

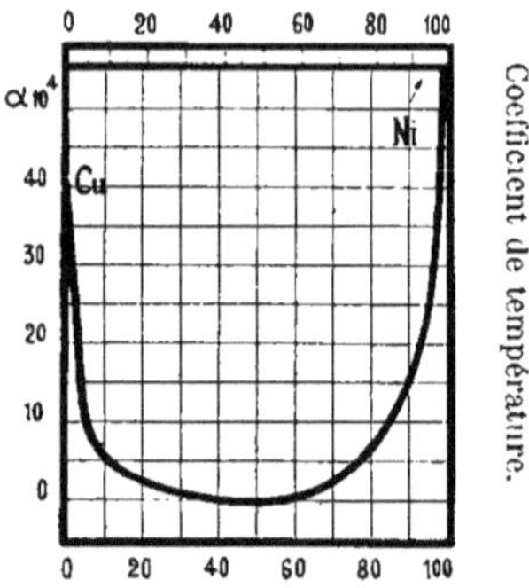

Fig. 93. — Cuivre-nickel. — Coefficient de température de la résistance entre 0 et 100° suivant M. Feussner (1891).

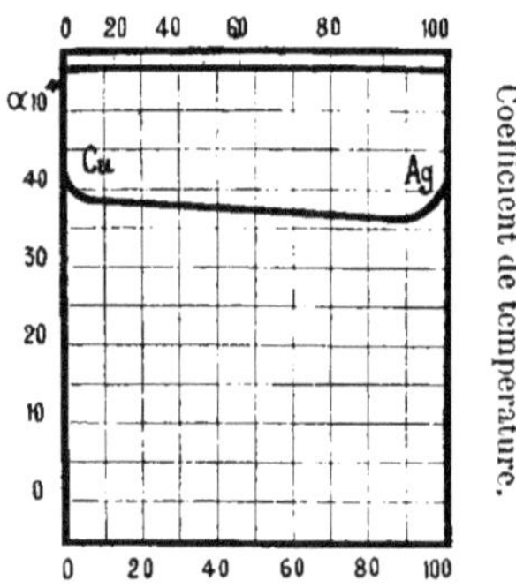

Fig. 94. — Cuivre-argent. — Coefficient de température de la résistance entre 25° et 100° suivant MM. Kurnakow, Puschin et Senkowski (1910).

Les figures suivantes montrent les courbes du coefficient de température de la résistance pour les alliages dont la conductivité nous avait servi d'exemple. Ainsi, les alliages zinc-cadmium (fig. 92) indiquent la forme de la courbe pour les mélanges, les alliages cuivre-nickel (fig. 93), celle des solutions solides continues et les alliages cuivre-argent (fig. 94) servent d'exemple de deux solutions solides limites et de leur mélange.

Présence des combinaisons. — Le coefficient de température de la résistance des composés définis est souvent analogue à celui des métaux purs; dans d'autres cas, il se montre bien inférieur à celui des métaux.

Il est possible d'envisager l'hypothèse que, dans ce dernier cas, la diminution du coefficient de température est due aux impuretés de la combinaison. Il est, en effet, plus difficile de préparer à l'état pur un composé défini qu'un métal, car non seulement les impuretés des métaux y subsistent, mais aussi l'excès d'un des métaux constituants peut être considéré comme une impureté de la combinaison.

Lorsqu'une combinaison ne forme que des mélanges avec les métaux constituants et a un coefficient de température analogue aux métaux, elle n'est pas, ou presque pas, manifestée sur le diagramme. Les métaux, la combinaison et les alliages donnent alors presque la même valeur pour le coefficient de température et le diagramme se réduit à une droite.

Nous voyons ce cas dans les alliages magnésium-bismuth dont la combinaison Mg^3Bi^2 n'est pas manifeste sur le diagramme du coefficient de température (fig. 95).

Au contraire, lorsqu'une combinaison forme des solutions solides, elle est, ordinairement, indiquée sur le diagramme du coefficient de température avec bien plus de netteté que sur le diagramme de la conductivité. Ainsi, dans les alliages magnésium-argent la combinaison Mg^3Ag se manifeste par un maximum éminent sur la courbe du coefficient de température

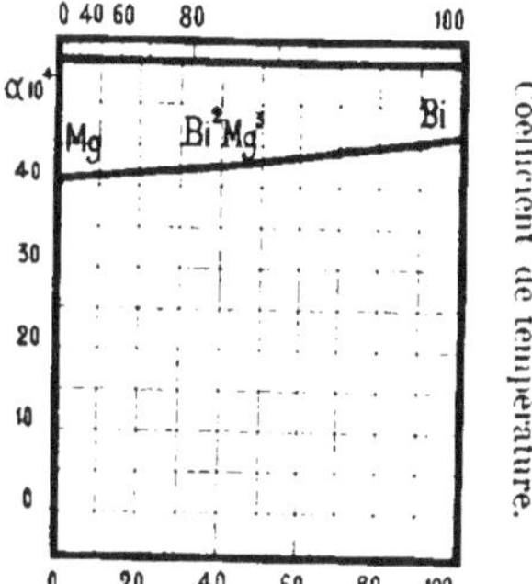

Fig. 95. — Magnésium-bismuth. — Coefficient de température entre 25° et 100° suivant M. Stepanow (1912).

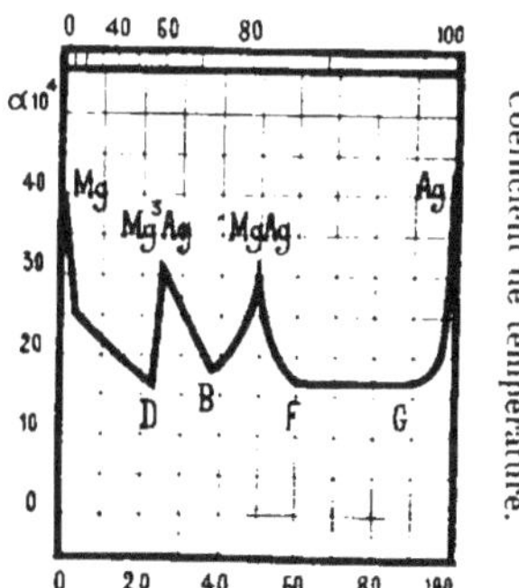

Fig. 96. — Magnésium-argent. — Coefficient de température de la résistance entre 25° et 100 suivant MM. Smirnow et Kurnakow (1911)

fig. 96), alors qu'elle n'était indiquée que par un point angulaire sur la courbe de conductivité (fig. 86). L'interprétation de la structure des alliages se fait sur ces deux courbes de façon identique et peut se faire suivant les indications de la p. 96.

Sur le diagramme des alliages aluminium-magnésium (fig. 97), on voit que la combinaison Al^2Mg^3 a un coefficient de température analogue à celui des métaux et se manifeste par un maximum facile à repérer. Au contraire, le coefficient de température de la combinaison $AlMg$ a été trouvé de beaucoup inférieur à celui de métaux et forme un maximum peu éminent.

La trempe modifie souvent l'allure des courbes du coefficient de température. Nous pouvons le voir sur le diagramme du coefficient de température des alliages aluminium-cuivre (fig. 98) où la courbe en trait continu correspond aux alliages recuits, celle en pointillé aux alliages trempés. Ici, comme sur la courbe de conductivité, on peut distinguer les quatre combinaisons : Al^2Cu, $AlCu$, Al^2Cu^3 et $AlCu^3$.

L'étude du coefficient de température de la résistance présente l'avantage de ne pas être influencée, comme celle de la conductivité spécifique, par les irrégularités de la section ou par les soufflures de l'échantillon. Mais les erreurs des mesures électriques se répercutent plus fortement sur le coefficient de température que sur la conductivité spécifique.

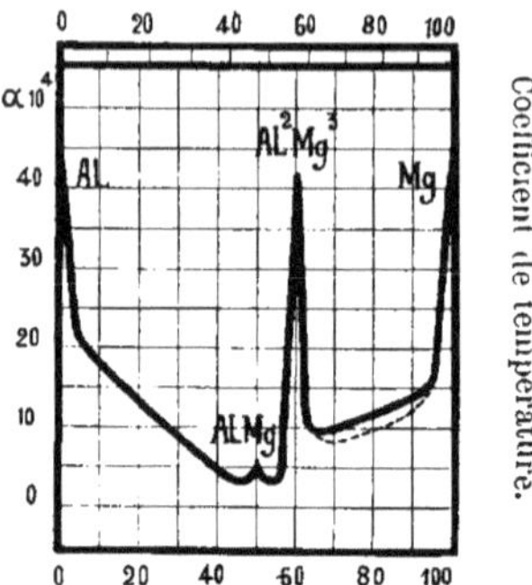

Fig. 97. — Aluminium-magnésium. — Coefficient de température de la résistance entre 0 et 100° (Broniewski, 1911).

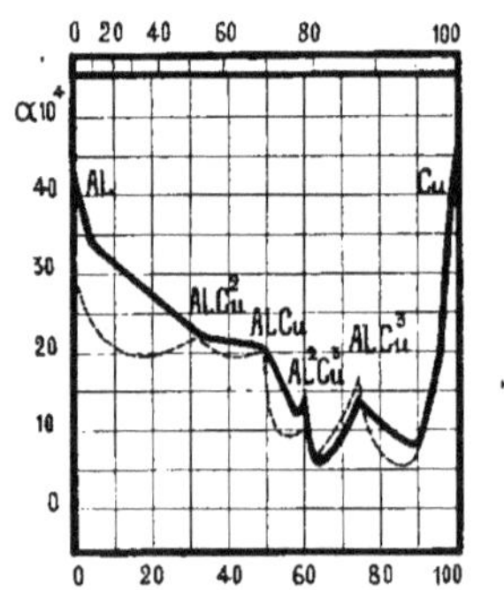

Fig. 98. — Aluminium-cuivre. — Coefficient de température de la résistance entre 0 et 100 (Broniewski, 1911).

POUVOIR THERMO-ÉLECTRIQUE ET SA VARIATION

Mélanges et solutions solides. — Dans les courbes du pouvoir thermo-électrique, les solutions solides correspondent à une descente, ou à une montée, de la courbe plus forte pour les premiers pour cent que pour les suivants. Une ligne sensiblement droite correspond aux mélanges. (Broniewski, 1910).

A *priori*, on pouvait prévoir que la force thermo-électrique des alliages formés par des mélanges, devait être intermédiaire entre celle des deux composants mélangés. Il devait, dans ce cas, se former une quantité de couples locaux dans lesquels les courants circulaires, alimentés par la différence des forces électro-motrices des deux composants, abaissent la force thermo-électrique du constituant le plus fort d'autant plus, que la proportion du constituant le plus faible augmente et que, par conséquent, sa résistance diminue.

Il était plus difficile de prévoir que les solutions solides feraient augmenter ou diminuer le pouvoir thermo-électrique des alliages. On pourrait expliquer ce résultat en admettant dans les solutions solides la formation des couples dont les forces s'ajoutent et font varier la force thermo-électrique résultante. Le sens de cette variation (positif ou négatif) dépend de la nature de l'alliage et peut changer suivant que le constituant est dissous ou sert de dissolvant. La force de la variation dépend de la nature de l'alliage et du nombre des couples ; comme ce nombre, elle passe par un maximum dans une solution solide continue.

Tout se passe donc comme si les couples au sein d'une phase étaient groupés en série et les couples formés par des phases différentes groupés en parallèle.

Les figures suivantes correspondent à quelques diagrammes typiques du pouvoir thermo-électrique. Ainsi, la courbe des alliages zinc-cadmium fig. 99 qui forment des mélanges, diffère peu de la droite. Celle des alliages cuivre-nickel (fig. 100), qui forment des solutions solides continues, est

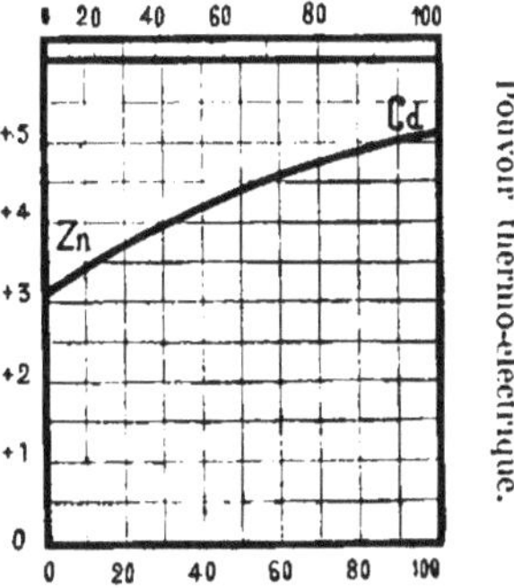

Fig. 99. — Zinc-cadmium. — Pouvoir thermo-électrique à 50° par rapport au Pb suivant M. Rudolfi (1910).

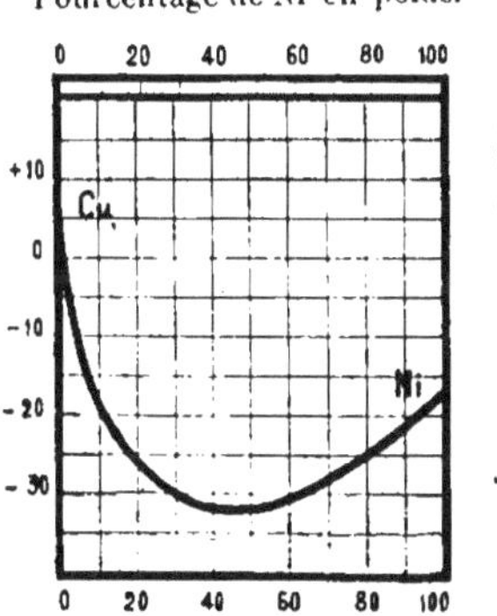

Fig. 100. — Cuivre-nickel. — Pouvoir thermo-électrique à 60° suivant M. Englisch (1883).

analogue à la courbe de conductivité et montre un minimum plat; d'autres alliages, formant des solutions solides continues, peuvent présenter un maximum, car les deux formes ne dépendent que de la définition du sens positif du courant thermo-électrique.

Pour les alliages cuivre-cobalt (fig. 101), qui sont formés par deux solutions solides et un mélange de ces solutions (p. 68), les fragments de la courbe, indiquant les solutions solides, sont dirigés en sens inverse; une ligne peu différente de la droite correspond au mélange des solutions solides limites.

En supposant que, dans ce type d'alliages, l'espace des mélanges de deux solutions solides limites tende vers zéro, nous verrions une courbe discontinue du pouvoir thermo-électrique correspondre à une solution solide continue. Cette forme de courbe n'a pas pu être constatée expérimentalement avec certitude, mais certaines courbes pour des solutions solides limites s'en approchent très sensiblement.

Pour d'autres alliages, formant deux solutions solides limites et un mélange de ces solutions, les fragments de la courbe du pouvoir thermo-électrique, indiquant les solutions solides, sont dirigés tous les deux dans le même sens et reliés par une droite correspondante aux mélanges; leur forme ressemble alors à celle des courbes de conductivité électrique pour la même structure des alliages.

Présence des combinaisons. — Les composés définis, formant entre eux des mélanges, sont représentés par des points angulaires de la courbe du pouvoir thermo-électrique.

Les points angulaires sont plus nets, lorsque la combinaison forme une solution solide avec l'un de ses constituants voisins et se mélange avec l'autre.

Les composés définis, entourés des solutions solides, sont indiqués par des maxima ou des minima ou peuvent, encore, se trouver sur une branche en forme de S, n'étant marqués par aucun point singulier. Ce dernier cas a lieu lorsque la dissolution d'une combinaison voisine dans le composé défini augmente le pouvoir thermo-électrique des alliages, alors que la dissolution de l'autre combinaison voisine diminue le pouvoir thermo-électrique.

Nous prendrons comme exemples les alliages aluminium-magnésium et aluminium-cuivre dont le pouvoir thermo-électrique est représenté

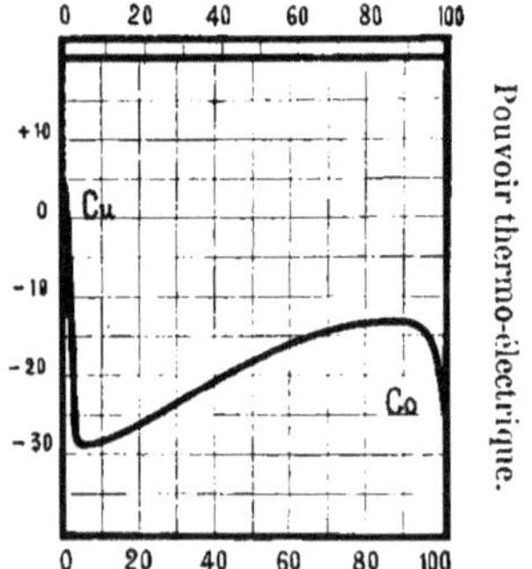

Fig. 101. — Cuivre-cobalt. — Pouvoir thermo-électrique à 50° suivant M. Reichardt (1901).

par les courbes A des figures 102 et 103. Les courbes en trait continu correspondent aux alliages recuits, celles en pointillé aux alliages trempés.

Dans les alliages aluminium-magnésium la combinaison AlMg se manifeste par un minimum très prononcé, bien plus net que sur les courbes de conductivité et du coefficient de température (fig. 87 et 97).

Au contraire, la combinaison Al^2Mg^3 n'est indiquée par aucune discontinuité, car la dissolution de AlMg augmente son pouvoir thermoélectrique, alors que la dissolution de magnésium le diminue.

Entre la combinaison Al^2Mg^3 et le magnésium, la courbe du pouvoir thermo-électrique est analogue à la courbe de conductivité. Entre l'aluminium et la combinaison AlMg, ainsi que entre les deux composés définis, les courbes du pouvoir thermo-électrique sont aussi analogues aux courbes de la conductivité, mais dirigées en sens inverse.

Sur la courbe du pouvoir thermo-électrique des alliages aluminium-cuivre, (fig. 103) les combinaisons Al^2Cu, AlCu, et Al^2Cu^3 sont indiquées par des points angulaires, alors que le composé $AlCu^4$ ne se manifeste par aucune discontinuité. Entre Al^2Cu^3 et $AlCu^4$, ainsi qu'entre ce dernier composé et le cuivre, la courbe du pouvoir thermo-électrique prend la forme indiquée pour les alliages cuivre-cobalt (fig. 101).

Si nous comparons les courbes du pouvoir thermo-électrique à celles de la conductivité électrique, nous voyons que ces dernières sont plus simples. La différence provient, principalement, de ce que le pouvoir thermo-électrique peut avoir un sens positif et un sens négatif, tandis que la conductivité n'a que le sens positif. Ainsi, la variation du pouvoir thermo-électrique qui, pour les solutions solides, se produit dans les deux directions, ne se répercute sur la

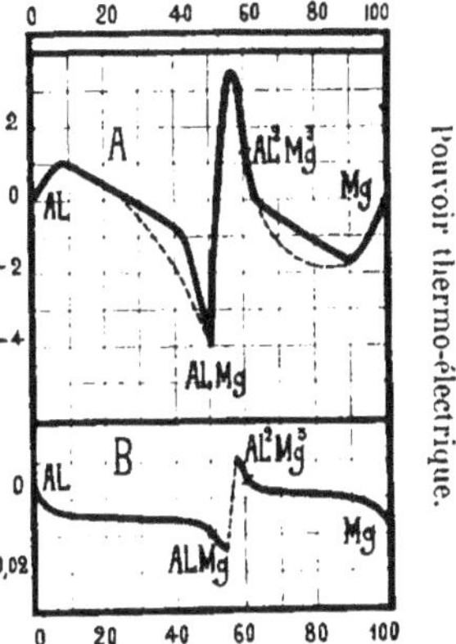

Fig. 102. — Aluminium-magnésium. — Pouvoir thermo-électrique à 0° et sa variation entre — 80° et 100° (Broniewski, 1911).

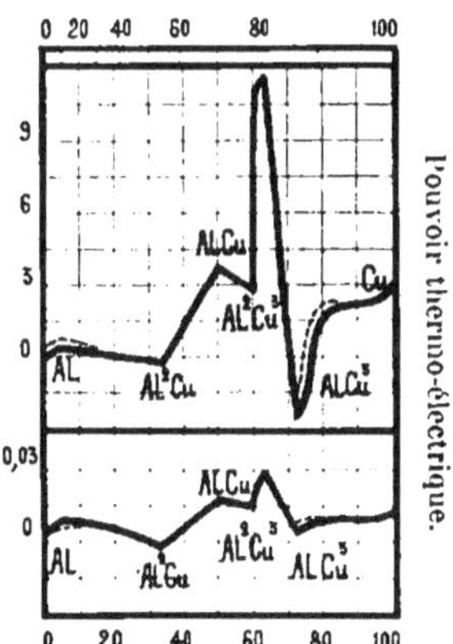

Fig. 103. — Aluminium-cuivre. — Pouvoir thermo-électrique à 0° et sa variation entre — 80° et 100° (Broniewski, 1911).

conductivité que dans un seul sens, en tendant toujours à s'opposer au passage du courant.

En admettant cette distinction, on trouve facilement le parallélisme entre les courbes du pouvoir thermo-électrique et celles de la conductivité.

Variation du pouvoir thermo-électrique avec la température. — Si nous construisons des diagrammes en utilisant les coefficients de la variation du pouvoir thermo-électrique avec la température, la relation entre les courbes, ainsi obtenues, et la structure des alliages pourra être exprimée textuellement, comme nous l'avons fait pour les courbes du pouvoir thermo-électrique.

Mais si, dans les deux espèces de courbes, les solutions solides sont indiquées par une descente ou une montée, plus forte pour les premiers pour cent que pour les suivants, ces courbes ne sont pas nécessairement identiques. La même solution solide peut se manifester sur le diagramme du pouvoir thermo-électrique et sur celui de sa variation par un fragment de courbe d'une forme semblable, mais d'une direction contraire.

Par exemple, sur le diagramme de la variation du pouvoir thermo-électrique des alliages aluminium-magnésium (fig. 102, courbe B), nous voyons que la dissolution du composé AlMg dans l'aluminium et la dissolution de Al^2Mg^3 dans AlMg, qui augmentent le pouvoir thermo-électrique, diminuent sa variation ; au contraire, la dissolution de Al^2Mg^3 dans le magnésium diminue le pouvoir thermo-électrique et augmente sa variation.

Dans d'autres alliages, comme ceux de l'aluminium avec le cuivre, la courbe du pouvoir thermo-électrique est analogue à celle de sa variation (fig. 103, courbe B).

Le fait, que les courbes du pouvoir thermo-électrique et celles de sa variation n'ont pas toujours une forme analogue, nous indique que l'allure des courbes du pouvoir thermo-électrique peut changer avec la température et qu'à des températures différentes les fragments de la courbe, correspondants aux solutions solides, peuvent avoir une direction contraire en passant à une certaine température par une droite. L'absence des éléments, indiquant les solutions solides sur la courbe du pouvoir thermo-électrique, ne prouve donc pas l'absence de la solution solide, tandis que la présence de ces éléments est un indice certain de la présence des solutions solides.

La courbe de la variation du pouvoir thermo-électrique ne change pas avec la température, ou change très peu, et pourrait nous donner des indications plus précises que la courbe du pouvoir thermo-électrique, mais elle est beaucoup plus sujette à des erreurs expérimentales.

Ce manque relatif de précision, qui se répercute dans l'extrapolation des courbes du pouvoir thermo-électrique en dehors des températures de l'expérience, empêche aussi d'adopter la solution la plus logique qui consisterait à baser l'étude du pouvoir thermo-électrique sur sa valeur au zéro absolu et sur sa variation.

Comme la plupart des méthodes indirectes, l'étude du pouvoir thermo-électrique ne peut pas donner, toute seule, une indication certaine de la structure des alliages, mais elle peut devenir un auxiliaire précieux, étant employée avec d'autres méthodes électriques et contrôlée par la micrographie.

FORCE ÉLECTROMOTRICE DE DISSOLUTION

Historique et théorie. — M. Laurie a fait, le premier, des recherches (1888-1894) sur la force électromotrice de dissolution des alliages, dont il exprime ainsi le principe.

« Si nous mettons une lame de zinc et une en cuivre dans une solution, nous obtiendrons entre les deux électrodes une force électromotrice que nous pouvons mesurer avec un électromètre. Si nous remplaçons la lame de zinc par une lame en cuivre, nous n'observerons pratiquement pas de force électromotrice entre les deux électrodes en cuivre. Si nous attachons un petit morceau de zinc à une des lames de cuivre au-dessous de la solution, nous obtiendrons approximativement la force électromotrice entre le cuivre et le zinc ; et si nous supposons le zinc, même se trouvant en petite quantité, régulièrement mélangé au cuivre, il polariserait le cuivre et la lame composée aurait donné une force électromotrice, comme si elle ne contenait que du zinc. Mais si le zinc est entré en combinaison avec le cuivre, il ne serait plus capable de polariser le cuivre et nous avons alors affaire à un nouveau métal au lieu d'un mélange de deux métaux. »

M. Arthur Pillans Laurie
(né en 1861).

En plus des alliages formés par des mélanges et dont la force électromotrice reste constante dans toutes les proportions des deux constituants, M. Laurie avait indiqué des alliages dont la force électromotrice variait graduellement; M. Le Chatelier (1895) a fait observer que ces alliages répondent à des solutions solides.

A chaque composé défini correspond une force électromotrice particulière, ordinairement intermédiaire entre celles des deux métaux composants.

Les expériences, faites sur la force électromotrice de dissolution des alliages, sont difficilement comparables entre elles et n'ont donné que des résultats assez grossiers. Le manque de précision et les divergences dépendent principalement du mode de formation de la pile et de la façon dont les mesures ont été faites.

En ce qui concerne la formation de la pile, la majorité des expérimentateurs ont employé, en suivant les indications de M. Ostwald (1895), comme électrode le métal le moins noble de l'alliage et comme électrolyte le sel de ce métal. Dans cette disposition, tout l'effort est dirigé sur l'obtention d'un électrolyte à composition invariable, quoique la variation de la composition de l'électrolyte par dissolution de l'électrode et l'erreur dans la mesure qui en résulte, puissent être facilement rendus négligeables par l'addition à un électrolyte arbitraire de quelques pour 100 des sels renfermant les métaux de l'alliage.

Au contraire, aucune précaution n'était ordinairement prise pour éviter la polarisation de l'anode par le courant principal, alors que cette cause d'erreur peut influencer fortement les résultats des mesures.

La façon, dont les mesures de la force électromotrice de dissolution ont été souvent faites, peut aussi soulever des objections.

La plupart des expérimentateurs attendaient que la force électromotrice de la pile soit devenue approximativement constante, sans approfondir les causes des variations qui diffèrent suivant que l'alliage est formé d'un mélange ou d'une solution solide. Lorsque nous mettons, comme électrode, un alliage formé d'un mélange mécanique de deux constituants, il se produit dans l'alliage des piles locales où le constituant le moins actif forme l'anode et se polarise. Pendant cette polarisation, qui ne dure ordinairement qu'une fraction de minute, la force électromotrice de la pile monte jusqu'à la valeur du constituant le plus actif qui seul alors soutient le travail de la pile et s'épuise dans un temps plus ou moins long, suivant sa teneur dans l'alliage. La force électromotrice baisse alors jusqu'à celle du constituant le moins actif où elle reste de nouveau stationnaire, jusqu'au moment où la dissolution de ce constituant découvre de nouveaux cristaux du constituant plus actif. Lorsqu'une solution solide sert d'électrode, les différents cristaux, qui la composent, n'ont ordinairement pas la même teneur et, par conséquent, pas la même force électromotrice. Il se produit donc, comme dans le cas précédent, une polarisation des éléments les moins actifs et une élévation de la force électromotrice, mais beaucoup plus lente, durant quelquefois des heures.

Les courbes de la force électromotrice peuvent être composées ou des valeurs maxima, correspondants au constituant le plus actif, ou des valeurs minima, correspondants au constituant le moins actif. Les valeurs maxima sont plus faciles et plus précises à observer.

Au contraire, si l'on prend les valeurs de la force électromotrice devenue approximativement constante, les courbes sont composées d'éléments hétérogènes, représentant quelquefois la force électromotrice maxima pour les solutions solides et la force électromotrice minima pour les mélanges.

Les métaux. — La force électromotrice de dissolution d'un métal peut être calculée, lorsqu'il fonctionne comme électrode dans une pile reversible dont la réaction est connue.

W. Thomson (1851), ayant admis que la chaleur dégagée par la réaction chimique de la pile est transformée entièrement en travail, arrive à la formule

$$E = 43,3 \ Q. \ 10^{-6}$$

où E désigne la force électromotrice de la pile en volts et Q la chaleur de la réaction, en petites calories, rapportée à un équivalent électrochimique.

Comme cette formule ne donnait que des indications approximatives, Helmholtz (1882) la modifia en admettant: 1) que l'énergie chimique potentielle se compose de deux parties dont une, libre, peut se transformer en travail, tandis que l'autre ne se transformerait qu'en chaleur, 2) que le principe de Carnot est applicable aux piles reversibles, en ne faisant intervenir que l'énergie libre. Helmholtz obtient ainsi une formule plus précise que la précédente

$$E = 43,3 \ Q. \ 10^{-6} + T \frac{dE}{dt}$$

où T indique la température absolue de la pile.

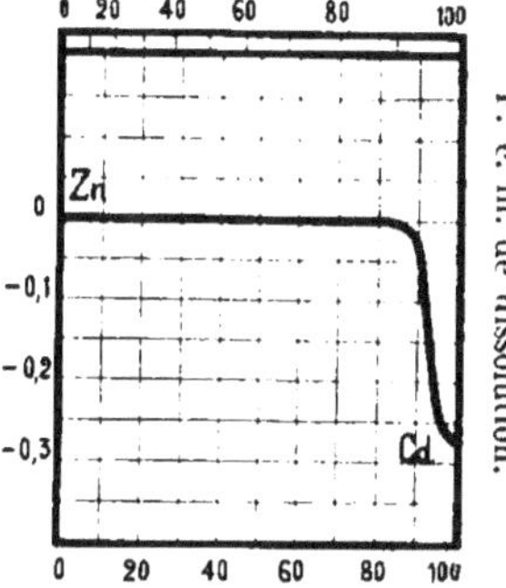

Pourcentage de Cd en poids.

Pourcentage atomique de Cd.

Fig. 104. — Zinc-cadmium. Force électromotrice de dissolution suivant M. Puschin (1907).

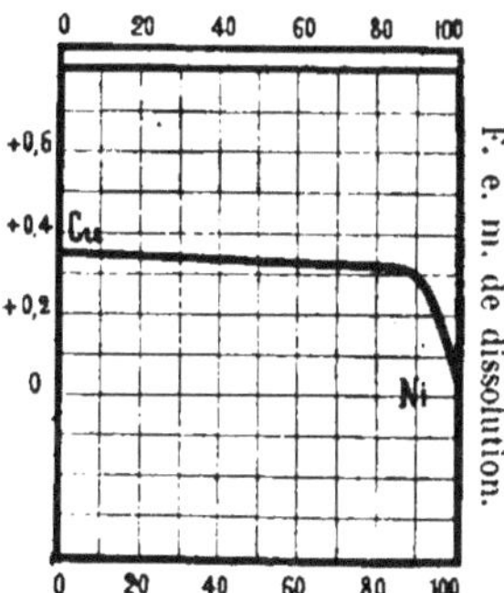

Pourcentage de Ni en poids.

Pourcentage atomique de Ni.

Fig. 105. — Cuivre-nickel. — Force électromotrice de dissolution suivant M. Vigouroux (1909).

On arrive à une formule analogue, mais plus générale, en partant d'un seul postulatum que, si la pile pouvait fonctionner au zéro absolu, son travail serait égal à son énergie chimique ou, autrement dit, que le principe de W. Thomson est exact au zéro absolu (Bruniewski, 1908). La formule prend alors l'aspect

$$E = 4,3 \ Q. \ 10^{-6} + T \frac{dE}{dT} - \frac{T^2}{2} \frac{d^2E}{dT^2} + \frac{T^3}{3.2} \frac{d^3E}{dT^3} - \ldots \pm \frac{T^n}{n \ldots 3.2} \frac{d^nE}{dT^n}$$

Mélanges et solutions solides. — Les courbes suivantes ont été obtenues par des méthodes contre lesquelles nous avons formulé quelques réserves.

Nous voyons que la courbe de la force électromotrice de dissolution des alliages zinc-cadmium (fig. 104) tombe pour les alliages pauvres en zinc, probablement, à cause de l'épuisement de l'électrode.

La courbe des alliages cuivre-nickel (fig. 105) se distingue faiblement de celle des mélanges, probablement, à cause d'une solidification trop rapide des échantillons, qui a pu rendre hétérogène la structure des solutions solides.

La courbe des alliages cuivre-argent (fig. 106) descend pour les solutions solides d'argent dans le cuivre et monte pour les solutions solides du cuivre dans l'argent. Pour le mélange de deux solutions solides limites elle devrait conserver une valeur fixe, comme pour le mélange de deux métaux ; sa courbure dans ces limites est due, probablement, à l'épuisement des électrodes.

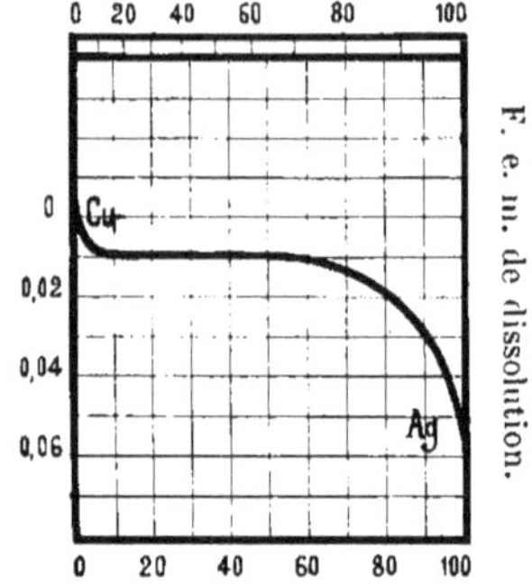

Fig. 106. — Cuivre-argent. — Force électromotrice de dissolution suivant M. Herschkowitsch (1898).

Présence des combinaisons — La force électromotrice de dissolution indique les composés définis par un changement brusque de sa grandeur ; ce changement est bien moins marqué pour les alliages formant entre eux des solutions solides, que pour ceux, constitués par des mélanges.

La position du composé défini n'est indiquée par aucune discontinuité, lorsqu'il a une force électromotrice supérieure à celle des deux constituants voisins avec lesquels il forme un mélange à l'état solide. L'allure de la courbe, présentant un palier surélevé et plat, nous permet de constater alors l'existence de la combinaison, mais ne permet pas de repérer sa position. Ce cas se présente rarement.

La courbe de la force électromotrice de dissolution prend, quelquefois, une forme analogue à la précédente pour les alliages formés par un mélange de deux métaux (par exemple aluminium-étain) lorsque ces alliages sont moins polarisables que les métaux purs. Une amalgamation des échantillons rétablit alors la forme correcte de la courbe.

La force électromotrice de dissolution des alliages aluminium-magnésium et aluminium-cuivre, qui nous serviront d'exemples, a été étudiée dans une dissolution de chlorure d'ammonium en présence de 2 à 3 p. 100 de sels des métaux entrant dans l'alliage ; une plaque de charbon graphité, dépolarisée par du bioxyde de manganèse, servait de

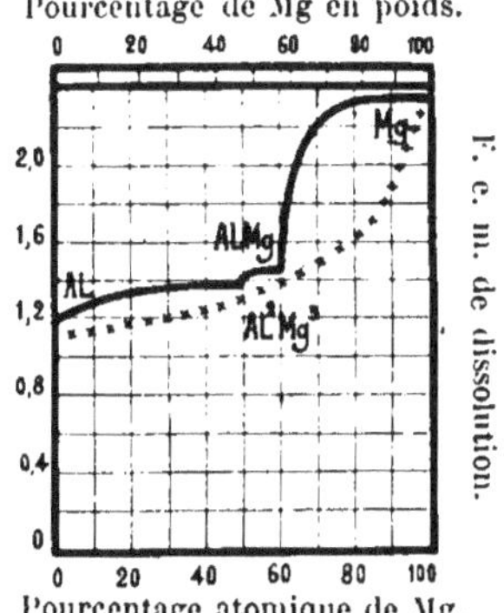

Fig. 107. — Aluminium-magnésium. — Force électromotrice de dissolution (Broniewski, 1911).

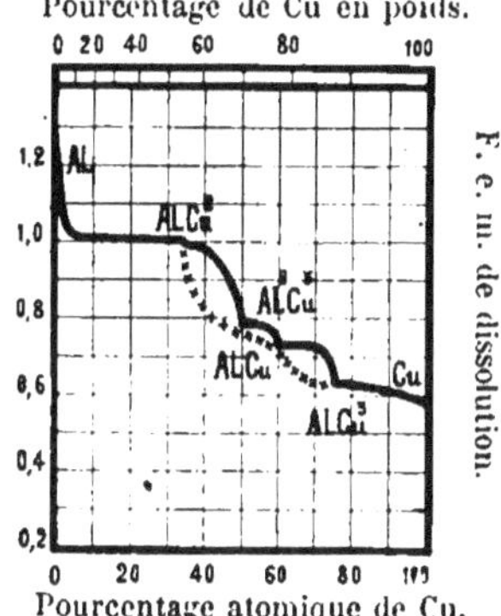

Fig. 108. — Aluminium-cuivre. — Force électromotrice de dissolution (Broniewski, 1911).

cathode. La courbe en trait continu indique les valeurs maxima observées, celle en pointillé, les valeurs minima.

Pour les alliages aluminium-magnésium (fig. 107), la courbe de la force électromotrice de dissolution nous indique les deux combinaisons, mais Al^2Mg^3 est bien plus nettement marquée que MgAl.

Sur la courbe de la force électromotrice de dissolution des alliages aluminium-cuivre (fig. 108) nous retrouvons, plus ou moins distinctement les quatre combinaisons indiquées par d'autres méthodes (Al^2Cu, AlCu, Al^2Cu^3 et $AlCu^3$).

La force électromotrice de dissolution indique surtout les composés définis formant des mélanges mécaniques entre eux, alors que les autres propriétés électriques montrent plus nettement les combinaisons entourées de solutions solides.

Les différentes méthodes électriques se complètent donc mutuellement et peuvent, ainsi, dans leur ensemble, contrôlées par la micrographie, donner des indications précises sur la structure des alliages.

VIII. MÉTHODES ÉLECTRIQUES

(PRATIQUE)

Préparation des échantillons. — Recuit dans le vide. — Mesures de la résistance électrique. — Mesures du pouvoir thermo-électrique. — Mesures de la force électromotrice de dissolution. — Mémoires cités aux chapitres VII et VIII.

Préparation des échantillons. — Les mesures de toutes les propriétés électriques peuvent être exécutées sur les mêmes échantillons, auxquels il est commode de donner une longueur d'une dizaine de centimètres et un diamètre de 5 millimètres environ. Cette forme n'est pas toujours aisée à obtenir dans les lingotières ordinaires et il faut employer des dispositifs spéciaux pour empêcher la solidification prématurée.

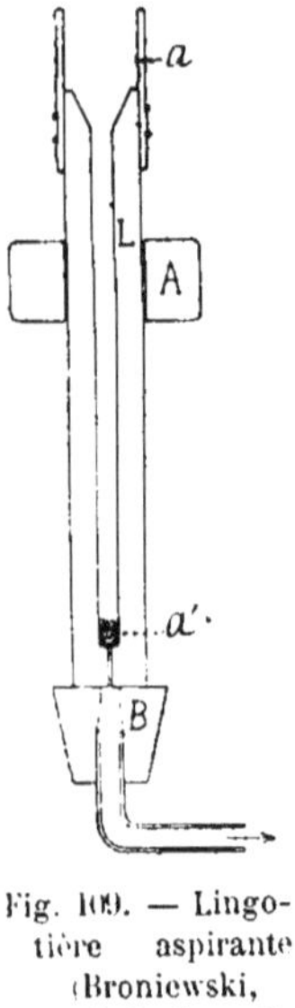

Les dispositifs suivants ont donné des résultats satisfaisants en pratique.

1. L'alliage fondu est versé dans une lingotière aspirante dont le schéma est indiqué sur la figure 109. La lingotière L est appliquée sur un bouchon tubulaire en caoutchouc B, qui la relie à une trompe à eau. Une couronne en amiante a permet de verser rapidement l'alliage, alors qu'un tampon en amiante a' limite sa pénétration. L'anneau A assure le serrage de la lingotière par une vis.

2. Le schéma de la figure 110 indique le dispositif permettant d'aspirer l'alliage dans un tube en verre de Iéna ou en silice fondue. Le tube L est ouvert latéralement à sa partie inférieure afin d'empêcher la pénétration des scories ou de la couche protectrice

Fig. 109. — Lingotière aspirante (Broniewski, 1911). L, lingotière; A, anneau de serrage; B, bouchon en caoutchouc; a et a', amiante. $\frac{1}{3}$ de grandeur naturelle.

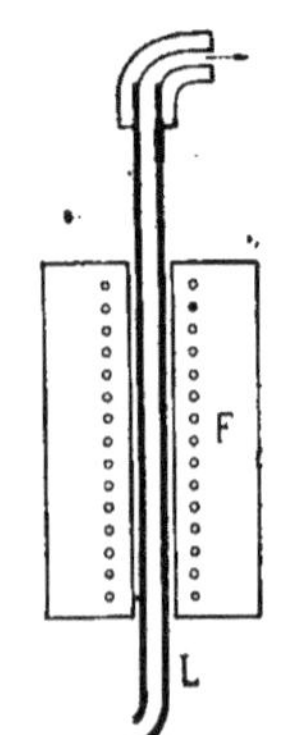

Fig. 110. — Tube aspirant l'alliage (Stepanow, 1912). L, tube en silice relié à une trompe; F, four électrique. $\frac{1}{3}$ de grandeur naturelle.

de sels sous laquelle on fond l'alliage ; sa partie supérieure est reliée à une trompe à eau. Le four à résistance électrique F empêche la solidification prématurée.

3. L'aspiration de l'alliage dans un tube peut se faire dans le vide. Un tube en silice fondue, fermé à sa partie supérieure, trempe par son côté ouvert dans l'alliage fondu dans le vide ; la pression d'un gaz inerte y fait monter l'alliage comme dans un tube barométrique (Broniewski, 1911).

4. Des barreaux longs, employés dans l'étude de la résistance électrique par l'enregistrement automatique, peuvent être coulés à l'aide d'une installation reproduite sur la figure 111. Un tube de 1 mètre en silice fondue L, muni d'un entonnoir (C, a), pénètre par son extrémité inférieure dans un réservoir A communiquant avec une pompe à vide. Le milieu du tube en silice est chauffé par deux fours électriques (F et F'), alors que son extrémité inférieure est refroidie par de l'anhydride carbonique solide contenu dans un récipient R. L'alliage liquide, aspiré par la pompe, passe rapidement la partie chauffée du tube, se solidifie à son extrémité refroidie et forme tampon empêchant l'écoulement.

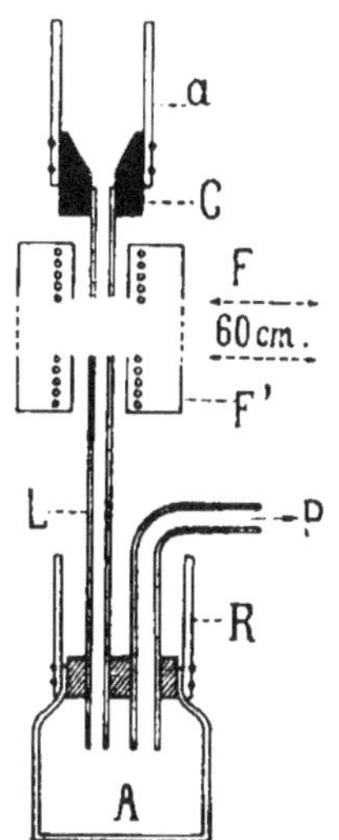

Fig. 111. — Installation pour la coulée des longs barreaux (Broniewski, 1911). L, tube en silice ; C, charbon ; a, amiante ; F, et F' fours électriques ; R, récipient en carton ; A, réservoir en verre ; P, tube communiquant avec la pompe à vide. $\frac{1}{3}$ de grandeur naturelle.

Recuit dans le vide. — Nous connaissons l'influence du recuit sur les propriétés électriques des alliages.

Pour être efficace, le recuit doit être suffisamment lent. Ordinairement, un refroidissement en 5-6 heures, à partir d'une température inférieure d'une cinquantaine de degrés à la fusion commençante, est suffisant ; mais dans certains cas un recuit beaucoup plus prolongé est nécessaire.

Dans le cas d'une transformation allotropique, le recuit peut commencer à partir de la température de cette transformation.

Autant que possible, le recuit doit se faire dans le vide, ce qui permet d'éliminer les gaz inclus dans les alliages et pouvant influencer les propriétés électriques.

Pour effectuer le recuit on peut procéder de la façon suivante. Un tube en porcelaine vernie (de Bayeux ou de Berlin, long de 60 cm. et ayant 4 cm. de diamètre extérieur, est introduit dans le four à résistance (chapitre VI, p. 78) et les échantillons à recuire y sont placés à la hauteur du four. Les extrémités du tube sont fermées par des bouchons en caoutchouc enduits de lanoline et traversés par des tubes en verre, dont un conduit à la trompe à vide, tandis que l'autre, laissant passer un couple thermo-électrique pour la mesure des températures, est fermé par du mastic de Golaz. Les bouchons sont protégés contre la chaleur par quelques enroulements d'un tube en plomb traversé par un courant d'eau.

Le vide est commencé, ordinairement, par une trompe à eau qui abaisse rapidement la pression à 15 mm. de mercure. Afin d'éviter l'humidité on interpose entre la trompe et le récipient à vider un desséchant, du chlorure de calcium, par exemple, ou de la pierre ponce imbibée d'acide sulfurique.

Le vide peut être achevé par une trompe à mercure de Springel, dont M. Guichard (1909) a indiqué un modèle facile à construire. Le vide s'y fait par la chute de gouttes isolées de mercure dans un tube étroit et par l'élimination du gaz renfermé entre ces gouttes. Le récipient où le vide doit être fait, est réuni à la trompe par l'intermédiaire d'un tube en plomb mastiqué à l'extrémité étirée du tube b (fig. 112) formant un coude à 14 cm. environ de son extrémité. Le tube b plonge dans du mercure contenu dans un large tube a, dont l'extrémité inférieure est fermée par un bouchon en caoutchouc. A travers ce bouchon pénètre le tube e, de 1,5 mm. de diamètre intérieur, dans lequel se fait la chute du mercure; sa partie supérieure dépasse le bouchon de 94 cm. et pénètre dans le tube b; sa partie inférieure, recourbée à l'extrémité, plonge dans une cuve à mercure profonde de 5 cm et de 8 cm. de diamètre environ. Le mercure arrive dans le tube a par l'intermédiaire d'un tube f relié à un récipient d'un litre environ; l'écoulement est réglé par un robinet. Les tubes employés ont les dimensions suivantes :

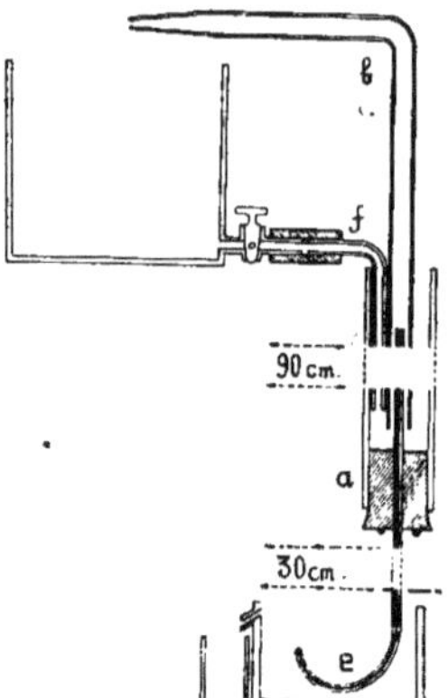

Fig. 112. — Trompe à mercure. a, tube extérieur; b, tube réuni au réservoir à vider; e, tube à chute de mercure; f, tube amenant le mercure. $\frac{1}{6}$ de grandeur naturelle.

Tube	a	b	e	f
longueur en cm.	100	122	140	100
diamètre extérieur en cm.	3,5	1,2	0,5	0,7

Le fonctionnement de la trompe est très simple; le mercure versé par f remonte du tube a dans le tube b et s'écoule goutte à goutte par le tube e en entraînant le gaz du récipient avec lequel est reliée la partie supérieure du tube b. Un litre de mercure suffit pour faire fonctionner la trompe; le trop plein de la cuve inférieure est reversé dans la cuve supérieure. Cette trompe abaisse facilement la pression au 0,001 de mm. de mercure.

Les trompes, munies d'un remontage automatique de mercure, inventées par Verneuil et construites par M. Berlemont, sont très pratiques. La pompe à mercure de M. Gaede donne aussi de très bons résultats.

Mesures de la résistance électrique. — La résistance spécifique R est exprimée, ordinairement, en millionièmes de l'ohm (microhms) pour 1 cm³ à 0°. L'inverse de la résistance spécifique, exprimée en ohms donne la conductivité spécifique $C = \dfrac{10^6}{R}$.

La résistance électrique des échantillons peut être mesurée par le pont double de Thomson qui permet d'éliminer la résistance des conducteurs et des contacts. La précision des mesures ne dépasse pas dans ce cas 1 %, même lorsqu'on a pris soin de vérifier le calibrage de l'appareil.

Bien plus précise est la mesure de la résistance électrique par un dispositif de compensation dont le schéma est indiqué par la figure 113.

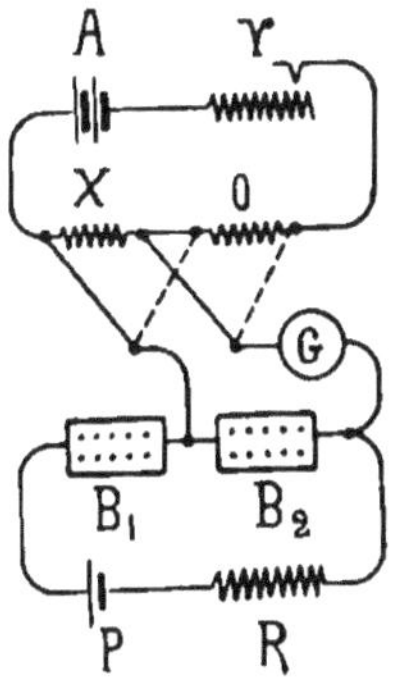

Fig. 113. — Schéma de la mesure d'une résistance électrique par la méthode de compensation. A, accumulateur; P, pile; G, galvanomètre; X, r, o, B₁, B₂ et R, résistances.

La résistance à mesurer X est mise en série avec une résistance étalon 0 du même ordre de grandeur, une batterie d'accumulateurs A et un rhéostat r. Un autre circuit comprend deux boîtes à résistance de 11.000 ohms (B₁ et B₂), une résistance complémentaire R et une pile étalon P. Les deux boîtes à résistance B₁ et B₂ ne contiennent que le demi-complet de fiches, de façon à conserver au circuit une résistance constante, car les fiches enlevées d'une boîte sont replacées dans l'autre. La mesure s'effectue en compensant successivement la différence de potentiel aux bornes de X et de 0 par celle aux bornes de B₂ dont on fait varier la résistance; un galvanomètre sensible G contrôle cette compensation. Le rapport de la résistance X à la résistance 0 est le même que celui des deux résistances compensatrices de la boîte B₂. Une condition essentielle de la mesure par cette méthode, qui peut donner facilement la précision de 0,1 %, est la constance du courant produit par les accumulateurs pendant la durée des mesures.

La connaissance de la résistance électrique à deux températures différentes donne le coefficient de température de la résistance, défini par le rapport de la variation de la résistance pour 1° à la résistance à 0°. Les températures, entre lesquelles s'effectue la mesure du coefficient de température, doivent rester les mêmes pour toute la série des alliages; il est commode d'utiliser, autant que possible, les limites de 0° et 100°, en considérant que l'échantillon, isolé par un tube de verre mince, ne prend la température ambiante qu'au bout de 10 à 15 minutes. Les deux mesures de résistance doivent se succéder immédiatement afin d'éliminer l'erreur due à l'estimation de la longueur utile de l'échantillon.

Il est commode d'employer l'installation suivante (fig. 114) pour faire prendre à la résistance mesurée les températures de 0 et 100°. Un réservoir en zinc A, ayant environ 40 cm. en longueur et 12 cm. en largeur et en hauteur, est traversé par un tube B en verre mince, de 4 cm. de diamètre, fermé d'un côté. Des tronçons d'un tube en caoutchouc a servent de joints entre le réservoir et le tube en verre. La résistance est placée à l'intérieur du tube en verre dont l'ouverture est fermée ensuite par un

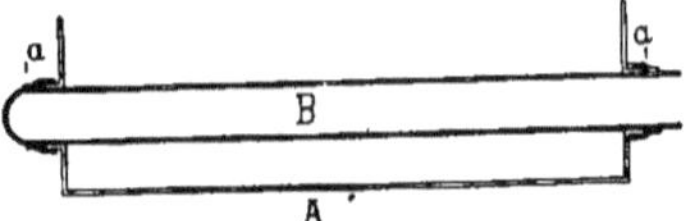

Fig. 114. — A, récipient en zinc; B, tube en verre mince; a, joint en caoutchouc. $\frac{1}{6}$ de grandeur naturelle.

bouchon de liège laissant passer les conducteurs et un thermomètre. On utilise, ordinairement, pour les mesures deux réservoirs dont un rempli de glace fondante et l'autre d'eau bouillante chauffée par une grille à analyses.

Pour mesurer la résistance spécifique il est indispensable de connaître la section des échantillons, ainsi que leur longueur utile déterminée par la distance des contacts.

Les contacts peuvent être soudés ou appliqués par pression; ces derniers paraissent plus maniables, étant donnée la difficulté d'effectuer la soudure sur certains alliages. La forme de ces contacts peut être très différente; la figure 115 nous donne le schéma de l'un d'eux. Nous y voyons que l'échantillon E, séparé de l'anneau A par une feuille isolante I de papier ou d'amiante, est enserré par une vis pointue V qui forme le contact électrique.

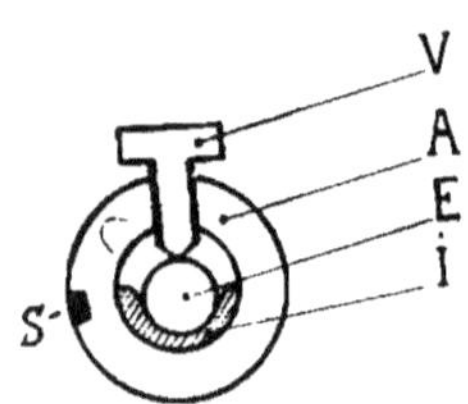

Fig. 115. — Contact pour la mesure de la résistance électrique des échantillons. A, anneau; V, vis de serrage; E, échantillon; I, isolant; S, soudure du conducteur. Grandeur naturelle.

La section des échantillons n'est jamais parfaitement uniforme; on obtient une moyenne suffisamment exacte en l'assimilant à une ellipse dont on détermine les deux axes à intervalles de 1 centimètre à l'aide d'un palmere donnant le 0,01 de millimètre.

L'erreur possible dans l'estimation du volume de l'échantillon peut être évaluée à 1 pour 100 environ.

Mesures du pouvoir thermo-électrique. — Le pouvoir thermo-électrique est, ordinairement, mesuré en microvolts.

En admettant, en première approximation, que le pouvoir thermo-électrique s'exprime par une fonction linéaire, on détermine par deux mesures de la force thermo-électrique E sa formule en fonction de la température t.

$$E = A\,t + \frac{1}{2}\,B\,t^2$$

La différenciation nous donne alors le pouvoir thermo-électrique

$$\frac{dE}{dt} = A + B\,t$$

où le coefficient A indique le pouvoir thermo-électrique à 0° et le coefficient B sa variation avec la température.

Comme intervalles de températures, servant à la détermination de la force thermo-électrique, on peut prendre 0, + 100° et 0, — 78°.

Pour obtenir la température constante des soudures, on peut utiliser l'installation représentée sur la figure 116. La température de 100° y

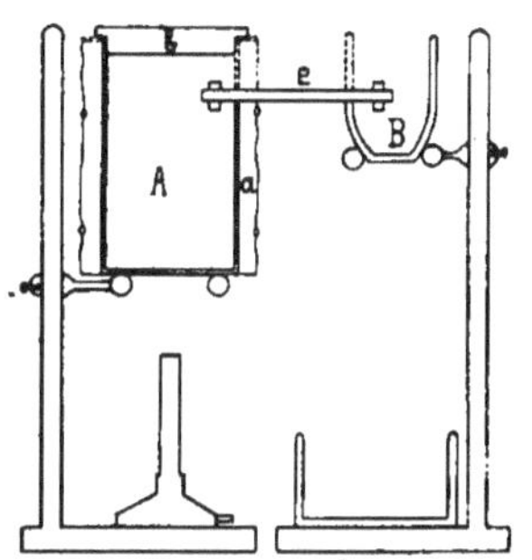

Fig. 116. — Installation pour la mesure de la force thermo-électrique. *e*, l'échantillon; A, récipient avec de l'eau bouillante; B, récipient avec de la glace fondante. $\frac{1}{6}$ de la grandeur naturelle.

est obtenue par la vapeur, en chauffant l'eau dans le récipient A. L'isolement thermique de ce récipient est formé par une couverture en toile d'amiante *a* et le bouchon en liège *b*; une fente verticale, large de 6 millimètres environ, permet d'y placer une des extrémités de l'échantillon *e*. La deuxième extrémité de l'échantillon se trouve dans le réservoir B, formé par un creuset en terre, muni, lui aussi, d'une fente verticale qu'il est facile de pratiquer à l'aide d'une lime ronde. Ce réservoir est rempli de glace fondante.

Pour les températures 0° et — 78°, on remplace le réservoir A par un deuxième creuset de la forme B et on le remplit par un mélange pâteux d'anhydride carbonique solide avec l'acétone.

Il est commode de déterminer le pouvoir thermo-électrique par rapport aux conducteurs de cuivre dont on connaît le pouvoir thermo-électrique par rapport au plomb. Les mesures peuvent, ainsi, être rapportées au plomb, bien moins sensible aux traces d'impuretés que le cuivre.

Des contacts à pression, analogues à ceux de la figure 115, pourront avantageusement remplacer les soudures.

La mesure de la force électromotrice est, ordinairement, faite par la méthode de déviation ou par la méthode de compensation.

La méthode de déviation est la plus simple : elle donne la force thermo-électrique E du couple par la lecture de la déviation *d* du galvanomètre, dont on connaît la constante *k* et la résistance R; ainsi

$$E = (R + r)\,\frac{d}{k}$$

où r est la résistance du circuit en dehors du galvanomètre.

La constante k est déterminée en mettant dans le circuit du galvanomètre une résistance d'un megohm (10^6 ohms) et un élément étalon Weston. Le galvanomètre donne alors une déviation d' sur une échelle placée à la même distance que pour la mesure de la force thermoélectrique. Alors

$$k = \frac{1000000 + R}{1018300}\,d'$$

La précision des mesures par la méthode de déviation dépend, bien entendu, du galvanomètre employé; ordinairement elle ne dépasse pas 1 pour 100.

Bien plus précise est la mesure de la force thermo-électrique par la méthode de compensation. L'installation, qui avait servi pour compenser la chute ohmique dans la mesure de la résistance, peut encore servir maintenant. En connaissant la force électromotrice de la pile étalon P, la résistance totale du circuit compensateur et la résistance compensatrice de la boîte B_2, on détermine par simple proportionnalité la force thermo-électrique compensée. La précision de la mesure peut être poussée au delà du 0,1 pour 100.

Mesures de la force électromotrice de dissolution. — La mesure de la force électromotrice d'une pile ne peut être faite avec précision que lorsque celle-ci est reversible et bien dépolarisée. Ces deux conditions ne sont réalisées ensemble que bien rarement et l'incertitude résultante de l'imperfection de la pile est, ordinairement, bien plus grande que celle qui résulte des erreurs de mesure.

L'évaluation, la plus simple, de la force électromotrice de dissolution se fait par la lecture d'un voltmètre suffisamment résistant (200 ohms ou moins).

Un dispositif de mesure par compensation, analogue à celui indiqué pour la thermo-électricité, peut aussi être facilement employé en utilisant dans le circuit compensateur deux ou trois piles étalons mises en série.

Enfin, des mesures très satisfaisantes peuvent être faites à l'aide d'un électromètre à cadrans employé, ordinairement, pour des mesures de radioactivité. Cette méthode de mesures a l'avantage de ne pas épuiser la pile par un travail extérieur.

Toutes ces installations donnent facilement la précision de 0,5 p. 100 utile pour la mesure de la force électromotrice de dissolution.

Mémoires cités aux chapitres VII et VIII.

Benedicks, *Zs. phys. Chem.*, **40**-545-1902 (Théorie).

Bornemann et Muller, *Métallurgie*, **8**-396-1910 (KNa et HgK liquide).

Bornemann et Rauschenplatt, *Métallurgie*, **9**-473, 505-1912 (PbSn liquide).

Broniewski, *Journ. Chim. phys.*, **4**-285-1906 : **5**-57-609-1907 (Théorie).

    — *Journ. de Phys.*, (4)-**7**-934-1908 (Pile).

    — *Revue de Métall.*, **7**-341-1910 (Thermo-électricité).

    — *Recherches sur les propriétés électriques des alliages d'aluminium*, Paris, 1911 ; *Ann. Chim. et Phys.*, (8)-**25**-1-1912.

Brooks, *Phys. Zs.*, **11**-471-1910.

Disselhorst et Jaeger, voir Jaeger et Disselhorst.

Englisch, *Wied. Ann.*, **50**-88-1893 (CuNi).

Feussner, *Abh. Phys. Gesell. Berlin*, **10**-109-1891 (CuNi).

Guertler, *Zs. anorg. Chem.* **51**-397-1906 (Conductivité).

    — *Zs. anorg. Chem.* **54**-58-1907 (Coeff. de temperat.).

    — *Jahrb. d. Radioact.*, **5**-79-1908 (Théorie).

Guichard, *Bull. Soc. chim.*, (4)-**5**-571-1909 (Trompe).

Helmholtz, *Berl. Ber.* 1882, pp. 22 et 825 ; *Journ. de Phys.*, (2), **3**-396-1884 (Pile).

Herschkowitsch, *Zs. phys. Chem.*, **27**-123-1898 (AgCu).

Jaeger et Disselhorst, *Wiss. Abh. phys.-techn. Reichsanst*, **3**-269-1900 ; *Beibl.*, **25**-20-1901 (Conductivité).

Kurnakow, Puschin et Senkowski, *Zs. anorg. Chem.*, **68**-123-1910. (AgCu).

Kurnakow et Smirnow, voir Smirnow et Kurnakow.

Kurnakow et Zemczuzny, *Journ. Soc. chim. Russe*, **28**-1048 et 1050-1906 ; *Zs. anorg. Chem.*, **54**-149-1907 (Conductivité).

Laurie, *Journ. chem. Soc.*, **53**-104-1888 ; **55**-677-1889 ; **65** 1034-1894 F. e. m. de diss.).

Le Chatelier, *Revue générale des Sciences*, **6**-529-1895 (Théorie).

    — *Bull. Soc. Encour.* 1895, pp. 384 et 569 (Conductivité).

    — *Bull. Soc. Encour.* 1895, p. 192 (F. e. m. de diss.).

Lederer, *Wiener Ber.*, *Mat. Nat. Kl.*, **127**-IIa-311-1908.

Liebenow, *Zs. f. Elektrochemie*, **4**-201, 217 et 458-1897 (Théorie).

Lownds, *Ann. d. Phys.*, (4)-**6**-146-1901 ; **9**-681-1902 (Bi cristallisé).

Matthiessen, *Pogg. Ann.*, **103**-412 et 428-1858 (Sb cristallisé).

    — *Pogg. Ann.*, **110**-190-1860 (CdSn et PbSn).

    — *Brit. Ass. Rep. 1863*, p. 37 (Théorie).

    — *Pogg. Ann.*, **122**-19-1864 (CdZn).

Matthiessen et Vogt, *Pogg. Ann.*, **118**-440-1863 (Coeff. de temperat.).

Muller et Bornemann, voir Bornemann et Muller.

Ostwald, *Zs. phys. Chem.*, **11**-515-1893 (Conductivité).

    — *Zs. phys. Chem.*, **16**-749-1895 (F. e. m. de diss.).

Puschin, *J. Soc. chim. Russe*, **39**-13, 153, 528 et 869-1907 : *Zs. anorg. Chem.*, **56**-1-1908 (F. e. m. de diss.).

Puschin, Kurnakow et Senkowski, voir Kurnakow, Puschin et Senkowski.

Rauschenplatt et Bornemann, voir Bornemann et Rauschenplatt.

Rayleigh, *Nature* (angl.), **54**-154-1896 (Théorie).

Reichardt, *Ann. d. Phys.*, (4)-**6**-832-1901 (CoCu).

Rieke, *Zs. f. Elektrochemie*, **15**-473-1909 (Théorie).

Roozeboom B. *Die heterogenen Gleichgewichte*, Braunschweig, 1901-1904, vol. II, p. 187
    (Théorie).
Rosenhain et Tucker, *Phil. Trans. R. Soc. (A)*,-**209**-89-1909 (PbSn).
Rudolfi, *Zs. anorg. Chem.*, **67**-65-1910 (CdZn).
Schenk, *Ann. d. Phys. (4)*,-**32**-261-1910 (Théorie).
Schüller, *Zs. anorg. Chem.*, **40**-385-1904 (HgNa).
Senkowski, Kurnakow et Puschin, voir Kurnakow, Puschin et Senkowski.
Smirnow et Kurnakow, *Zs. anorg. Chem.*, **72**-31-1911 (AgMg).
Stepanow, *Zs. anorg. Chem.*, **78**-1-1912 (BiMg).
Thomson W., *Phil. Mag. (4)*,-**2**-429-1851 (Pile).
Tucker et Rosenhain, voir Rosenhain et Tucker.
Vigouroux, *C. R.*, **149**-1378-1909; *Bull. Soc. chim.*, (4)-**7**-191-1910 (CuNi).
Vogt et Matthiessen, voir Matthiessen et Vogt.
Willows, *Phil. Mag. (5)*,-**12**-604-1906.
Zemczuzny et Kurnakow, voir Kurnakow et Zemczuzny.

IX. RÉACTIONS A L'ÉTAT SOLIDE

(Théorie)

Analogie avec la solidification. — Allotropie des métaux et des combinaisons. — Conditions de la transformation. — Allotropie des solutions solides. — Dissociation des solutions solides. — Eutectoïdes. — Transformation des aciers. — Graphique de la réaction. — Structure particulière. — Principe de Le Chatelier. — Énergie utilisable. — Principe du travail maximum. — Dissociation des combinaisons. — Vitesse de la transformation. — Effet des basses températures.

Analogie avec la solidification. — Abstraction faite des erreurs d'expérience, la structure des alliages, mise en évidence par l'analyse thermique, peut sensiblement différer de celle indiquée par les méthodes électriques, car la première méthode nous donne la structure à la température de fusion et les autres à la température ambiante. La différence entre ces structures peut être attribuée à trois causes : 1° une modification allotropique des métaux et des combinaisons, 2° la décomposition ou la formation des solutions solides, et 3° la décomposition ou la formation des combinaisons.

Pendant le changement de structure à l'état solide, un équilibre s'établit entre les différentes phases, et la règle des phases, peut alors être appliquée, aussi bien qu'elle l'a été pour la solidification des alliages. Dans les deux cas, nous avons à faire à des phénomènes de la même nature, notamment à un équilibre pendant le changement d'état d'un système.

Les réactions à l'état solide sont accompagnées, comme la fusion, d'une absorption de chaleur pendant l'échauffement, appelée chaleur de transformation, et d'un changement de volume.

Le déplacement de l'équilibre par la pression peut être calculé dans les transformations à l'état solide par la formule connue (p. 40) de Clausius

$$\frac{dF}{dP} = 0{,}024 \; \frac{F}{L} \; \Delta v$$

où F indique la température absolue de la transformation sous la pression nulle; P, la pression en atmosphères; L, la chaleur de transformation en petites calories et Δv la variation pendant la transformation du volume de 1 gramme exprimée en cm^3.

Allotropie des métaux et des combinaisons. — L'étain, qui nous servira d'exemple, peut se présenter sous trois formes allotropiques distinctes, notamment la tétragonale, la grise et la rhomboédrique.

L'étain, cristallisé suivant le système TÉTRAGONAL, est celui que nous connaissons ordinairement; il est mou, malléable, et a pour densité 7,28 à 19°.

M. ERNEST COHEN.

Maintenu longtemps à froid, l'étain tétragonal prend une forme pulvérulente, connue sous le nom d'ÉTAIN GRIS, dont le système cristallin n'a pas été déterminé. L'étain gris est stable au-dessous de 19° Cohen et van Eijk, 1899; Cohen, 1900), mais sa formation est trop lente au-dessus de 0° pour être observée dans les conditions ordinaires. La densité de l'étain gris est 5,79 à 19° et sa transformation en étain tétragonal est donc accompagnée d'un changement de volume $\Delta v = -$ 0,036 cm³ par gramme de métal; indirectement on peut déterminer que la chaleur de cette transformation est voisine de 9,55 calories (Meyer, 1905).

Au-dessus de 161° l'étain tétragonal se transforme en une modification cristallisée suivant le système RHOMBOÉDRIQUE (Degens, 1909). L'étain rhomboédrique est moins dense que le tétragonal, une dilatation accompagnant et indiquant sa formation; conservé par la trempe, il a pour densité 6,54 à 16°. La température de transformation de l'étain tétragonal en rhomboédrique paraît être fortement influencée par la pression; ainsi, sous une pression de 500 atmosphères, elle se manifeste à 204° par une diminution brusque de la vitesse d'écoulement de l'étain (Werigin, Lewkojew et Tammann, 1903).

Ces données permettent de tracer le diagramme des différentes formes allotropiques de l'étain en fonction de la pression. Pour cela on appliquera à l'étain fondant et à l'étain gris la formule de Clausius, alors que pour l'étain rhomboédrique l'influence de la pression est indiquée par l'expérience.

Nous voyons ainsi (fig. 117), que la pression fait augmenter sensiblement le domaine de l'étain tétragonal T, en élevant la température de transformation de l'étain rhomboédrique R et en abaissant celle de l'étain gris G. Pour une pression de 850 kg. environ la courbe de formation de l'étain rhomboédrique coupe celle de la solidification; pour les pressions supérieures, l'étain rhomboédrique ne serait donc plus stable à aucune température et l'étain n'aurait plus que deux modifications allotropiques.

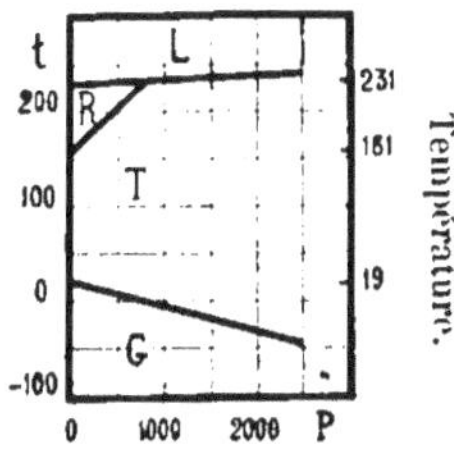

Fig. 117. — Influence de la pression sur les transformations allotropiques de l'étain. L, liquide; R, rhomboédrique; T, tétragonal; G, gris.

Les combinaisons subissent des transformations allotropiques d'une façon absolument analogue à celle des métaux. Leurs propriétés mécaniques et électriques changent alors et un phénomène thermique a ordinairement lieu. Pourtant, tous ces phénomènes peuvent accompagner non seulement une transformation allotropique, mais aussi une décomposition de la combinaison, et une étude micrographique approfondie est souvent nécessaire pour distinguer ces deux cas.

Conditions de la transformation. — Si deux modifications allotropiques d'un métal ou d'une combinaison sont incapables de se dissoudre mutuellement, le système en équilibre sera invariant, car il y aura en présence deux phases engendrées par un constituant indépendant ($V = 1 + 1 - 2 = 0$). La transformation allotropique devra alors se faire à température constante d'une façon analogue à la solidification des métaux. La grande majorité des transformations allotropiques se fait de cette façon et c'est, entre autres, le cas pour les modifications de l'étain.

Si, au contraire, les deux modifications allotropiques sont capables de former entre elles des solutions solides continues, le système sera univariant, car il n'y aura qu'une seule phase ($V = 1 + 1 - 1 = 1$). La composition de cette phase sera déterminée par sa température et la transformation se fera entre certaines limites de températures. Ainsi, suivant MM. Cohen et Olie (1910), le phosphore blanc, stable à haute température, et le phosphore de Hittorf (phosphore pyromorphique), stable à basse température, forment entre eux des solutions solides continues (phosphore rouge).

Si les modifications allotropiques se dissolvent mutuellement jusqu'à une certaine teneur, la transformation se fera graduellement, tant que la limite de saturation ne sera pas atteinte, puis continuera à température constante, lorsqu'il y aura en présence les deux phases des solutions solides limites, et deviendra de nouveau graduelle lorsque la deuxième solution solide restera seule. C'est une transformation qui rappelle la solidification d'un alliage formant deux couches à l'état liquide (p. 67). Si l'une des modifications allotropiques forme des solutions solides, alors que l'autre reste pure, la transformation commencera à température constante et finira graduellement. Par exemple, dans le fer la modification allotropique stable, au-dessus de 930° (fer γ, subit à cette température la majeure partie de sa transformation, mais paraît l'achever à des températures bien inférieures. Il est possible d'admettre des phénomènes analogues pendant la solidification des corps purs; ainsi, les nombreuses irrégularités dans les propriétés physiques de l'eau ont été expliquées par la dissolution de la glace dans l'eau liquide (Röntgen, 1892), et une interprétation peu différente pourrait être envisagée pour les « cristaux liquides » de M. Lehmann (1890).

De même, la plasticité de certains métaux (As, Zn) et de nombreux alliages au-dessous de leur point de fusion pourrait être expliquée par une dissolution du liquide dans le solide. Cette plasticité se manifeste, entre autres, sur les micrographies où il n'est pas rare de voir des cristaux à faces arrondies, désignés parfois comme *cristallites* (fig. 118).

Ces formes particulières, intermédiaires entre un cristal normal et une ellipsoïde sont dues à l'influence de la tension superficielle, supérieure à la résistance mécanique.

Allotropie des solutions solides.

— Les transformations allotropiques des métaux et des combinaisons se transmettent aux solutions solides, de sorte que celles-ci constituent des phases distinctes, lorsqu'elles sont formées par des modifications allotropiques différentes.

Fig. 118. — Cristaux arrondis dans un alliage aluminium-magnésium à 20 % at. de Mg (Broniewski, 1911).

Pendant la transformation d'une solution solide il y a dans le système en équilibre deux constituants indépendants et deux phases, la variance sera donc : $V = 2 + 1 - 2 = 1$, ce qui montre qu'à chaque composition déterminée de la solution solide correspond une température définie de sa transformation commençante. Si à cette température les cristaux des deux phases en équilibre ont la même composition, la transformation se fait à température constante ; si les cristaux en équilibre n'ont pas la même composition, la transformation se fait à l'exemple de la solidification d'une solution solide et finit à une température inférieure.

Prenons comme exemple les alliages magnésium-cadmium où la combinaison MgCd forme à la température du solidus des solutions solides continues avec les deux métaux (p. 53). Cette combinaison subit une transformation allotropique à 248° sans cesser de dissoudre les deux métaux, mais ses solutions solides diffèrent alors de celles que forme la modification stable à haute température.

La température de transformation des solutions solides, indiquée par les lignes AB et AC sur la figure 40, est inférieure à 248° et s'abaisse à mesure que la proportion du composé défini y diminue. Au-dessus de la ligne BAC se trouve le domaine de la modification stable à haute température ; au-dessous, celui de la modification stable à basse température.

Ainsi, en étudiant les alliages magnésium-cadmium à la température ordinaire, nous passons à 21 pour 100 atomiques de cadmium des solutions non transformées aux solutions transformées, et nous repassons aux solutions non-transformées à 80 pour 100 de cadmium. Ces passages d'une modification allotropique à l'autre se manifestent par des discontinuités sur les diagrammes, comme nous pouvons le voir sur les courbes de la conductivité électrique à 25° et à 100° (fig. 119). La combinaison MgCd y correspond au maximum de chaque courbe, le passage de l'alliage transformé à l'alliage non transformé est indiqué par une diminution brusque de la conductivité. A 300°, la courbe de conductivité est continue et n'indique plus aucune transformation.

Dissociation des solutions solides. — La limite des solutions solides, déterminée à la température, de solidification, n'est pas constante; avec l'abaissement de la température, elle augmente quelquefois, mais bien plus souvent elle diminue.

Nous trouvons l'exemple de ces deux cas dans les alliages situés entre le cuivre et le composé CuZn (fig. 120). La courbe de solidification entre ces constituants est analogue au diagramme argent-platine (fig. 43) et nous indique deux solutions solides limites et leur mélange, ce qui se trouve confirmé par l'aspect de la filiation reproduite sur la figure 121.

A la température de solidification, la solution de CuZn dans le cuivre atteint 28 pour 100 atomiques de zinc, la solution de cuivre dans la combinaison atteint 33 pour 100 de zinc. La limite de la première solution solide augmente avec l'abaissement de la température, comme l'indique la ligne Aa (fig. 120), en atteignant à la température ordinaire 35 pour 100 atomiques de zinc. La limite de la deuxième solution solide décroît rapidement suivant la ligne Bb, de sorte que vers 460° la combinaison CuZn ne dissout plus de cuivre et subit elle-même une transformation.

Ainsi, par exemple, un alliage à 30 pour 100 atomiques de zinc est formé à la température de solidification par un mélange des solutions solides limites A et B. Pendant le refroidissement, les cristaux de B se dissolvent progressivement dans la solution A, pour disparaître

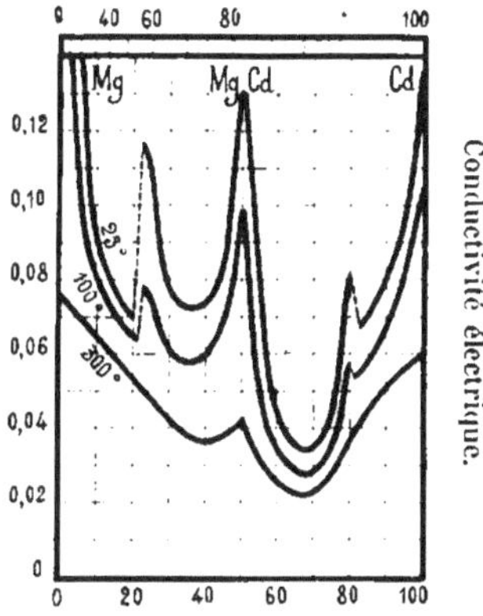

Fig. 119. — Magnésium-cadmium. Conductivité électrique à 25°, 100° et 300° suivant M. Urasow (1912).

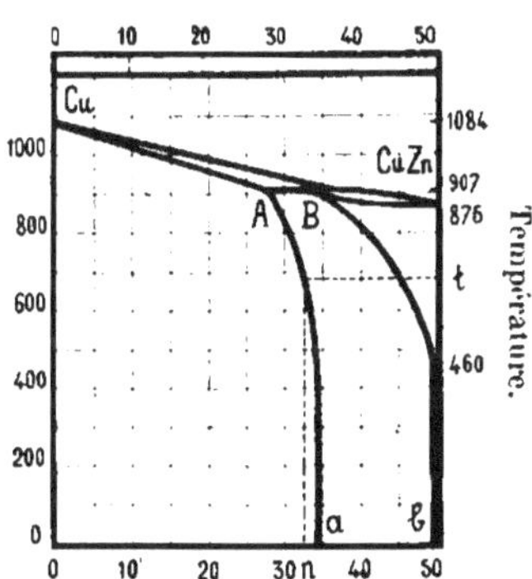

Fig. 120. — Diagramme de solidification entre le cuivre et la combinaison CuZn suivant M. Tafel (1908) et M. Carpenter (1912).

vers 820° où la limite de saturation coïncide avec la composition de l'alliage. Il y a équilibre entre la solution et les cristaux B, la température de leur dissolution au refroidissement se confondant avec la température de leur dépôt à l'échauffement. Le système est alors univariant ($V = 2 + 1 - 2 = 1$), ce qui montre que la température d'équilibre ne dépend que de la composition de l'alliage.

Un phénomène inverse est observé au refroidissement d'une solution solide du cuivre dans le composé CuZn. Par exemple, un alliage à 45 pour 100 de zinc est formé à la température de solidification par une solution solide non saturée. Le pouvoir dissolvant du composé CuZn est diminué par le refroidissement, de sorte qu'à la température t, la solution solide, qui s'est saturée, dépose des cristaux de composition n, en équilibre avec elle à cette température. Le système est alors univariant et la température d'équilibre n'est déterminée que par la composition de l'alliage.

Lorsque la température s'abaisse davantage, la solution solide B dépose des cristaux de plus en plus riches en zinc. Leur composition est indiquée à chaque température par la

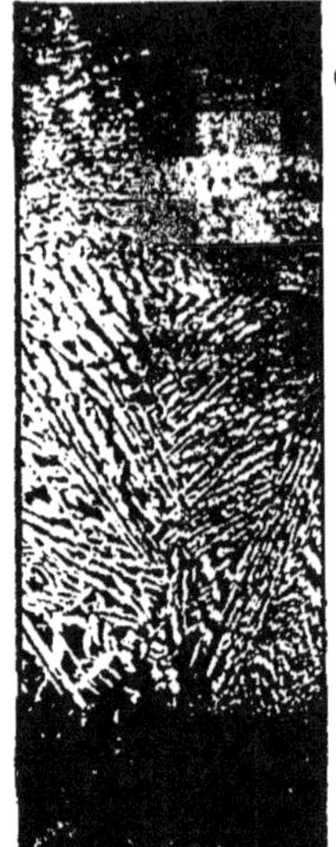

Fig. 121. — Filiation entre le cuivre et la combinaison Cu Zn (Le Grix).

courbe Aa et les cristaux déposés antérieurement prennent cette teneur par la diffusion à l'état solide.

Eutectoïdes. — Dans certains cas, la décomposition des solutions solides se fait d'une façon analogue à la solidification des eutectiques et donne des alliages appelés eutectoïdes. Ces cas se présentent lorsque le métal ou la combinaison formant la solution solide perd sa faculté de dissoudre en subissant une transformation allotropique.

La solution solide du cuivre dans la combinaison Cu⁴Sn subit une décomposition pareille. La courbe de solidification entre le cuivre et cette combinaison nous montre (fig. 122) à la température du solidus une structure analogue à celle des alliages Cu-CuZn précédemment étudiés, notamment des solutions solides de 0 à 5 et de 20 à 13 pour 100 atomiques d'étain, ainsi que leur mélange.

La solubilité de la combinaison Cu⁴Sn dans le cuivre, indiquée par la ligne Aa, paraît rester sensiblement constante pendant l'abaissement de la température. Par contre, la solution solide du cuivre dans la combinaison s'appauvrit en cuivre par le dépôt des cristaux de la solution solide riche en cuivre. Le point représentatif de sa composition suit la ligne BE qui peut ainsi être considérée comme courbe de dépôt de la solution solide riche en cuivre. Cette réaction ordinaire de la décomposition aurait pu continuer jusqu'aux températures les plus basses, si un phénomène parallèle ne la compliquait.

La combinaison Cu^4Sn subit à 601° une transformation allotropique et perd presque complètement la faculté de dissoudre le cuivre; le composé, contenant du cuivre en solution, subit cette transformation, indiquée par la ligne CE, à une température d'autant plus basse, que la solution est plus riche en cuivre. Ainsi, par exemple, un alliage de composition a subit à la température t cette transformation qui se manifeste par le dépôt commençant

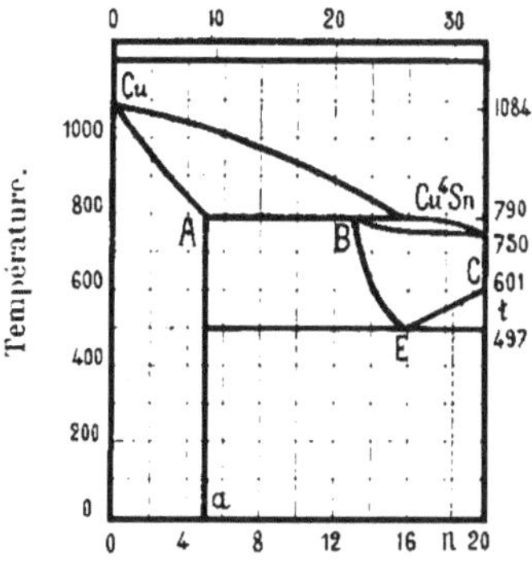

Fig. 122. — Diagramme de solidification entre le cuivre et la combinaison Cu^4Sn suivant MM. Heycock et Neville (1904) et M. Slawinski (1913).

de la combinaison Cu^4Sn. Le système est alors invariant ($V = 2 + 1 - 2 = 1$) et la température t ne dépend que de la composition de l'alliage. La précipitation du composé enrichit en cuivre la solution solide et abaisse en conséquence la température, à laquelle des nouveaux dépôts peuvent se produire. Le point représentatif de la solution suit donc la ligne CE qui peut ainsi être considérée comme courbe du dépôt de la combinaison Cu^4Sn.

La courbe de précipitation de la solution solide riche en cuivre et celle de la combinaison se coupent au point E, ce qui indique pour l'alliage correspondant un dépôt simultané du composé et de la solution solide. Le système sera alors invariant, étant formé par deux constituants indépendants et trois phases

Fig. 123. — L'eutectoïde à 84 p. 100 atomiques de cuivre et 16 p. 100 d'étain. Gr = 550 (Heycock et Neville, 1904).

($V = 2 + 1 - 3 = 0$: la réaction se fera donc à température et à composition constante, notamment à 497° et à 16 pour 100 atomiques d'étain (26 pour 100 en poids).

La structure de l'eutectoïde, ainsi formé, est reproduite sur la figure 123 à un fort grossissement; elle est semblable à celle des eutectiques, dont les eutectoïdes ne diffèrent que par leur formation à l'état solide.

La décomposition de ces solutions solides finit toujours à 497°, leur composition étant changée, soit par le dépôt de la combinaison, soit par le dépôt de la solution solide A, riche en cuivre, pour arriver à la teneur de l'eutectoïde. La fin de la transformation sera donc indiquée par une droite horizontale passant par le point E; cette ligne se prolonge jusqu'aux limites de la solution solide riche en cuivre, car la solution solide décomposable fait partie des mélanges,

Ainsi, à la température ordinaire, les alliages de 0 à 5 pour 100 atomiques d'étain sont formés par une solution solide de la combinaison Cu^4Sn dans le cuivre. Dans les alliages de 5 à 16 pour 100 les cristaux de la solution solide riche en cuivre sont noyés dans l'eutectoïde E. Les alliages de 16 à 20 pour 100 d'étain sont formés par les cristaux de Cu^4Sn noyés dans l'eutectoïde.

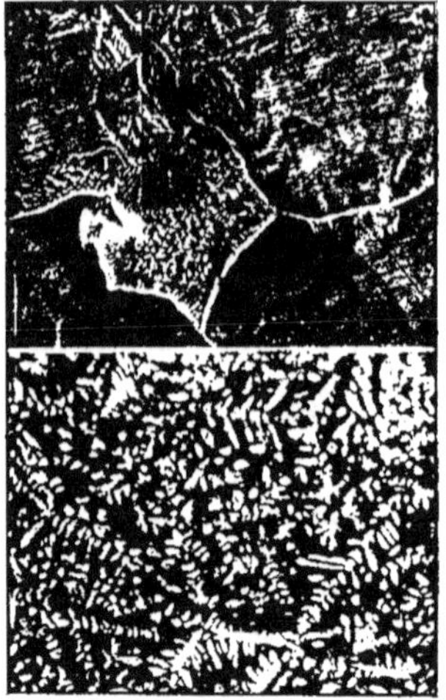

Fig. 124 et 125. — Transformation d'un alliage à 83 p. 100 atomiques de cuivre et 17 p. 100 d'étain. *En haut :* l'alliage incomplètement trempé manifeste le commencement de la transformation (gr = 15); *en bas :* le même alliage recuit (gr = 250). Suivant MM. Heycock et Neville, 1901.

Les figures 124 et 125 montrent la décomposition d'un alliage à 17 pour 100 atomiques d'étain. En haut, on voit le commencement de la réaction dans un alliage trempé; en bas, la décomposition se trouve accomplie et les cristaux clairs de la combinaison sont visibles sur le fond gris de l'eutectoïde, paraissant homogène à ce grossissement.

Transformation des aciers. — Les modifications subies par les aciers sont analogues, dans leur allure générale, à celles des alliages cuivre-étain, mais les réactions de détail y sont plus complexes.

L'étude systématique de ces transformations, entreprise par Osmond (1888), a été exprimée en un diagramme par Roberts-Austen (1897) et fut depuis l'objet de travaux très nombreux.

Nous savons (p. 63) qu'à la température de la solidification finissante il peut rester en solution dans le fer 1,7 p. 100 de carbone. Cette solution solide porte le nom d'*austénite* (en l'honneur de Roberts-Austen); elle n'est pas magnétique, le carbone s'y trouvant dissous dans une modification non magnétique du fer, le *fer γ*.

Le domaine de stabilité de fer γ pur paraît limité entre 1400° et 930°.

Au-dessus de 1400°, il se transforme en une modification allotropique nouvelle, le *fer δ*; en présence du carbone, la température de transformation s'élève rapidement pour atteindre la ligne du solidus vers 0,15 % de C (Ruer et Klesper, 1914).

Au refroidissement, le fer γ subit vers 930° une transformation allotropique réduisant fortement sa solubilité en carbone. Le *fer β*, qui apparaît alors, est non magnétique, comme le fer γ, mais bien moins apte que lui à dissoudre le carbone; il ne forme probablement pas de variété allotropique distincte et paraît constitué, suivant la théorie de M. Benedicks (1912), par une solution solide du fer γ dans le fer α.

La transformation du fer γ s'effectue dans les alliages fer-carbone à des températures plus basses, indiquées par la courbe A_3 P (fig. 126), et se manifeste par un dépôt de fer ne contenant que 0,05 p. 100 de carbone, la *ferrite*. En plus du carbone, la ferrite des aciers industriels contient des impuretés, comme le manganèse, le silicium et le phosphore.

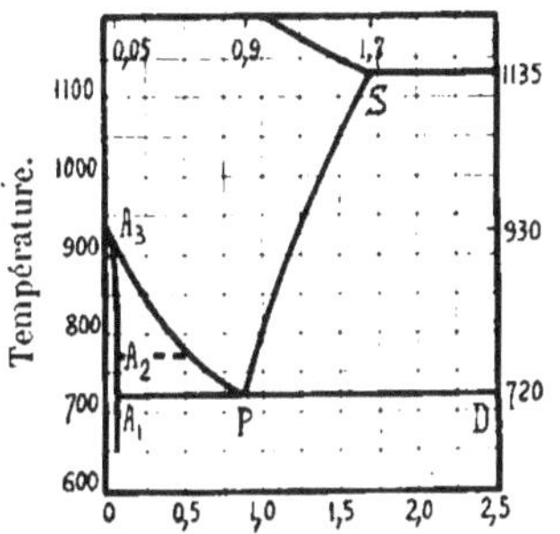

Fig. 126. — Décomposition de la solution solide limite du carbone dans le fer.

Vers 760°, le fer devient magnétique, de même que les aciers, et l'on admet qu'au-dessous de cette transformation (A_2) c'est le *fer α* qui est stable.

Au point P, la courbe A_3 P du dépôt de la ferrite coupe la ligne SP qui indique la limite de la solubilité du carbone dans le fer γ et correspond à un dépôt de cémentite. Au point d'intersection de ces courbes, à 720°, se produit un dépôt eutectoïdal de cémentite et de ferrite qui contient 0,9 p. 100 de carbone et porte le nom de *perlite* (à cause de son reflet nacré).

Le dépôt de perlite, indiqué par la ligne A_1 D, finit la transformation des aciers à l'état solide. Sa température est la plus basse, à laquelle le fer γ puisse exister à l'état d'équilibre stable. Si, par un retard dans la transformation, la température s'abaisse au-dessous de 720°, elle remonte spontanément quand la réaction est amorcée. C'est le phénomène de la *récalescence*, visible par une augmentation d'éclat de l'acier.

Dans le domaine A_3 P S l'austénite est stable; elle subit une décomposition partielle dans les domaines A_3 PA_1 et SPD. Au-dessous de 720° les aciers lentement refroidis et contenant de 0,05 à 0,9 p. 100 de carbone sont formés par des cristaux de ferrite entourés de perlite. Entre 0,9 et 1,7 p. 100 de carbone, des cristaux de cémentite sont entourés de perlite; au-dessus de cette teneur, l'alliage est aussi composé de cémentite et de perlite, avec cette différence que la ledeburite y apparaît et participe à la transformation dans la mesure où elle contient la solution solide limite du carbone dans le fer.

La décomposition de l'austénite en ferrite et en cémentite ne se fait pas directement, mais passe par des états intermédiaires. L'austénite commence par se transformer en une solution solide magnétique appelée *martensite* (en l'honneur de M. Martens). La martensite apparaît surtout à la trempe des aciers; elle est dure, cassante et possède une structure cristalline très fine.

Des hypothèses très diverses ont été émises au sujet de la martensite. 1) Osmond croyait qu'elle contenait en solution avec le carbone du fer β et du fer α, le premier donnant la dureté et le deuxième des propriétés magnétiques; 2) M. Benedicks (1912) s'est rangé à cet avis, en définissant le fer β comme une solution solide du fer α dans le fer γ; 3) M. H. Le Chatelier a défini la martensite comme une solution solide du carbone dans le fer α; 4) M. Broniewski (1916) partage cette opinion, mais considère la martensite comme stable à basse température et n'apparaissant à la trempe qu'à l'état d'équilibre instable; 5) MM. Edwards et Carpenter (1914) voient dans la martensite le premier échelon de la décomposition de l'austénite et tentent d'en expliquer l'aspect et la dureté par un écrouissage spontané.

La martensite, soumise à un échauffement, se décompose à partir de 100° environ, mais ne donne pas encore les éléments de l'acier recuit et passe en un état intermédiaire appelé *osmondite* (en l'honneur d'Osmond). L'osmondite est caractérisée par sa faible résistance aux réactifs acides et par une structure très fine, indécomposable aux plus forts grossissements du microscope et semblable, suivant M. Benedicks (1908), à un état colloïdal qui précède la cristallisation. La *troostite* (en l'honneur de Troost) indique un état peu avancé de l'osmondite, la *sorbite* (en l'honneur de Sorby), un état avancé, intermédiaire entre l'osmondite et la perlite.

La cémentite, précipitée pendant la transformation des aciers à l'état solide, se décompose avec dépôt de graphite quand le refroidissement est très lent. La vitesse de la réaction est, pourtant, si faible pour les petits cristaux faisant partie de la perlite que, pratiquement, les aciers à moins de 0,9 p. 100 de carbone ne contiennent pas de graphite.

Graphique de la réaction. — Lorsque le point représentatif se trouve dans le domaine $A_3 A_1 P$ (fig. 126), la solution solide n'est que partiellement décomposée et, en trempant l'alliage, on obtient des cristaux de ferrite sur un fond de martensite. La proportion relative de ces deux éléments dépend de la position du point représentatif sur le diagramme au moment de la trempe et peut être déterminée graphiquement.

Prenons, par exemple, un acier à n % de carbone chauffé à la température t, de sorte que son point représentatif se trouve en M (fig. 127). A ce moment, l'alliage est composé d'un poids x de cristaux de ferrite à m % de carbone et d'un poids y de solution solide non décomposée à p % de carbone. La quantité totale de carbone, divisée ainsi entre les deux éléments, est celle, contenue dans la solution solide primitive à n % de carbone et d'un poids $x + y$. Ainsi

$$x\, m + y p = (x + y)\, n$$

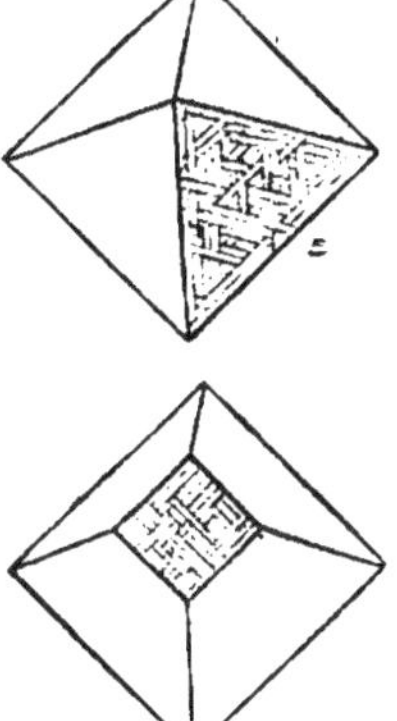

Pourcentage de C en poids.

Fig. 127. — Graphique pour la mesure du degré de transformation d'un acier.

En observant que les longueurs des abcisses des points b, M et c sont proportionnelles au pourcentage en carbone des aciers correspondants, nous avons

$$\frac{x}{y} = \frac{p - n}{n - m} = \frac{\overline{ac} - \overline{aM}}{\overline{aM} - \overline{ab}} = \frac{\overline{Mc}}{\overline{bM}}$$

Ainsi, le rapport du poids de la ferrite à la solution solide non décomposée, qui donnera de la martensite après la trempe, est celle des deux lignes $\overline{Mc}$ et $\overline{bM}$. La longueur $\overline{bM}$ variant peu avec la température, on peut admettre que le dépôt de ferrite est proportionnel à la ligne $\overline{Mc}$.

A la température eutectoïde A_1 et au-dessous, le rapport $\dfrac{x}{y}$ indique la proportion respective de la ferrite et de la perlite.

Structure particulière. — Toute hétérogénéité de l'alliage rend hétérogène le dépôt qui s'y produit à l'état solide.

Très souvent, le dépôt commence sur les bords des cellules, qu'il marque alors nettement. Ainsi, sur la fig. 1, nous voyons les cristaux blancs de ferrite encadrer les cellules dont le fond sombre est constitué par de la sorbite ; sur la fig. 124 on voit s'amorcer le dépôt de Cu⁴Sn sur les bords des cellules.

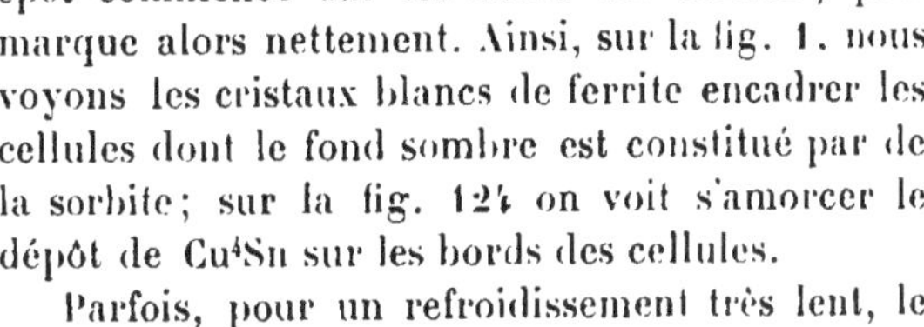
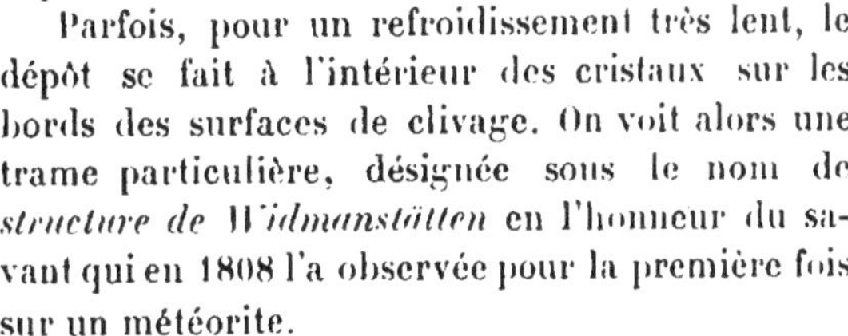

Fig. 128 et 129. Schéma des lignes de clivage dans un octaèdre (Tschermak, 1905).

Parfois, pour un refroidissement très lent, le dépôt se fait à l'intérieur des cristaux sur les bords des surfaces de clivage. On voit alors une trame particulière, désignée sous le nom de *structure de Widmanstätten* en l'honneur du savant qui en 1808 l'a observée pour la première fois sur un météorite.

Dans le fer, qui cristallise en octaèdres, la structure de Widmanstätten paraîtra formée de stries se coupant à 60°, si la surface observée est parallèle à l'une des faces du cristal (fig. 128) ; elle paraîtra formée de carrés, si la surface observée est perpendiculaire à l'un des axes (fig. 129). Ordinairement, c'est une structure intermédiaire entre ces deux qu'on peut apercevoir (fig. 130).

La structure de Widmanstätten se manifeste surtout dans les aciers hypoeutectoïdes (à moins de 0,9 % de C) et fait prévoir de la fragilité.

Dans les aciers hypereutectoïdes (à plus de 0,9 % de C), un refroidissement très lent fait parfois prendre au dépôt de la cémentite une structure granulaire et le dispose suivant le dessin caractéristique des aciers damassés (Belajew, 1911).

Principe de Le Chatelier. — La diversité de l'action de la chaleur sur les solutions solides et les combinaisons, dont certaines se forment, alors que d'autres se décomposent avec l'élévation de la température, trouve son explication dans une relation qualitative, très générale, établie par M. H. Le Chatelier (1884) et connue sous le nom de « principe de Le Chatelier ».

« Tout système en équilibre chimique, dit ce principe, éprouve, du fait de la variation d'un seul des facteurs de l'équilibre, une transformation dans un sens tel, que si elle se produisait seule, elle amènerait une variation de signe contraire du facteur considéré. »

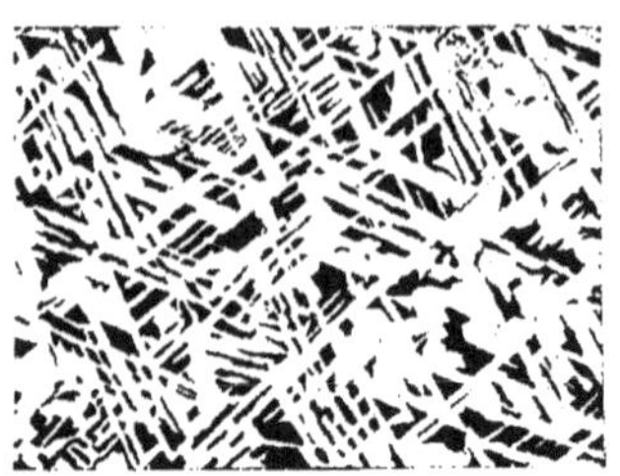

Fig. 130. Structure de Widmanstätten dans un acier à 0,4 % de C. La ferrite apparaît en blanc, la perlite en noir. (Arnold et William, 1905.)

Cette relation s'applique à tous les facteurs physiques, pouvant changer l'équilibre d'un système, et dont surtout la température et, ensuite, la pression nous intéressent dans l'étude des alliages.

« Toute élévation de température produit sur un système chimique en équilibre une transformation dans le sens correspondant à une absorption de chaleur, c'est-à-dire, qui amènerait un abaissement de température si elle se produisait seule. » Donc, les solutions solides et les combinaisons qui se forment avec l'élévation de la température ne peuvent être qu'endothermiques, celles qui se forment pendant l'abaissement de la température, sont ésothermiques. Les premières sont stables à hautes températures, les deuxièmes à basses températures.

« L'augmentation de la pression de tout un système chimique en équilibre amène une transformation, qui tend à faire diminuer la pression. » Sur ce point, la formule de Clusius (pp. 40 et 125) donne une expression quantitative au principe de Le Chatelier et nous avons déjà vu sur l'exem-

M. HENRY LE CHATELIER
(né en 1850).

ple de l'étain (p. 124) qu'à une température, où deux de ses variétés sont en équilibre, l'augmentation de la pression déplace la température d'équilibre en favorisant la formation de la variété la plus dense, de l'étain tétragonal, dont le domaine s'étend ainsi avec l'élévation de la pression.

De même, nous pouvons prévoir que la pression influence les limites des solutions solides. Si la solution solide est plus dense que le mélange, elle se formera avec l'élévation de la pression et ses limites s'étendront. Une réaction inverse aura lieu, si la solution solide est moins dense que le mélange.

Le principe de Le Chatelier indique le sens des modifications possibles, sans affirmer qu'elles se produiront nécessairement. « Dans le cas où elles ne se produisent pas et le système reste inaltéré, l'équilibre, de stable qu'il était, devient instable et il ne peut éprouver alors que des modifications tendant à le rapprocher des conditions de stabilité. »

L'énergie utilisable. — La chaleur de formation des combinaisons et la chaleur de dissolution ne sont pas exactement équivalentes à la chaleur mesurée au calorimètre pendant la réaction.

La mesure brute au calorimètre ne donne que la résultante de trois phénomènes bien distincts : la chaleur de la réaction chimique, l'effet thermique des phénomènes physiques et l'énergie non utilisable des réactions irréversibles.

Les phénomènes physiques accompagnent toujours une réaction chimique. En premier lieu, c'est le changement de volume des corps entrés en réaction qui est à considérer; ensuite, c'est l'agglomération de cristaux très fins en cristaux plus gros qui peut donner un effet thermique, de même que l'humectation d'une poudre très fine avant sa dissolution. L'ensemble des phénomènes physiques peut aussi bien absorber, que dégager de la chaleur. Leur influence intervient surtout pour les solides, moins pour les liquides, et peut être rendue négligeable pour les gaz, si la mesure calorimétrique est faite à volume constant.

En éliminant de la mesure calorimétrique l'effet des phénomènes physiques, établi soit par le calcul, soit par l'expérience, on obtient la chaleur de la réaction chimique, si celle-ci est reversible. Pratiquement, on peut considérer une réaction comme reversible, si elle s'effectue graduellement en fonction d'une variable (la température, la pression, le courant électrique), reste stationnaire en même temps que cette variable et change de direction simultanément avec elle.

Lorsque la réaction est irreversible, comme c'est le cas pour la grande majorité, un phénomène, assimilable au frottement ou à un choc amorti, y apparaît et se manifeste toujours par un dégagement correspondant de chaleur. L'énergie, ainsi transformée en chaleur, ne devient nulle qu'au zéro absolu et ne pourrait dans aucune condition se manifester comme travail utile. C'est l'énergie non utilisable.

Par contre, l'énergie chimique de la réaction peut être entièrement transformée en travail et il est possible de la mesurer, par exemple, sur une pile reversible voir p. 110. Cette énergie, transformable en travail, intervient seule dans les lois de la mécanique chimique. Elle a été désignée par différents auteurs sous le nom d'*énergie utilisable* (J. W. Gibbs, 1873), d'*énergie libre* (Helmholtz, 1882), ou de *potentiel thermodynamique interne du système*.

Pour la très grande majorité des réactions, l'énergie utilisable est de beaucoup supérieure à l'énergie non utilisable et à celle qui est due aux phénomènes physiques, de sorte qu'on peut la confondre, en première approximation, avec la chaleur mesurée au calorimètre. Mais dans des cas particuliers, lorsque l'énergie utilisable est faible, elle peut même avoir un signe contraire à l'effet thermique global.

Principe du travail maximum. — Ce principe, plus ancien et moins vaste que celui de Le Chatelier, peut en être déduit comme corrolaire. Il contribua considérablement à l'essor de la mécanique chimique en servant de base à des recherches très nombreuses et à des discussions parfois passionnées.

Julius Thomsen (1854), qui en est l'auteur, le formula très prudemment. « Pour décomposer une combinaison, disait-il, pour vaincre l'affinité, une force est nécessaire dont la grandeur peut être mesurée par le dégagement thermique qui apparaît à la formation de la combinaison à partir de ses éléments probables. »

Berthelot (1879) donna à cette proposition le nom de principe du travail maximum et la porta pour base de toute sa thermochimie en lui attribuant une rigueur absolue. Il admet que « tout changement chimique, accompli sans intervention d'une énergie étrangère, tend vers la production du corps, ou du système de corps, qui dégage le plus de chaleur ».

Ce principe ne serait rigoureusement exact, que s'il était rapporté à l'énergie utilisable. Appliqué au dégagement thermique total, il n'est valable que pour des réactions vives, dégageant une quantité de chaleur assez considérable pour que l'effet thermique dû aux phénomènes physiques et à l'énergie non utilisable, puisse y être négligé.

Dissociation des combinaisons.

— Le principe de Le Chatelier nous aidera à comprendre le mécanisme, quelquefois complexe, de la formation et de la décomposition des combinaisons à l'état solide.

Prenons comme exemple les alliages aluminium-zinc; sur leur courbe de solidification (fig. 131) un point de transition à 443° indique la formation de la combinaison Al^2Zn^3, instable à des températures supérieures et, par conséquent, esothermique. Si aucun des métaux constituants ne subissait une transformation, la combinaison devrait rester stable avec l'abaissement de la température, car sa décomposition, en absorbant de la chaleur, aurait accéléré le refroidissement.

Ceci n'est pas le cas; le zinc pur subit vers 350° une transformation allotropique (Le Chatelier, 1890) et son passage de la modification β, stable à haute température, à la modification α, stable à basse température, est accompagnée d'un dégagement de 1.82 calories par gramme de métal (Latchenko, 1913).

Les conditions de stabilité de la combinaison changent donc, car, d'esothermique par rapport au zinc β, elle devient endothermique par rapport au zinc α, étant donné que sa chaleur moléculaire de formation est inférieure aux 357 calories, dégagées par la transformation allotropique de 3Zn. L'ensemble de la réaction, constituée par la décomposition de Al^2Zn^3 et la transformation du zinc, dégagera donc la chaleur.

Comme le zinc contenant de l'aluminium en solution se transforme à une température plus basse que le métal pur, la décomposition de

Al²Zn³ se fait à 256° en donnant du zinc ɀ et une solution solide limite de composition A :

$$\text{Al}^2\text{Zn}^3 \rightleftarrows \text{Zn} (\alpha) + \text{solution solide } (A$$

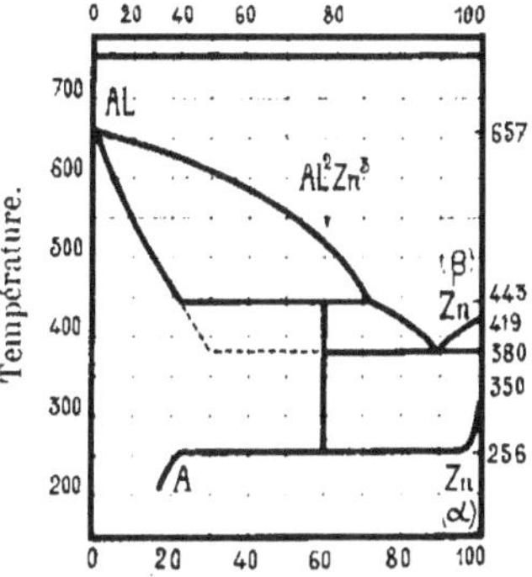

Fig. 131. — Aluminium-zinc. — Diagramme de solidification suivant MM. Rosenhain et Archbutt (1911).

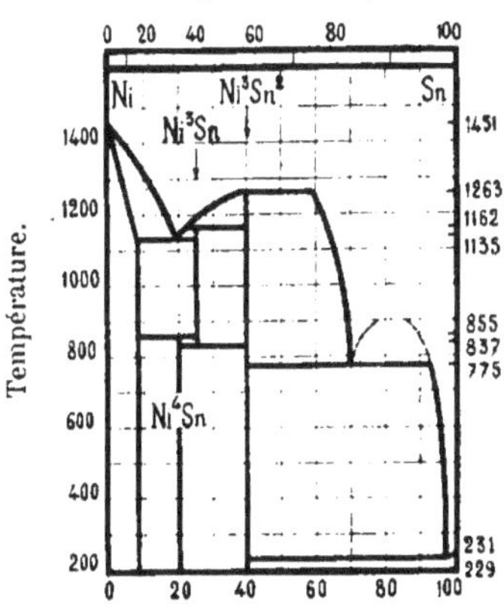

Fig. 132. — Nickel-étain. — Diagramme de solidification suivant M. Voss (1908).

Cette réaction se fera à température constante, étant donné l'invariance du système, formé par deux constituants et trois phases ($V = 2 + 1 - 3 = 0$).

La combinaison Al²Zn³ n'est donc stable qu'entre 443° et 256° et ne peut être conservée à la température ordinaire, que par la trempe de l'alliage chauffé entre ces limites. Si la trempe se fait par un refroidissement rapide à partir de l'alliage liquide, le composé n'a pas le temps de se former, la solidification continue suivant la courbe complétée en pointillé (fig. 131) et la structure de l'alliage se rapproche sensiblement de celle, qu'on obtient par le recuit.

La formation des combinaisons à l'état solide se fait d'une façon analogue à leur décomposition, comme nous pouvons le voir sur les alliages nickel-étain (fig. 132).

Les deux combinaisons Ni³Sn et Ni³Sn², faisant partie de ces alliages, ne se forment que pendant la solidification. A la température du solidus, le composé Ni³Sn donne avec le nickel une solution solide, limitée à 8 p. 100 atomiques d'étain, avec laquelle il se mélange mécaniquement en présentant un eutectique à 19 p. 100; avec le composé Ni³Sn², il ne forme que des mélanges mécaniques. Le composé Ni³Sn² et l'étain ne se mélangent pas à l'état liquide en toute proportion et forment deux couches entre 70 et 93 p. 100 atomiques d'étain; à l'état solide, ils ne donnent que des mélanges avec un eutectique à 97 p. 100.

Les alliages entre la solution solide riche en nickel et le composé Ni^3Sn subissent à 855° une transformation à cause de la formation du composé Ni^4Sn par une réaction esothermique :

$$sol.solide\,(92\,Ni,\,8\,Sn) + Ni^3Sn \rightleftarrows Ni^4Sn,$$

qui se fera à température constante à cause de l'invariance du système.

Le composé Ni^3Sn, esothermique tant qu'il était situé entre le nickel et le composé Ni^3Sn^2, se trouve ainsi placé entre les combinaisons Ni^4Sn et Ni^3Sn^2 par rapport auxquelles il est endothermique, car sa décomposition permet la formation d'une quantité nouvelle de Ni^4Sn et cette double réaction dégagerait de la chaleur. La décomposition

$$5Ni^3Sn \rightleftarrows 3Ni^4Sn + Ni^3Sn^2$$

Fig. 133 et 134. — Alliage de composition Ni^3Sn. *En haut*, trempé ; *en bas*, recuit (Voss, 1908). Gr = 180.

a lieu à 837° et les alliages nickel-étain prennent alors la structure stable à la température ordinaire. Cette structure ne diffère de celle, à la température du solidus, que par la substitution du composé Ni^4Sn au composé Ni^3Sn, moins esothermique que lui.

La décomposition de la combinaison Ni^3Sn est visible sur les figures 133 et 134 ; en haut, nous voyons ce composé conservé par la trempe ; en bas, l'alliage refroidi lentement est constitué par un mélange de Ni^4Sn et de Ni^3Sn^2.

Vitesse de la transformation. — A la température dite de transformation, la vitesse de la transformation est nulle, car les deux produits de la réaction sont en équilibre. Si nous tentons d'abaisser cette température, la réaction aura lieu aux dépens du produit stable à haute température et sera accompagnée, suivant le principe de Le Chatelier, par un dégagement de chaleur. Si nous tentons d'élever la température, la réaction aura lieu aux dépens du produit stable à basse température et sera accompagnée par une absorption de chaleur.

Dans les deux cas, la chaleur de la réaction tend à ramener le corps vers la température d'équilibre et, lorsque la vitesse de la réaction est grande, comme dans la fusion des métaux, par exemple, la transformation a lieu à une température très rapprochée de la température d'équilibre et se confond pratiquement avec elle. Si la vitesse de la réaction est faible, la chaleur de la réaction est insuffisante pour ramener le corps vers la température d'équilibre et il devient possible d'observer et de mesurer à différentes températures la vitesse de la réaction d'un système invariant.

Il serait donc exact de dire que la réaction dans un système invariant ne se passe pas à température constante, mais tend à se rapprocher indéfiniment de la température d'équilibre qui seule est constante.

Prenons comme exemple la vitesse de la réaction entre l'étain gris et l'étain tétragonal, représentée graphiquement sur la figure 135 en fonction de la température; pour unité arbitraire des ordonnées a été prise la vitesse de la réaction à 0°. Comme nous savons p. 123), à 19°

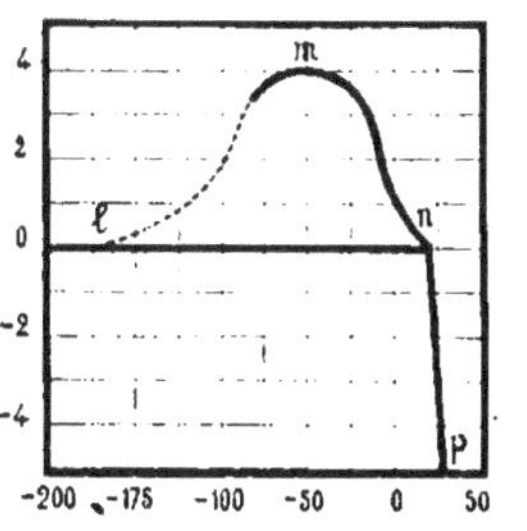

Fig. 135. — Vitesse de la réaction : étain gris $\rightleftarrows$ étain tétragonal suivant M. Cohen (1900).

les deux variétés d'étain sont en équilibre; au-dessous de cette température l'étain tétragonal devient instable et tend à se transformer.

La tendance à la transformation et avec elle la vitesse de la réaction s'accroissent à mesure que la température s'éloigne de l'équilibre, mais en même temps l'abaissement de la température rend plus difficiles toutes les réactions et diminue leur vitesse. La vitesse observée de la transformation sera donc la résultante de ces deux facteurs contraires et la courbe *nml* nous montre qu'au commencement c'est le premier qui prédomine, la vitesse augmente, passe par un maximum à — 45° et diminue ensuite sous l'influence de plus en plus prépondérante du deuxième facteur pour devenir pratiquement négligeable.

Cette forme de la courbe est typique pour les vitesses de réactions au-dessous de la température d'équilibre.

Si nous parvenons à refroidir assez rapidement un corps transformable pour l'amener aux températures où la vitesse de la réaction est pratiquement nulle, il restera à l'état d'équilibre instable et nous dirons qu'il a subi la trempe.

Un liquide refroidi de la même façon, avant qu'il ait pu prendre la forme cristalline, se trouve vitrifié, c'est-à-dire reste liquide, mais devient si visqueux, qu'il peut être aisément confondu avec les solides qui sont des corps cristallisés. Nous observons ce cas sur les verres, par exemple, mais il a été impossible de le reproduire sur les métaux où la vitesse de cristallisation est trop grande (Tammann, 1903).

Au-dessus de la température d'équilibre la vitesse de la réaction croît très rapidement, comme le montre la ligne *np*, car ici les deux facteurs qui la déterminent sont dirigés dans le même sens. Ainsi, à 35° la transformation de l'étain gris en tétragonal est 125 et à 40° 2.500 fois plus rapide que la réaction inverse à 0°.

La vitesse de la transformation étant toujours supérieure au-dessus de la température d'équilibre qu'au-dessous, les retards subis par les réactions pendant l'échauffement sont bien moindres qu'au refroidissement.

Effet des basses températures. — A basse température, entre — 80° et — 250°, presque tous les métaux manifestent des irrégularités dans la variation de leurs propretés physiques. Ainsi, la chaleur spécifique diminue et paraît tendre vers zéro avec la température absolue; la résistance électrique s'abaisse fortement et, parfois, d'une façon discontinue (Kamerlingh Onnes, 1913); des perturbations peuvent être observées sur les courbes de dilatation et du pouvoir thermo-électrique.

Ces phénomènes peuvent s'expliquer par deux hypothèses différentes.

La première est due à M. Einstein (1907) qui étend aux solides la théorie du rayonnement établie par M. Planck (1906) et admet avec lui que l'énergie ne peut pas s'accroître d'une façon continue, mais seulement par « quanta » ou par bonds finis dont la grandeur est proportionnelle à la fréquence d'oscillation des molécules du corps. La courbe de la chaleur spécifique des solides dépendrait uniquement de cette fréquence d'oscillation, seul paramètre variable avec la nature du corps dans la formule générale.

Suivant M. Einstein (1911), la fréquence propre des oscillations moléculaires (n) s'exprime par la formule

$$n = 2{,}54.10^7 \ \frac{V^{\frac{1}{6}}}{M^{\frac{1}{2}} \, C^{\frac{1}{2}}}$$

où V représente le volume atomique, M, la masse atomique et C le coefficient de compressibilité.

Par contre, M. Lindemann (1910), en partant d'une hypothèse différente, exprime ce nombre par la formule

$$n = 2{,}80.10^{13} \ \frac{F^{\frac{1}{2}}}{V^{\frac{1}{3}} \, M^{\frac{1}{2}}}$$

qui n'est pas incompatible avec la précédente et où F indique la température absolue de fusion.

La théorie de M. Einstein a été admise par M. Nernst (1911) qui exécuta en collaboration avec ses élèves une série de travaux sur la chaleur spécifique a basse température, et a pu, constater entre l'expérience et le calcul une concordance incomplète, mais satisfaisante en première approximation.

La deuxième hypothèse explique les phénomènes à basse température par un changement de la structure des métaux. L'allure générale des courbes à basse température est, en effet, analogue à celle des courbes correspondantes du fer et du nickel au-dessous de leurs points de transformation. Il est donc possible d'admettre que certains métaux subissent à basse température une transformation que le fer et le nickel subissent à haute température (Broniewski, 1907).

Cette hypothèse, presque abandonnée en faveur de la précédente, fut ensuite reprise (Duclaux, 1912; Benedicks, 1913) à cause des nombreuses difficultés suscitées par la théorie des quanta.

X. RÉACTIONS A L'ETAT SOLIDE

ÉTUDE MICROGRAPHIQUE. — La trempe. — Trempe des aciers. — Le recuit. — ÉTUDE DES POINTS CRITIQUES. — Définition des points critiques. — Points thermiques (courbe d'échauffement, courbe d'Osmond, courbe de la vitesse d'échauffement et courbe différentielle). — Points électriques (courbe de la résistance électrique, de la force thermo-électrique, du pouvoir thermo-électrique et de la force électromotrice de dissolution). — La dilatation. — Réactions incomplètes. — ENREGISTREMENT AUTOMATIQUE. — Historique. — L'enregistreur Le Chatelier-Broniewski (courbes d'échauffement et de dilatation). — Le galvanomètre double (courbe différentielle et courbes des propriétés électriques). — Dispositifs de M. Dejean (vitesse d'échauffement et perméabilité magnétique). — Mémoires cités aux chapitres IX et X.

ÉTUDE MICROGRAPHIQUE

La trempe. — La nature des transformations à l'état solide doit être déterminée par la micrographie des alliages après la trempe et après le recuit. La température exacte de la réaction est indiquée par l'étude des points critiques.

La trempe, pour être efficace, doit être dure, c'est-à-dire rapide. Pour un échantillon donné, la vitesse du refroidissement dépend du liquide de trempe dont le pouvoir réfrigérant est déterminé principalement par trois facteurs, qui doivent être aussi grands que possible; ce sont : la chaleur spécifique (Le Chatelier 1904), la fluidité (Lejeune, 1905) et la chaleur latente de vaporisation, si le liquide est amené à l'ébullition (Benedicks, 1909). La conductivité thermique du liquide et son agitation artificielle n'ont qu'une influence secondaire.

A la température ordinaire, l'eau ou son mélange avec l'alcool méthylique paraissent être les meilleurs liquides de trempe. Une vitesse de refroidissement peu différente est obtenue pour les solutions aqueuses de sel marin, de soude, d'acide sulfurique, etc. Le mercure, l'huile de colza et la glycérine ont un pouvoir réfrigérant sensiblement plus faible; les mélanges de cette dernière avec l'eau donnent des vitesses de refroidissement proportionnelles, en première approximation, à la fluidité du liquide.

L'élévation de la température du liquide diminue très sensiblement son pouvoir réfrigérant. Par exemple, la trempe à l'eau bouillante ne diffère que peu de celle à l'huile.

Le refroidissement dans un courant d'air est toujours plus lent que dans un liquide et donne les trempes les plus douces.

Pour des conditions de trempe données, la vitesse du refroidissement dépend de la grandeur de l'échantillon et de sa surface de refroidissement. Ainsi, pour les petits échantillons d'acier, trempés à l'eau vers 900°, on peut approximativement évaluer le temps de refroidissement entre 700° et 100° par la formule

$$\Theta = 2{,}5\ \frac{p}{s}$$

où Θ est le temps en secondes, p, le poids de l'échantillon en grammes et s sa surface de refroidissement en cm².

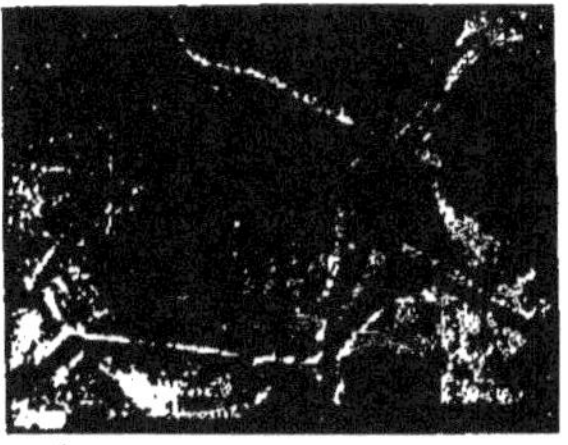

Fig. 136. — Acier à 1,9 p. 100 de carbone attaqué à 1120°(Baykow, 1909). Gr. = 400.

Fig. 137. — Acier à 1,7 p. 100 de carbone trempé vers 1050° dans l'eau glacée. La martensité apparaît en foncé, l'austénité en clair. (Osmond, 1901). Gr. = 500.

Dans l'étude des transformations par la trempe, l'erreur, due à des réactions très rapides, se fait particulièrement sentir.

La trempe n'est jamais complète parce que la vitesse de la réaction n'est jamais nulle. Si la vitesse de la réaction est grande, la transformation, effectuée pendant la trempe la plus dure, peut être encore suffisamment avancée pour modifier complètement l'aspect primitif de l'alliage.

Ainsi, les aciers au carbone, attaqués au-dessus de 1100°, montrent la structure cellulaire et homogène (fig. 136) de leur modification paramagnétique (l'austénite). La trempe, aussi rapide qu'elle soit, ne permet pas d'observer cet aspect, une partie appréciable de l'alliage se trouvant toujours transformée (fig. 137) en modification ferro-magnétique (la martensite) à structure très fine. Ce n'est qu'en ralentissant la transformation, par des substances comme le manganèse, qu'on peut obtenir, par la trempe, la modification para-magnétique pure.

Osmond (1909) englobait sous le terme de trempe certaines formes d'équilibre stable. « J'appelle, dit-il, *trempe positive* celle qui maintient un état physico-chimique normalement instable à la température ordinaire, *trempe négative* celle qui laisse l'équilibre physico-chimique se rétablir et ne comporte, par rapport à la structure normale après refroidissement lent, qu'une modification dans les dimensions et la répartition des phases. » Cette terminologie est assez rarement suivie.

Trempe des aciers. La formation de la martensite et la dissolution lente de la cémentite compliquent particulièrement la trempe des aciers.

Il ne suffit pas de dépasser la température critique avant la trempe, il faut encore y maintenir l'acier pendant quelque temps pour assurer la dissolution de la cémentite (Portevin, 1916). Le temps, nécessaire pour une dissolution complète, est d'autant plus court, que la température est plus élevée. MM. Portevin et Garvin (1917) ont pu établir l'ensemble des phénomènes qui se passent si l'on fait varier la température de trempe d'un acier en maintenant constant le temps de chauffe et les conditions de refroidissement.

M. Chevenard (1917) confirme et précise ces résultats. « Pour un acier, dit-il, à des conditions de refroidissement données, l'aspect de la transformation au refroidissement dépend de la température atteinte à la chauffe. Quand on élève graduellement cette température initiale, la transformation ou refroidissement d'abord *unique* à haute température (600°-650°) s'abaisse progressivement; à partir d'une certaine température t la transformation se *dédouble*, une partie étant rejetée aux basses températures (200° à 300°); puis, la partie rejetée s'accroît au détriment de la partie qui subsiste à haute température et au delà d'une température t' le *rejet est complet*. »

« Lorsqu'on fait croître la vitesse de refroidissement, les températures t et t' s'abaissent très rapidement et se rapprochent l'une de l'autre. Aux très grandes vitesses t' se confond avec la fin de la transformation à l'échauffement. »

Ainsi, pour un acier eutectoïdal à 0,86 % de C on trouve les conditions de trempe suivantes :

Vitesse a 750° (degrés par seconde).	Dédoublement de la transformation.	
	t	t'
450°	950°	1000°
700°	770°	790°
1200°	Fin de la transformation à l'échauffement (720)°	

Lorsque la transformation est unique, l'acier n'est pas trempé et sa structure est perlitique. Au dédoublement de la transformation, l'acier est formé par un mélange de martensite et de troostite. La trempe complète n'a lieu que lorsque toute la transformation est rejetée à basse température et la structure est alors purement martensitique.

Tout se passe, remarque M. Dejean (1917), comme si en chauffant un acier au-dessus du point de transformation à l'échauffement, il subsistait encore des germes ou éléments de carbure non complètement détruits qui faciliteraient au refroidissement la mise hors solution du carbure.

Nous voyons aussi que la transformation normale de l'austénite en martensite ne s'effectue, pendant la trempe, qu'à une température relativement basse de 200° environ. L'austénite, conservée par une trempe très dure, peut être intégralement changée en martensite par un refroidissement dans l'air liquide, comme l'a montré Osmond (1899).

Le recuit. — La micrographie de l'alliage trempé doit être comparée avec celle de l'alliage recuit, c'est-à-dire amené par l'échauffement à l'état d'équilibre stable à la température ordinaire. L'alliage trempé reste à l'état d'équilibre instable parce que sa transformation est très lente; son échauffement, pendant le recuit, a pour but d'accélérer cette réaction. Les meilleures conditions du recuit sont donc à la température de la vitesse de transformation maxima (p. 138) qui, d'ordinaire, n'est pas de beaucoup inférieure à la température critique.

Un recuit incomplet porte le nom de *revenu*.

Dans certains alliages, les aciers notamment, le recuit prend un caractère particulier; il se manifeste assez nettement à partir d'une certaine température et la vitesse de la réaction n'y est pas constante, mais se ralentit à mesure que la transformation s'avance, comme si un équilibre tendait à s'établir à chaque température entre les éléments en présence. Ces alliages ont donc une tendance pour le revenu, et leur recuit ne se fait qu'à des températures suffisamment élevées.

Duhem (1896) donnait à ces phénomènes le nom de *faux-équilibres* et les comparait à des frottements intérieurs empêchant la réaction de s'accomplir.

Pour le recuit des alliages dont la transformation a lieu d'une façon continue, comme la formation ou la décomposition des solutions solides, l'échauffement n'est pas suffisant et doit être suivi d'un refroidissement très lent.

Si la vitesse de la réaction est très faible, la structure de l'alliage transformé devient difficilement observable, ne pouvant être mise en évidence que par un recuit très prolongé. Par exemple, la combinaison AlCu³, qui subit une transformation vers 580°, montre, après un refroidissement en 2 heures de 800° à 300°, une structure homogène (fig. 138), en fines aiguilles, assez semblable à celle de l'alliage trempé. Comme l'étude des points critiques indique, en même temps, que, pour cette vitesse de refroidissement, la réaction est accomplie, on peut supposer que la transformation observée correspond à une modification allotropique. Cette conclusion ne se trouve

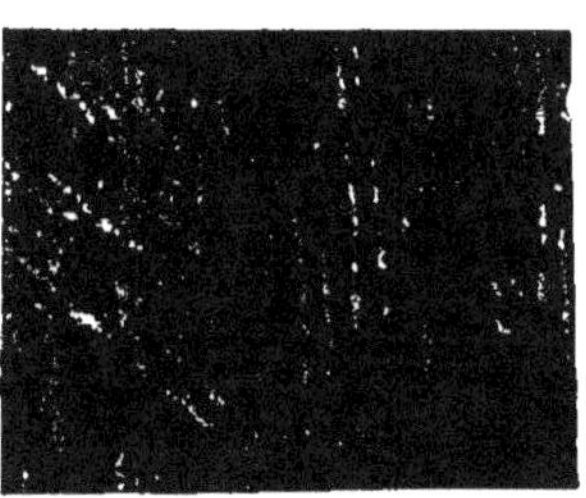

Fig. 138. — Alliage de composition AlCu³ (Broniewski, 1911). Gr. = 500.

pas vérifiée, car un recuit de 19 heures à 450° fait voir un alliage hétérogène (Hanemann, 1913) et force d'admettre que la transformation à 580° est une dissociation de la combinaison AlCu³ en Al²Cu³ et en une solution solide riche en cuivre. Les éléments de cette dissociation se déposent, probablement, sous la forme de cristaux trop fins pour être observables au microscope et, même lorsque la réaction est achevée, l'alliage conserve son aspect primitif, que modifie un recuit prolongé en permettant le grossissement des cristaux.

Dans d'autres cas, un recuit encore bien plus long est nécessaire. Par exemple, M. Carpenter (1912) a pu observer la décomposition de la combinaison CuZn après un recuit de 10 semaines à 445° en présence d'un catalyseur, comme le vanadium, sans lequel la réaction ne s'effectuait pas. Il est donc quelquefois difficile de dire, après quelle durée de recuit on peut conclure avec certitude à la stabilité de l'équilibre.

ÉTUDE DES POINTS CRITIQUES.

Définition des points critiques. — Pour étudier, par la trempe et par le recuit, les transformations à l'état solide, il est nécessaire de connaître leur température exacte. Celle-ci est indiquée par des singularités dans la variation des propriétés physiques, visibles sur les courbes en fonction de la température et portant le nom de points critiques.

Les courbes, indiquant les points critiques, peuvent être obtenues pendant l'échauffement ou le refroidissement. Dans ce dernier cas, la variation de la température est ordinairement plus régulière, mais les phénomènes de transformation subissent des retards plus grands qu'à l'échauffement. Il est donc préférable d'utiliser les courbes d'échauffement lorsqu'on dispose d'une installation permettant une élévation régulière de la température.

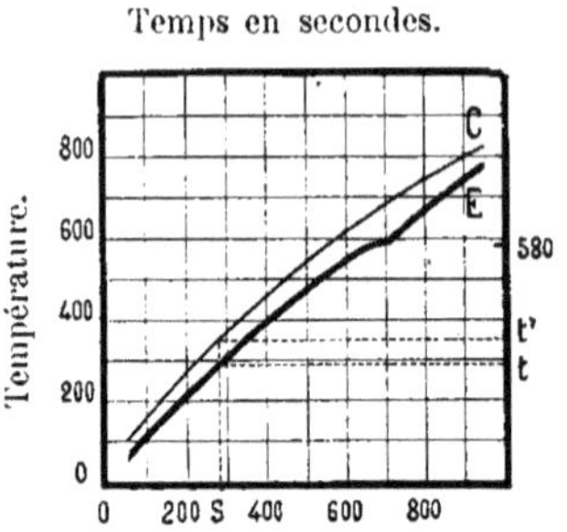

Entre les différents points critiques, les points thermiques constituent un moyen d'investigation particulièrement important, toutes les transformations à l'état solide étant accompagnées d'une absorption ou d'un dégagement de chaleur. Les phénomènes électriques et la dilatation indiquent les points critiques avec moins de facilité, mais souvent avec plus de précision, que les points thermiques et doivent être employés comme moyen de contrôle, surtout lors des transformations allotropiques.

Nous étudierons les points critiques sur l'exemple des courbes d'échauffement obtenues pour un alliage de composition $AlCu^3$ qui présente une transformation vers 580°.

Points thermiques. — La décomposition de la combinaison $AlCu^3$ est accompagnée d'une absorption de chaleur qui produit un ralentissement dans la marche de la COURBE D'ÉCHAUFFEMENT (ou de refroidissement), indiquant la température de l'échantillon en fonction du temps (E, fig. 139). Cette courbe donne ici des résultats moins satisfaisants que dans l'étude de la solidification, le phénomène thermique, d'ordinaire peu important, pouvant passer inaperçu dans ce mode de représentation.

Fig. 139. — E, courbe d'échauffement d'un alliage de composition $AlCu^3$; C, celle du four électrique.

La COURBE D'OSMOND (1888), tracée avec les mêmes données que la précédente, accuse bien davantage les points critiques. A des intervalles réguliers de température, tous les 5° par exemple, on observe le temps nécessaire pour cet échauffement (ou le refroidissement). La courbe porte en ordonnées le nombre de secondes nécessaires pour l'échauffement de 1° à la température indiquée par l'abscisse; c'est donc la dérivée de la courbe d'échauffement. L'absorption de la chaleur se manifeste sur la courbe d'Osmond par une éminence, ordinairement très nette, dont le sommet correspond au point critique (O, fig. 140).

Au lieu de marquer le nombre de secondes nécessaires pour l'échauffement de 1°, on peut prendre l'inverse de cette grandeur et construire la courbe de la VITESSE D'ÉCHAUFFEMENT, indiquant le nombre de degrés dont s'élève la température pendant une seconde. Le point critique sera alors indiqué par le minimum de la courbe. (V, fig. 140).

La MÉTHODE DIFFÉRENTIELLE, imaginée par M. Roberts-Austen (1899), est très sensible aux points critiques. La courbe tracée porte en abscisses la température de l'échantillon et en ordonnées la différence entre cette température et celle du four. Sur la figure 139 les courbes C et E indiquent respectivement la variation de la température du four et celle de l'échantillon en fonction du temps; la différence entre ces deux températures, $t — t'$, représentée en fonction de t, augmente régulièrement jusqu'au point critique; l'allure de la courbe E se ralentit alors et la différence entre la température de l'échantillon et celle du four augmente assez brusquement en formant un crochet sur la courbe différentielle (A, fig. 140).

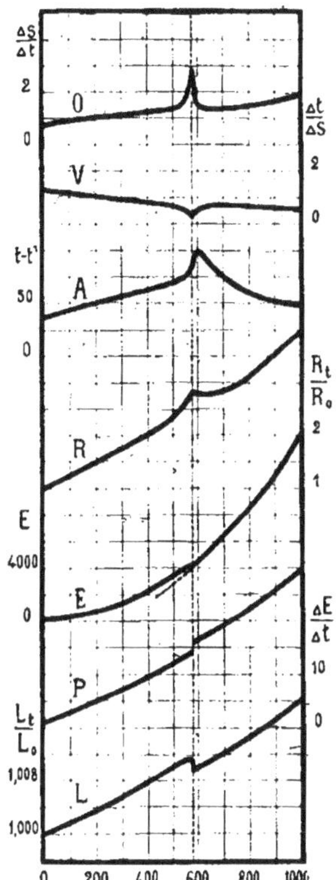

Fig. 140. — Points critiques de l'alliage de composition $AlCu^3$. O, courbe d'Osmond; V, vitesse d'échauffement; A, courbe différentielle; R, résistance électrique; E, force thermo-électrique par rapport au platine; P, pouvoir thermo-électrique; L, dilatation.

Par son allure générale, la courbe différentielle ressemble à la courbe d'Osmond, mais leur interprétation n'est pas la même, le point critique, marqué par le maximum de la courbe d'Osmond, correspondant sur la courbe différentielle à l'endroit où sa montée est la plus rapide.

Très souvent, on remplace la température du four par celle d'un échantillon neutre chauffé dans les mêmes conditions que l'alliage étudié. L'échantillon neutre ne doit pas présenter de points critiques aux températures de l'expérience; ainsi, le platine, la porcelaine peuvent servir dans ce but, le nickel est applicable pour les études supérieures à 400°.

L'installation suivante (I, fig. 141) permet d'obtenir les courbes différentielles. Un couple, relié au galvanomètre A, mesure la différence de températures entre l'échantillon neutre C et l'alliage étudié E. Un deuxième couple, relié au galvanomètre B, indique la température de l'alliage.

Certains expérimentateurs emploient encore l'installation simplifiée de M. Roberts-Austen, permettant l'économie d'un fil de platine, si ce métal est utilisé pour les couples (II, fig. 141). Les deux couples de l'échantillon E sont alors soudés ensemble; un fil de platine est supprimé, tandis que l'autre, considéré comme double, communique avec les deux galvanomètres. Cette installation donne des résultats moins précis que la précédente, la force électro-motrice aux bornes du galvanomètre A provoquant un courant dans le galvanomètre B et faussant ses indications.

WILLIAM ROBERTS-AUSTEN
(1843-1902).

Points électriques. — La courbe de la RÉSISTANCE ÉLECTRIQUE du composé AlCu³ (R, fig. 140) monte régulièrement jusqu'à 580° pour subir à cette température un changement brusque de direction. La variation de la résistance électrique avec la température est surtout considérable immédiatement au-dessous du point critique; elle devient très faible, sinon négative, immédiatement au-dessus de ce point et croît ensuite régulièrement.

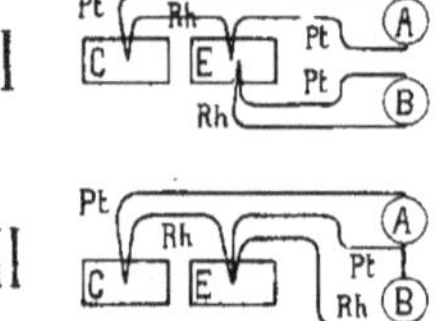

Fig. 141. — Installations pour la méthode différentielle. E, échantillon étudié; C, échantillon neutre; A et B, galvanomètres; Pt, fil de platine; Rh, fil de platine rhodié.

Dans les mesures de résistance électrique à haute température, il est utile de prendre garde aux perturbations d'ordre thermo-électrique qui peuvent fausser les résultats.

Ces perturbations dérivent principalement de deux causes :

1° La première consiste en ce que les deux extrémités de l'échantillon peuvent ne pas être à la même température. Les fils de la dérivation au galvanomètre forment alors avec l'échantillon un couple thermo-électrique qui accuse cette différence de température par une force électromotrice correspondante.

2° La deuxième cause d'erreur ne se manifeste que pour les alliages subissant une transformation moléculaire. Cette transformation ne se fait pas simultanément sur toute l'étendue de l'échantillon et, lorsqu'un fil de la dérivation au galvanomètre est en contact avec la modification stable à haute température, l'autre fil peut encore être en contact avec la modification stable à basse température ayant une force thermo-électrique différente.

La courbe de la FORCE THERMO-ÉLECTRIQUE (E, fig. 140) manifeste le point critique par un faible changement de direction; un léger palier est dû probablement à l'arrêt dans l'échauffement au point critique. La faiblesse ordinaire des points critiques sur les courbes de la force thermo-électrique ne permet une étude précise que par l'enregistrement automatique.

La courbe du POUVOIR THERMO-ÉLECTRIQUE (P, fig. 140) indique bien plus nettement le point critique, mais elle ne peut être obtenue qu'indirectement, par le calcul, en partant de la courbe de la force thermo-électrique dont elle est la dérivée.

La FORCE ÉLECTROMOTRICE DE DISSOLUTION est rarement employée pour l'étude des points critiques, étant applicable dans des limites trop étroites de température. Pourtant, MM. Cohen et Van Eick (1899) ont déterminé par ce moyen la température de transformation de l'étain.

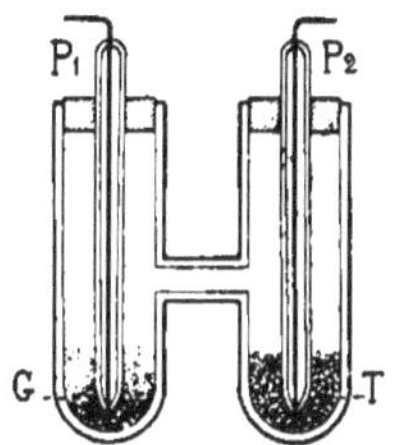

Fig. 142. — Pile pour l'étude de la transformation de l'étain. P₁ et P₂, électrodes de platine soudées dans des tubes en verre; G, étain gris; T, étain tétragonal. $\frac{1}{3}$ de la grandeur naturelle (Cohen et van Eijk, 1899).

La pile (fig. 142) était formée par une électrode en étain gris G et une autre en étain tétragonal T. Au-dessus de 19°, l'étain gris soutenait le travail de la pile en se transformant en étain tétragonal; au-dessous de cette température, la réaction inverse avait lieu et le courant changeait de direction. La force électromotrice E de la pile s'exprime en fonction de la température t par la formule : $E = 0{,}0000843\ (t-19)$. En appliquant à cette formule J. Meyer, 1905) la relation de Helmholtz (p. 110) on obtient la valeur approximative de la chaleur de transformation (p. 123).

La dilatation. — La formation de la combinaison $AlCu^3$ est accompagnée d'une contraction nettement marquée sur la courbe de dilatation (L, fig. 140).

Fig. 143. — Dilatomètre. E, échantillon; A et B, tubes en silice; D, miroir; F, four électrique (Le Chatelier et Broniewski, 1912).

Pour l'étude de la dilatation on peut employer, par exemple, un appareil dont le schéma est reproduit sur la figure 143. Ce dilatomètre est fait en silice fondue et enregistre la différence entre la dilatation de la silice et celle de l'échantillon étudié. Un butoir B presse, à l'aide d'un ressort, sur l'échantillon E et se déplace par la dilatation de celui-ci en faisant dévier le miroir D. La partie de l'appareil supportant le miroir se trouve en dehors du four F, mais cet échauffement inégal du dilatomètre n'influence pas la déviation du miroir, la dilatation étant la même pour les deux supports A et B ; seule intervient la différence entre la dilatation de l'échantillon et la partie équivalente du tube en silice fondue.

Un rayon lumineux se reflète du miroir D et tombe sur une échelle graduée. La déviation du miroir étant très faible, on peut admettre la proportionnalité entre le déplacement du spath lumineux et la dilatation de l'échantillon.

La température est indiquée par un couple thermo-électrique relié à un galvanomètre.

Réactions incomplètes. — Si le refroidissement de l'échantillon n'est pas assez lent, la transformation ne s'effectue pas entièrement aux environs du point critique, mais continue aux températures inférieures, particulièrement à celle, où la vitesse de la réaction est maxima (p. 138). En plus du point critique principal, on peut alors observer des points critiques secondaires à des températures inférieures.

Si l'échantillon, refroidi à la température ordinaire, reste partiellement trempé, la transformation inachevée continue à l'échauffement et fausse la forme des courbes par des points critiques secondaires.

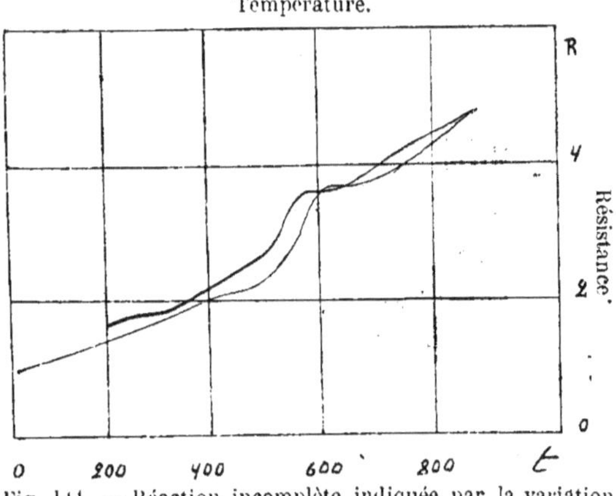

Fig. 141. — Réaction incomplète indiquée par la variation de la résistance électrique de AlCu³ (Broniewski, 1911).

Ainsi, l'alliage de composition AlCu³, refroidi en 1 heure de 800° à 300°, reste partiellement trempé et sa résistance spécifique est inférieure de 1 3 environ à celle de l'alliage recuit complètement. La courbe de résistance électrique, enregistrée automatiquement, prend alors la forme reproduite sur la figure 144. A l'échauffement, la montée de la résistance est arrêtée entre 400° et 500° par la transformation résiduelle et un large palier apparaît entre ces températures sur la courbe. Au refroidissement, la réaction s'effectue avec un retard d'une cinquantaine de degrés environ et d'une façon incomplète, de sorte qu'un point critique est encore perceptible sur la courbe vers 300°.

Les réactions incomplètes peuvent aussi être mises en évidence par d'autres méthodes, particulièrement par les courbes thermiques.

Afin d'éviter la complication des points critiques secondaires, l'alliage, étudié à l'échauffement, doit être au préalable soigneusement recuit.

ENREGISTREMENT AUTOMATIQUE

Historique. — L'enregistrement automatique présente un avantage très sensible sur l'étude par points, en donnant une courbe continue sur laquelle se manifestent nettement les singularités trop faibles pour être aperçues par l'interpolation d'une courbe construite par points.

M. Roberts-Austen (1891) a conçu le premier, un dispositif permettant d'enregistrer les températures en fonction du temps. Le rayon lumineux, réfléchi du miroir d'un galvanomètre, tombait sur une plaque sensible déplacée verticalement par un mécanisme d'horlogerie. La température était indiquée par la déviation du galvanomètre relié à un couple thermo-électrique. Le temps de descente de la plaque était contrôlé par une interruption périodique du rayon lumineux.

MM. Charpy et Lucas (1901) remplacèrent le mouvement vertical de la plaque, nécessitant un puissant mécanisme d'horlogerie, par le mouvement rotatoire d'un tambour entouré de papier sensible. Un dispositif analogue fut aussi adopté par M. Kurnakow (1904). M. Coste et M. Rengade (1909) perfectionnèrent ce dispositif en le réunissant dans un seul appareil facilement maniable; le changement de la vitesse de rotation du tambour est assuré dans l'appareil de M. Coste par un changement d'engrenge du mécanisme d'horlogerie et dans l'appareil de M. Rengade par un frin magnétique (voir p. 84). M. Etienne réunit en un seul appareil le dispositif de Roberts-Austen à plaque mobile. M. Wologdine (1907) immobilise la plaque sensible, mais fait subir au rayon lumineux une réflexion supplémentaire sur un miroir qui, mû par un mécanisme d'horlogerie, produit la déviation verticale proportionnelle au temps.

Pour apprécier des phénomènes thermiques très faibles, comme ceux des aciers, M. Roberts-Austen (1895 et 1899) employait l'enregistrement simultané sur une plaque photographique mobile par deux galvanomètres. Le premier galvanomètre trace la courbe complète de refroidissement en fonction du temps et permet le repérage de la température des phénomènes. Le deuxième galvanomètre, beaucoup plus sensible, trace simultanément, en plus grande échelle, une partie de la courbe ou sert à enregistrer la différence de température entre l'alliage étudié et un corps ne présentant pas de phénomènes thermiques. M. Swedelius (1898) enregistrait, de même par rapport au temps, la température et la dilatation d'un échantillon d'acier. Les deux courbes lui permettaient d'en déduire la dilatation de l'acier en fonction de la température.

M. Saladin (1903), désireux d'enregistrer directement en fonction de la température la différence des températures entre un échantillon d'acier et un échantillon neutre (méthode de Roberts-Austen), fit subir au rayon lumineux la réflexion sur deux galvanomètres dont un traçait les abscisses et l'autre les ordonnées de la courbe. Dans ce but, M. Saladin interposa, sur les conseils de M. Ph. Pellin, entre les deux galvanomètres un prisme incliné à 45° qui transformait en verticale la déviation du rayon réfléchi par le premier galvanomètre, alors qu'une nouvelle réflexion, sur le deuxième galvanomètre, communiquait la déviation horizontale.

En utilisant le principe indiqué par M. Saladin, M. Le Chatelier (1904) construisait le galvanomètre double qui reçut une large application dans les laboratoires et les usines. Cet appareil fut ensuite modifié par MM. Le Chatelier et Broniewski (1912) de façon que les indications d'un galvanomètre pouvaient être rapportées, non seulement à celles d'un deuxième galvanomètre, mais aussi au temps ou à une déviation extérieure à l'appareil.

L'enregistreur Le Chatelier-Broniewski. — Le rayon lumineux se reflète successivement sur deux miroirs dont un lui communique la déviation verticale (directement ou à l'aide d'un prisme), l'autre la déviation horizontale.

Le deuxième miroir, qui dévie le rayon horizontalement, reste toujours fixé à un galvanomètre. Quant au premier, communiquant la déviation verticale, il peut faire partie d'un mécanisme d'horlogerie, d'un dilatomètre ou d'un galvanomètre.

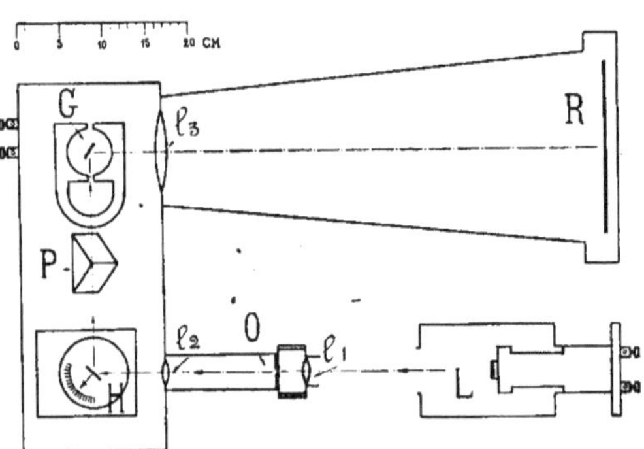

Fig. 145. — Enregistrement des courbes d'échauffement. L, lampe; H, mécanisme d'horlogerie; P, prisme; G, galvanomètre; R, plaque photographique; l_1, l_2, l_3, lentilles; O, collimateur.

partie d'un mécanisme d'horlogerie, d'un dilatomètre ou d'un galvanomètre. Le mécanisme d'horlogerie et le galvanomètre sont directement substitués l'un à l'autre, quant au dilatomètre qui, chauffé à haute température, ne pourrait pas être enfermé dans l'enregistreur, on est obligé, pour s'en servir, de faire sortir le rayon lumineux de l'enceinte de l'appareil par une réflexion complémentaire.

Pour obtenir les COURBES D'ÉCHAUFFEMENT, on emploie le dispositif représenté schématiquement sur la figure 145.

Le rayon lumineux, indiqué en pointillé, est produit par la lampe L et concentré par la lentille l₁ sur un collimateur à trou O, jouant ainsi le rôle de point lumineux.

Le faisceau lumineux, issu de l'orifice O et rendu parallèle par la lentille l_2, tombe sur le miroir H qui, mû par un mécanisme d'horlogerie, lui communique une déviation horizontale proportionnelle au temps.

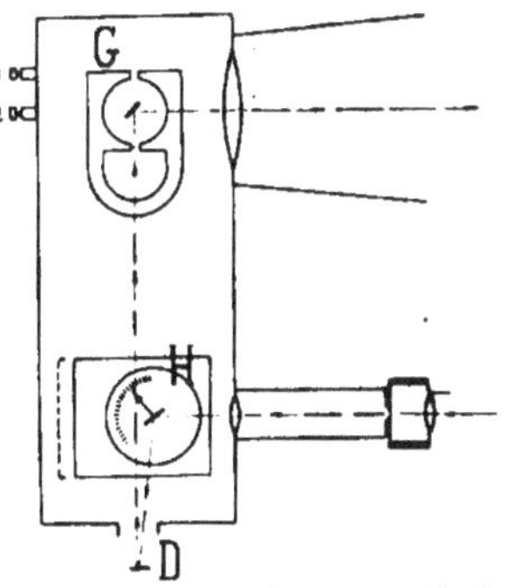

Fig. 116. — Enregistrement de la dilatation. D, miroir du dilatomètre; H, miroir (immobile) du mécanisme d'horlogerie; G, galvanomètre.

Le rayon, réfléchi du miroir H, traverse un prisme rectangle isocèle à réflexion totale P, dont la face hypoténuse est inclinée à 45° sur l'horizon et les arêtes perpendiculaires à la direction moyenne du rayon lumineux. Ce prisme transpose la déviation horizontale en déviation verticale et reflète le rayon lumineux sur le miroir G, fixé au cadre d'un galvanomètre, qui lui communique une déviation horizontale. Réfléchi du miroir G, le rayon lumineux traverse la lentille l_3, qui le rend convergent, et tombe sur la plaque sensible R placée à la distance focale de la lentille.

Lorsque le galvanomètre est réuni à un couple thermo-électrique, la courbe tracée indique les températures en fonction du temps. Dans l'étude des points critiques, ces courbes servent surtout au calibrage des couples.

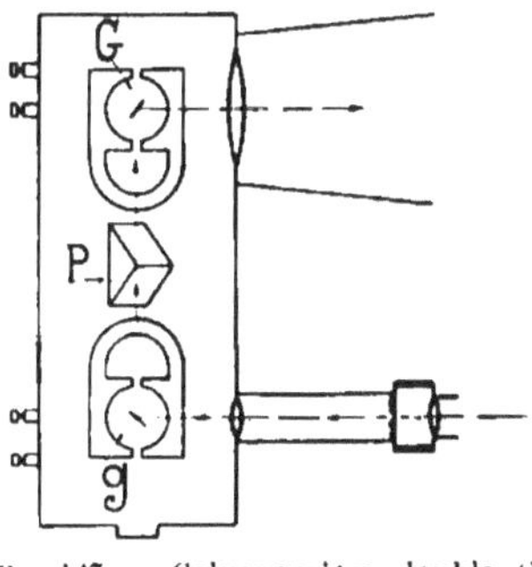

Pour permettre l'enregistrement de la DILATATION, le mécanisme d'horlogerie est poussé plus à fond dans l'enregistreur et son miroir, qui restera fixe, tourné de 90°. Le dilatomètre est placé devant la fenêtre, le prisme transposeur est enlevé.

Ce dispositif est représenté schématiquement sur la fig. 116.

Fig. 147. — Galvanomètre double. G et g, galvanomètres ; P, prisme.

Le rayon lumineux, rendu parallèle, se reflète du miroir immobile H et tombe sur le miroir D du dilatomètre (p. 148) qui peut lui communiquer une déviation verticale. Réfléchi du miroir D, le rayon tombe sur le miroir G du galvanomètre, qui lui communique une déviation horizontale, traverse une lentille, qui le rend convergent, et tombe sur la plaque sensible.

Lorsque le galvanomètre est relié à un couple thermo-électrique, la courbe de dilatation est enregistrée directement en fonction de la température.

Galvanomètre double. — Pour enregistrer les points thermiques et électriques, le prisme est remis en place et le mécanisme d'horlogerie remplacé par un galvanomètre. Monté ainsi, l'enregistreur fonctionne comme un galvanomètre double de MM. Le Chatelier et Saladin.

Ce dispositif est représenté schématiquement sur la fig. 147.

Le rayon lumineux se reflète du miroir g d'un premier galvanomètre, qui peut lui communiquer une déviation horizontale, traverse le prisme P, transposant la déviation en verticale, se reflète du miroir G d'un deuxième galvanomètre et tombe sur la plaque sensible.

La COURBE DIFFÉRENTIELLE (voir p. 146) est obtenue en fixant à un galvanomètre le couple indiquant la température de l'échantillon, alors que l'autre galvanomètre, le plus sensible, marque la différence entre la température de l'échantillon étudié et celle d'un corps neutre.

Pour l'enregistrement de la FORCE THERMO-ÉLECTRIQUE, le couple étudié est fixé au premier galvanomètre avec une résistance convenable mise en série.

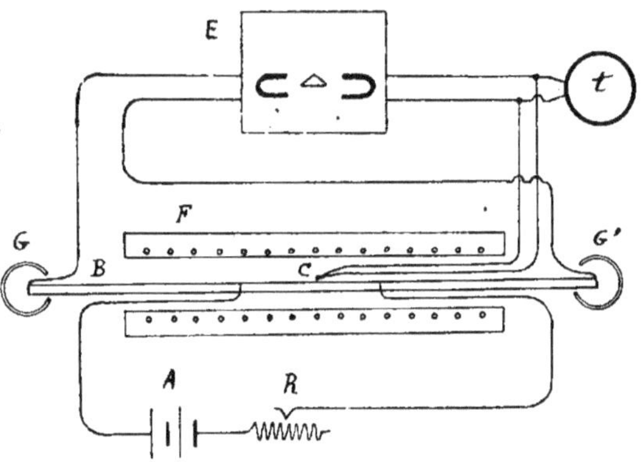

Fig. 148. — Disposition des appareils pour l'enregistrement de la résistance (Broniewski, 1911). B, barre de l'alliage étudié ; F, four électrique; A, accumulateurs; R, résistance; G et G', réservoirs avec de la glace fondante; C, couple pour la mesure des températures; *t*, galvanomètre pour le contrôle des températures; E, enregistreur photographique.

Une des soudures de ce couple est maintenue à température constante, alors que la température de l'autre soudure varie d'une façon continue, suivie par un couple fixé au deuxième galvanomètre.

La valeur absolue de la force thermo-électrique enregistrée est déterminée par la connaissance des constantes du galvanomètre.

Le même dispositif permet aussi l'enregistrement de la FORCE ÉLEC-TROMOTRICE DE DISSOLUTION en fonction de la température.

L'enregistrement de la variation de la RÉSISTANCE ÉLECTRIQUE est bien plus délicat, son emploi nécessitant une installation représentée schématiquement sur la figure 148. Une longue barre B en alliage étudié (70 cm) est placée horizontalement dans un four à résistance élec-

trique F. Le courant électrique, produit par des accumulateurs A et réglé par le rhéostat R, traverse la partie centrale du barreau et la chute ohmique correspondante est indiquée par un galvanomètre de l'enregistreur E. Les conduites de ce galvanomètre, fixées aux extrémités du barreau, sont refroidies sur le contact par de la glace fondante en G et G'. Un couple C, relié au deuxième galvanomètre de l'enregistreur, indique la température qu'on peut suivre sur un galvanomètre mis en dérivation.

Cette disposition supprime les causes d'erreurs signalées précédemment (p. 147), étant donné que :

1° Les contacts de la dérivation au galvanomètre sont maintenus à une température fixe ;

2° Ces contacts, étant extérieurs au four, ne sont pas influencés par la transformation moléculaire s'opérant dans la partie centrale du barreau.

Les phénomènes perturbateurs d'ordre thermo-électrique, qui peuvent influencer fortement les indications du galvanomètre enregistreur en s'ajoutant à la faible différence de potentiel produite par la chute ohmique, s'ajoutent dans ce dispositif à la force électromotrice des accumulateurs et apparaissent négligeables vis-à-vis d'elle.

Dispositif de M. Dejean. — Les dispositifs indiqués par M. Dejean (1906 et 1912) permettent d'enregistrer avec un galvanomètre double la vitesse d'échauffement et la perméabilité magnétique.

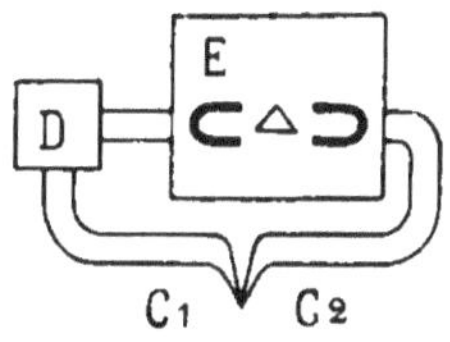

Fig. 149. — Disposition des appareils pour l'enregistrement de la vitesse d'échauffement suivant M. Dejean (1906). C₁ et C₂, couples thermo-électriques; D, galvanomètre différentiel; E, enregistreur photographique.

Afin d'obtenir la courbe de la VITESSE D'ÉCHAUFFEMENT, le couple C_1 (fig. 149), fixé à l'échantillon, est relié à l'un des enroulements d'un galvanomètre différentiel D. Le cadre de ce galvanomètre se déplacera donc dans le champ magnétique de ses aimants avec une vitesse proportionnelle à la vitesse d'échauffement, ce qui induira dans son deuxième enroulement une force électromotrice approximativement proportionnelle à la vitesse d'échauffement. Lorsque ce deuxième enroulement du galvanomètre différentiel sera relié à l'un des galvanomètres de l'enregistreur E, celui-ci donnera la courbe de la vitesse d'échauffement en fonction de la température indiquée par le couple C_2.

Pour l'étude de la PERMÉABILITÉ MAGNÉTIQUE, on remplacera l'aimant permanent de l'un des galvanomètres de l'enregistreur par un électro-aimant, ce qui rend possible la mesure des courants alternatifs, si leur inversion se produit simultanément dans le cadre et dans l'aimant. Ce galvanomètre servira à enregistrer le voltage d'un petit transformateur pouvant être chauffé à haute température et dont le noyau est constitué par l'échantillon étudié ; comme ce voltage est proportionnel au flux qui traverse le transformateur et, par conséquent, à la perméabilité du noyau.

on obtient la courbe de celle-ci en fonction de la température indiquée par un couple relié au deuxième galvanomètre de l'enregistreur.

Mémoires cités aux chapitres IX et X.

Archbutt et Rosenhain, voir Rosenhain et Archbutt.

Arnold et Williams, *J. of Iron a. Steel Inst.* **68**-27-1905.

Baykow, *R. de Métall.* **6**-829-1909.

Belajew, *R. de Métall.*, **7**-510-1910 (structure de Widmanstätten).

— *Metallurgie*, **8**-449, 699-1911 (structure du damas).

Benedicks, *R. de Métall.* **5**-878-1908; **6**-852-1909.

— *R. de Métall.* **6**-189-1909 (Trempe).

— *J. of Iron a. Steel Inst.* **86**-242-1912.

Berthelot, *Essai de mécanique chimique*, Paris, 1879, vol. I, p. XXIX.

Broniewski, *Jour. chim. phys.* **5**-57-1907.

— *Recherches sur les propriétés électriques des alliages d'aluminium*, Paris, 1911; *Ann. chim. et phys.* (8)-**25**-1-1912.

— *C. R.* **162**-917-1916.

Broniewski et Le Chatelier, voir Le Chatelier et Broniewski.

Carpenter, *J. Inst. of Metals*, *1912* (II), p. 51; *R. de Métall.* **9**-261-1912. (CuZn).

Carpenter et Edwards, voir Edwards et Carpenter.

Charpy et Lucas, *Contribution à l'étude des alliages*, Paris, 1901, p. 51.

Chevenard, *C. R.* **165**-59-1917.

Cohen, *Zs. phys. Chem.* **35**-588-1900. (Sn gris).

Cohen et Olie, *Zs. phys. Chem.*, **71**-1-1910.

Cohen et Van Eijk, *Zs. phys. Chem.*, **30**-599-1899. (Sn gris).

Coste, *Catalogue de la maison Pellin*, 9e fasc., p. 38.

Degens, *Zs. anorg. Chem.*, **63**-207-1909 (Sn romboedrique).

Dejean, *R. de Métall.* **3**-233-1906.

— *Assoc. intern. pour l'essai des matériaux*, Congrès de New-York, 1912, rapport 9.

— *C. R.* **165**-172-1917.

Duclaux, *C. R.* **155**-1015, 1509-1912.

Duhem, *Théorie thermodynamique de la viscosité, du frottement et des faux équilibres.* Paris, 1896.

Edwards et Carpenter, *J. of Iron a. Steel Inst.* **89**-138-1914.

Einstein, *Ann. d. Phys.*, (4)-**22**-180-1907; **34**-170-1911.

Étienne, *Catalogue de la maison Pellin*, 9e fasc. p. 39.

Garvin et Portevin, voir Portevin et Garvin.

Gibbs, J. W., *Trans. Acad. Conneticut*, **2**-400-1873.

Hanemann, *Intern. Zs. f. Métallographie*, **4**-209-1913.

Helmholtz, *Berl. Ber.*, 1882, pp. 22 et 825; *Journ. de Phys.* (2)-**3**-396-1884.

Heycock et Neville, *Phil. Trans. Roy. Soc. London*, (A)-**202**-1-1904. (CuSn).

Kamerlingh Onnes, *Comm. phys. lab. Leiden*, N 133 de 1913.

Klesper et Ruer, voir Ruer et Klesper.

Kurnakow, *Zs. anorg. Chem.*, **42**-184-1904.

Latchenko, *J. soc. chim. russe*, **45**-552-1913 (en russe).

Le Chatelier H., *C. R.*, **99**-786-1884; *Recherches expérimentales et théoriques sur les équilibres chimiques*, Paris, 1888, p. 48.

— *C. R.* **111**-454-1890; *J. de Phys.* (2)-**10**-369-1891 (Zn).

Le Chatelier H., *R. de Métall.* 1-134-1904 (Galvanomètre double).
—   *R. de Métall.* 1-473-1904 (Trempe).
Le Chatelier et Broniewski, *R. de Métall.* 9-133-1912.
Lehmann, *Wied. Ann.* 40-401 1890; 41-525-1890; *Phys. Zs.* 14-1129-1913; *Arch. de Genève*, 28-205-1909; 32-5-1911.
Lejeune, *R. de Métall.* 2-299-1905 (Trempe).
Lewkojew, Werigin et Tammann, voir Werigin, Lewkojew et Tammann.
Lindemann, *Phys. Zs.* 11-609-1910.
Lucas et Charpy, voir Charpy et Lucas.
Meyer J., *Verh. Gesell. deutsch. Naturf. u. Ärzte* (Meran) 2 (D-94-1905 (Sn gris).
Nernst, *Zs. f. Elektroch.* 17-265-1911. Nernst et Lindemann, *Berl. Ber.* 1911, p. 494; 1912, p. 1160; *Zs. f. Elektroch.*, 17-817-1911. Nernst et Schwers, *Berl. Ber.*, 1914, p. 355.
Neville et Heycock, voir Heycock et Neville.
Olie et Cohen, voir Cohen et Olie.
Osmond, *Transformations du fer et du carbone*, Paris, 1888 (*Mémorial Art. de marine* 15-573-1887).
—   *Métallographist*, 2-264-1899.
—   *Contribution à l'étude des Alliages*, Paris, 1901, p. 277.
—   *Revue de Métall.*, 6-1183-1909.
Planck, *Wärmestrahlung*, Leipzig, 1906.
Portevin, *R. de Métall.* 13-9-1916.
Portevin et Garvin, *C. R.* 164-885-1917.
Rengade, *Bull. Soc. chim.* (4)-5-945-1909.
Roberts-Austen, *Proc. Inst. Mech. Eng.*, 1891, p. 542; *Proc. Roy. Soc. London*, 49-347-1891.
—   *Proc. Inst. Mech. Eng.*, 1895, p. 238.
—   *Proc. Inst. Mech. Eng.*, 1897, p. 31 (p. 70 et planche 11 traitent le diagramme fer-carbone).
—   *Proc. Inst. Mech. Eng.*, 1899, p. 35.
Röntgen, *Wied. Ann.*, 45-91-1892.
Rosenhain et Archbutt, *Phil. Trans. Roy. Soc. London*, (A)-211-315-1911 (AlZn .
Ruer et Klesper, *Ferrum*, 11-257-1914 (Fer δ).
Saladin, *Assoc. intern. méthodes d'essai*; procès-verbal de la séance du 28 Février 1903 (Galvanomètre double).
Slavinski, *Journ. Soc. Métall. russe* 1913 (I), p. 548 (en russe).
Swedelius, *Phil. Mag.*, (5)-46-173-1898 (Enregistrement).
Tafel, *Métallurgie*, 5-443, 475-1908 (CuZn).
Tammann, *Kristallisieren und Schmelzen*, Leipzig, 1903.
Tammann, Werigin et Lewkojew, voir Werigin, Lewkojew et Tammann.
Thomsen Julius, *Pogg. Ann.*, 92-34-1854.
Tschermak, *Lehrbuch der Mineralogie*, 1905, p. 655.
Urasow, *Zs. anorg. Chem.* 73-31-1912. (Mg Cd)
Van Eijk et Cohen, voir Cohen et Van Eijk.
Voss, *Zs. anorg. Chem.* 57-34-1908 (NiSn).
Werigin, Lewkojew et Tammann, *Ann. d. Phys.* (4-10-647-1903.
William et Arnold, voir Arnold et William.
Wologdine, *R. de Métall.* 4-552-1907 (Enregistreur).

XI. PROPRIÉTÉS MÉCANIQUES

(THÉORIE)

La dureté et la mollesse. — Historique. — Mélanges et solutions solides. — Présence
des combinaisons. — Résistance mécanique. — Résistance à la traction. — Résistance à l'écrasement. — Compressibilité. — Flexion. — Influence du temps. — Fragilité. — Rigidité. — Essai de durée. — Diagrammes en fonction de la composition.
— Influence de la température. — Écrouissage. — La destruction des cristaux. —
Effets de l'écrouissage. — Effets du recuit. — Hypothèses sur l'écrouissage.

LA DURETÉ ET LA MOLLESSE

Historique. — Réaumur (1722) essaya, le premier, à déterminer la
dureté et classa les aciers en quatre séries, suivant qu'ils sont rayés par
le verre, le cristal, l'agathe et la topaze
orientale.

Osmond (1895), ayant passé en revue
quatorze méthodes servant à définir et à
mesurer la dureté, s'arrête sur la définition,
que « la dureté est la résistance aux déformations permanentes ».

La méthode de Brinell (1900), basée sur
cette définition et dérivée de la méthode de
Hertz (1882) et d'Auerbach (1891), détermine la dureté par le rapport de la pression
employée à la surface d'empreinte obtenue ;
ce « *nombre de dureté* » est exprimé en
kilogrammes par mm².

Des tentatives ont été faites depuis assez
longtemps pour établir la relation entre
la dureté des métaux et des alliages et leur
structure.

M. Carl Benedicks
(né en 1875).

Ainsi, Bottone (1873) trouve que la dureté des corps simples est inversement proportionnelle à leur volume atomique.

M. Barus (1879) indique que « la résistance électrique des aciers
croît constamment avec leur dureté ».

Les premières relations précises entre la structure des alliages et leur dureté ont été établies par M. Benedicks (1901). « C'est, dit-il, une propriété parfaitement générale, que la dureté des métaux purs croît fortement avec la solution, même de petites quantités, de différents corps ». « Une solution, aussi avancée que possible, de deux constituants, donc avec une pression osmotique maxima, est reliée de ce fait avec le maximum de dureté. » En assimilant les composés définis aux métaux, on peut facilement déduire de ces relations la forme générale des diagrammes de la dureté des alliages en fonction de leur composition.

MM. Kurnakow et Zemczuzny (1908) arrivent aussi à la conclusion que les solutions solides augmentent la dureté des alliages et ils reprennent l'idée de M. Barus sur la relation entre la résistance électrique et la dureté.

MM. Le Grix et Broniewski (1913) proposent de remplacer les diagrammes de la dureté par ceux de la mollesse, définie comme « faculté de subir des déformations permanentes » et mesurée par l'inverse du nombre de dureté de Brinell.

Pour ce mode de représentation, la partie des diagrammes correspondant aux mélanges s'approche davantage de la droite qu'avec les courbes de la dureté. En effet, on peut prévoir *a priori* que les déformations permanentes, définissant la mollesse, sont composées dans les mélanges par la somme des déformations partielles des deux constituants; la déformation totale serait ainsi une fonction linéaire de la composition en volume (approximativement aussi de la composition atomique).

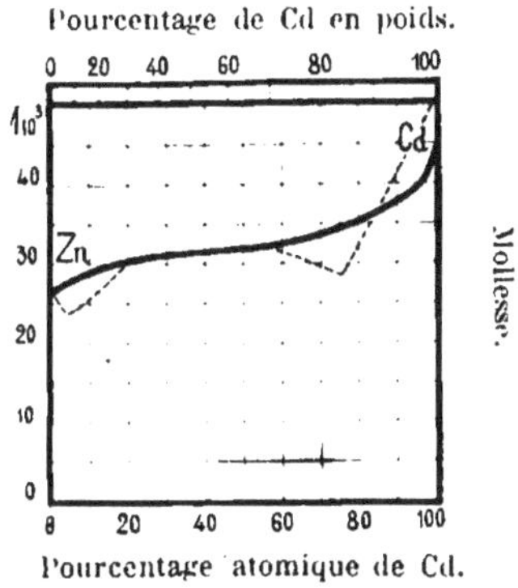

Mélanges et solutions solides. — Les formes typiques des courbes de mollesse sont semblables à celles de la conductivité électrique et peuvent être définies de la même façon.

On dira ainsi, que dans les courbes de mollesse une descente, plus forte pour les premiers pour 100 que pour les suivants, correspond aux solutions solides; une ligne peu différente de la droite correspond aux mélanges.

Dans certains cas de mélanges. on observe des courbes de mollesse s'éloignant sensiblement de la droite lorsque les alliages ont été insuffisamment recuits. Ainsi, pour les alliages zinc-cadmium (fig. 150) la ligne continue représente la mollesse après 5 semaines et la ligne dis-

Fig. 150. — Zinc-cadmium. La mollesse suivant MM. Glasunow et Matveew (1914).

continue après 3 jours de recuit. Nous y voyons qu'un recuit prolongé rapproche la courbe de la droite, mais ne la rectifie pas complètement. Les irrégularités, produites par un recuit insuffisant, se manifestent particulièrement aux environs du zinc et vers l'eutectique; aux environs du zinc elles pourraient être expliquées par sa transformation allotropique à 350° qui n'est parachevée que par un recuit prolongé; la diminution de mollesse aux environs de l'eutectique (74 % atomiques de Cd) est probablement due à son écrouissage au refroidissement.

Pour les alliages cuivre-nickel (fig. 151), qui forment des solutions solides continues, la courbe de mollesse montre un minimum plat avec une descente assez faible du côté du nickel. La diminution de la mollesse pour des solutions solides dépend des corps mis en présence et peut être assez faible, dans certains cas, pour se cacher derrière les erreurs d'expérience. La présence des impuretés contribue à augmenter cette incertitude, certaines d'entre elles abaissant fortement la mollesse des métaux et des combinaisons et diminuant ainsi l'influence des solutions solides observées.

Dans les alliages cuivre-argent (fig. 152), les solutions solides sont nettement indiquées par la diminution rapide de la mollesse, alors qu'une droite indique les mélanges des deux solutions solides limites.

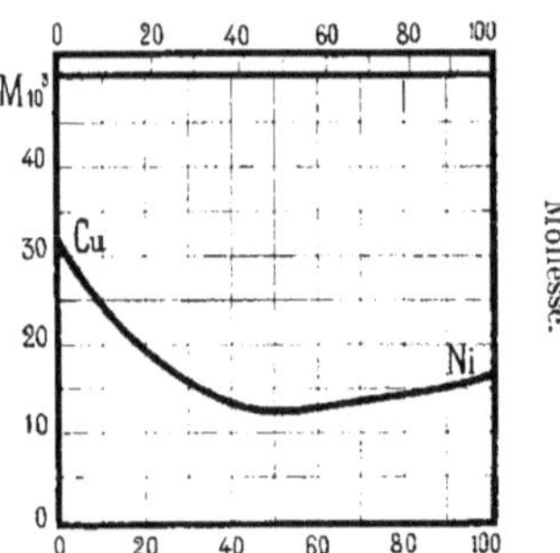

Fig. 151. — Cuivre-nickel. La mollesse suivant MM. Kurnakow et Rapke (1911).

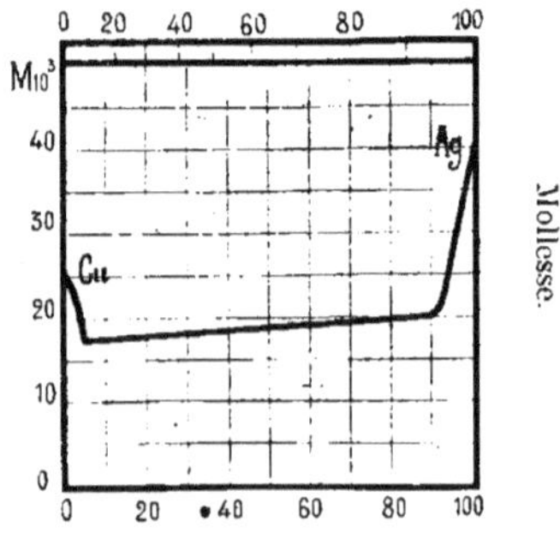

Fig. 152. — Cuivre-argent. La mollesse suivant MM. Kurnakow, Puschin et Senkowski (1910).

Présence des combinaisons. — Les combinaisons entourées de solutions solides sont indiquées par des maxima sur le diagramme de la mollesse; les composés définis entourés de mélanges, ou formant des solutions solides avec l'un des constituants voisins et des mélanges avec l'autre, doivent se manifester par des points angulaires de la courbe.

Ainsi, dans les alliages magnésium-argent, que nous avons eu l'occasion d'étudier bien des fois (pp. 64, 96 et 103), le maximum de la courbe de mollesse (fig. 153) correspond à la combinaison AgMg entourée de solutions solides. La combinaison AgMg³, qui forme une solution solide peu étendue avec le magnésium, ne se manifeste pas sur la courbe de mollesse, alors qu'elle est nettement indiquée par un point angulaire sur la courbe de conductivité. Ceci est dû, probablement, au fait que les mesures de mollesse sont, en général, bien moins précises que celles de la conductivité électrique et les points angulaires, assez nettement visibles sur les courbes de cette dernière, peuvent disparaître ici du fait des erreurs d'expérience.

Un autre exemple est fourni par les alliages magnésium-cadmium qui forment, comme nous le savons (pp. 53 et 126), une combinaison, MgCd, entourée de solutions solides et subissant une transformation allotropique vers 248°.

Sur la courbe de la mollesse (fig. 154), la combinaison MgCd se manifeste par un maximum très net. Le passage des solutions solides non transformées à celles qui ont suivi la transformation de la combinaison, se manifeste du côté du magnésium par une discontinuité, comme sur la courbe de conductivité (fig. 119 ; par contre, du côté du cadmium, la discontinuité n'est pas mise en évidence et paraît être remplacée par un large palier d'allure continue.

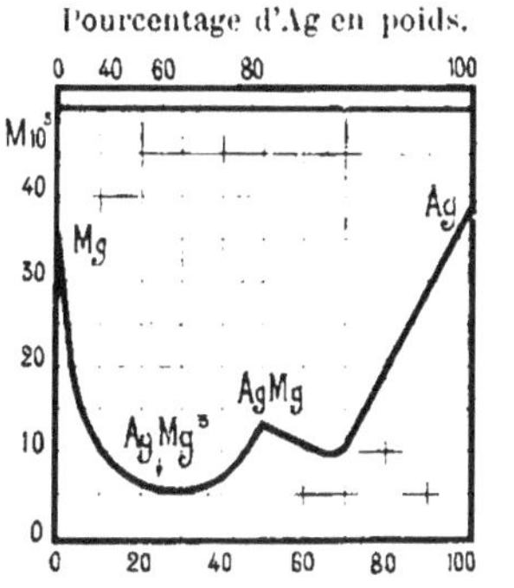

Fig. 153. — Magnésium-argent. La mollesse suivant MM. Smirnow et Kurnakow (1911).

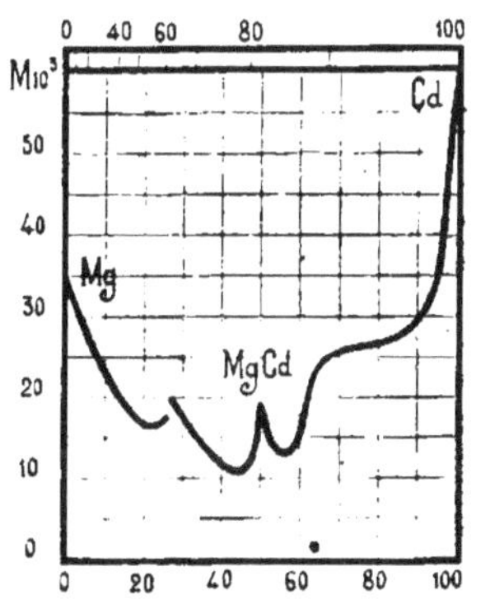

Fig. 154. — Magnésium-cadmium. La mollesse suivant M. Urasow (1912).

Nous voyons ainsi que, s'il existe entre les courbes de mollesse et celles de conductivité électrique et du coefficient de température de la résistance un parallélisme avancé, il n'y a ni similitude complète, ni proportionnalité exacte entre les valeurs numériques correspondantes.

RÉSISTANCE MÉCANIQUE.

Résistance à la traction. — Prenons une barre de laiton, à 33 pour 100 de zinc en poids, pour la soumettre à la traction et représentons sur le diagramme (fig. 155) l'allongement relatif de cette barre (abscisses) en fonction de la force appliquée (ordonnées).

Jusqu'à une traction de 10 kg. par mm², nous voyons la longueur de la barre croître presque proportionnellement à la force appliquée en traçant la ligne O E du diagramme. Le phénomène est alors reversible, de sorte que l'allongement disparaît en même temps, que l'effort de traction.

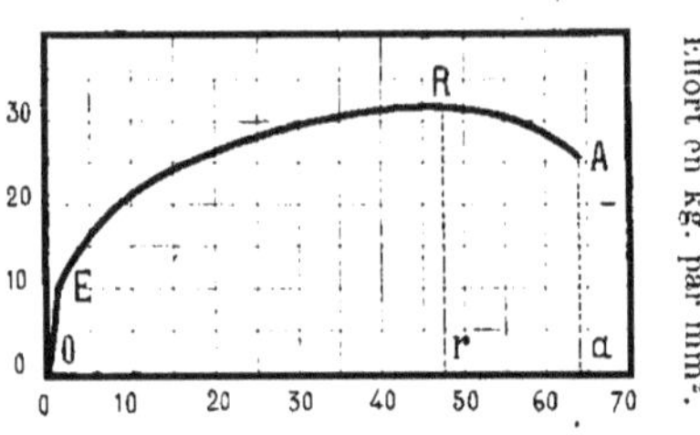

Fig. 155. — Courbe de traction du laiton à 33 pour 100 de zinc en poids.

La propriété de l'alliage intervenant alors, son *élasticité à la traction,* est mesurée par le rapport de la force employée à l'allongement relatif produit. Ce rapport porte le nom de *module de traction* ou *module de Young* qui pour notre laiton est de 9.500 kg. mm², c'est-à-dire que la tension de 1 Kg. par mm² de section produit un allongement égal à 1`95 pour 100 de la longueur primitive de la barre.

Au delà de la *limite élastique,* représentée par le point E de la courbe, les déformations de la barre, bien plus grandes qu'auparavant, deviennent permanentes et croissent plus vite que les charges, comme le montre la partie E R du diagramme.

Lorsque la longueur de la barre augmente à la traction, son diamètre s'amincit. Au-dessous de la limite élastique, ce phénomène est uniforme et reversible : le rapport de la diminution relative du diamètre à l'augmentation relative de la longueur s'appelle *coefficient de Poisson;* il est toujours inférieur à 0,5 et se trouve, pour la grande majorité des métaux et des alliages, égal à 1/3. Ainsi pour le laiton, un allongement

Fig. 156. — La striction sur une éprouvette de traction (Anczyc, 1913).

de 1 pour 100 est accompagné d'un rétrécissement de 0,33 pour 100 du diamètre; le coefficient de Poisson est donc égal à 0,33.

Lorsque la limite élastique est dépassée, l'amincissement du diamètre cesse d'être uniforme et l'on remarque en un endroit de la barre, ordinairement au milieu, une diminution de section localisée, dite *striction* (fig. 157). Les efforts nécessaires à l'allongement de la barre sont alors de moins en moins grands, sa section étant de plus en plus amincie par la striction. La courbe de traction passe donc par un maximum R, correspondant à un effort de 32 Kg. par mm², et marque la rupture de l'éprouvette à une pression inférieure, indiquée par le point A.

La charge maxima, que peut supporter une barre avant de se rompre, indique la *ténacité* de l'alliage et porte le nom de *résistance à la traction* ou de *charge de rupture;* elle ne correspond pas à la charge au moment de la rupture Aa, mais au maximum de la courbe de traction (Rr) et s'exprime en Kg. par mm² de section primitive (et non pas de section réelle) du barreau.

La longueur Oa indique *l'allongement à la rupture* de la barre en pour 100 de sa longueur primitive.

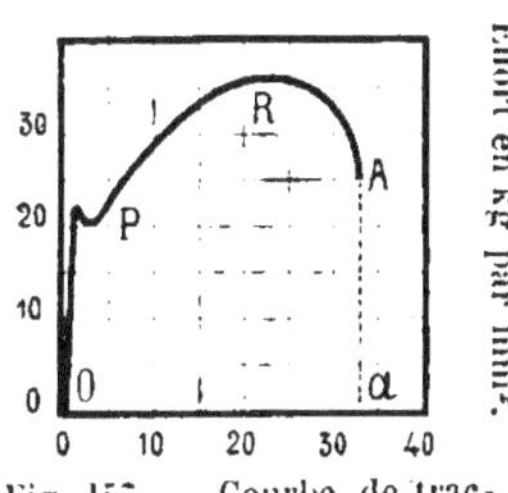

Allongement en pour 100.

Fig. 157. — Courbe de traction du fer.

La striction est mesurée après la rupture par la diminution maxima de la section en pour 100 de la section primitive.

Pour le fer, un allongement brusque se manifeste à la fin de la période élastique, produit probablement par un déplacement des cristaux avant leur désagrégation. La courbe de traction présente alors un palier concave P (fig. 157). La présence du carbone et l'écrouissage diminuent l'ampleur de ce phénomène et peuvent le faire disparaître.

Pour les aciers au carbone, une simple relation de proportionnalité a été remarquée par M. Brinell (1900) entre la résistance à la traction R et la dureté H.

$$R = H K$$

Le coefficient K est voisin de 1 3, mais varie légèrement avec la dureté de l'acier et suivant que l'empreinte à la bille est faite parallèlement ou perpendiculairement au sens du laminage, alors que la traction s'exerce toujours parallèlement au sens du laminage.

M. Grard (1911) indique pour le coefficient K les valeurs suivantes :

		COEFFICIENT K		
		PERPENDICULAIREMENT	PARALLÈLEMENT	APRÈS TREMPE
ACIERS	R	AU LAMINAGE	AU LAMINAGE	ET REVENU
Extra-doux	34-40 kg.	0,360	0,345	
Doux et demi-doux	40-55 kg.	0,355	0,342	0,346
Demi-durs	55-65 kg.	0,353	0,337	0,344
Durs	65-75 kg.	0,349	0,321	0,318

Par exemple, un acier, dont le nombre de dureté est 180 Kg.mm^2 possède une résistance à la traction voisine de 62 Kg.mm^2.

Lorsqu'on passe à d'autres catégories d'alliages, le coefficient de proportionnalité peut changer très sensiblement, car on connaît bien des alliages durs et peu tenaces en même temps. Ainsi, pour que cette relation permette de remplacer les essais de traction par ceux de la dureté, plus rapides et moins coûteux, il est nécessaire de fixer empiriquement les limites exactes de son application.

En relation étroite avec les coefficients de la ténacité est la *ductilité,* c'est-à-dire la susceptibilité d'être étiré à la filière en fils minces. Pour cette opération, la limite élastique doit être dépassée et la résistance à la rupture ne doit pas être atteinte. Ainsi, en général, un corps est d'autant plus ductile, que sa limite élastique est plus éloignée de sa charge de rupture.

Résistance à l'écrasement. — Si, au lieu d'étirer le barreau, on change l'effort de direction en exerçant des pressions de plus en plus élevées, on observe des phénomènes analogues à ceux de la traction, mais de signe inverse.

Au-dessous de la limite élastique, le raccourcissement du barreau et l'augmentation de la section sont reversibles et mesurables par les mêmes coefficients, en grandeur absolue, qu'à la traction.

La limite élastique étant dépassée pour le même effort qu'à la traction, les déformations deviennent permanentes et l'alliage commence à manifester sa *plasticité* ou sa *fluidité*. Il peut alors être comparé à un liquide visqueux, car il acquiert la propriété de prendre la forme du réservoir qui le contient ou de « couler » à travers un orifice pour des pressions suffisamment élevées. Ces *pressions d'écoulement* dépendent des conditions de l'expérience et sont, de règle, bien supérieures à la charge de rupture, ce qui peut être expliqué par un écrouissage plus fort et plus régulier à l'écrasement qu'à la traction.

MM. Kurnakow et Zemczuzny (1909) indiquent une relation qui permettrait de remplacer la mesure de dureté, peu commode pour les alliages mous, par celle de la pression d'écoulement à travers un orifice de dimensions déterminées. « Entre les pressions d'écoulement, disent-ils, et les nombres de dureté de Brinell on peut observer un parallélisme complet. On peut calculer très approximativement les pressions d'écoulement à l'aide du nombre de dureté et inversement. »

L'analogue de la ductilité est la *malléabilité*, c'est-à-dire la susceptibilité d'être façonné en lames minces par le martelage ou le laminage. Pour ces opérations la pression doit être suffisamment élevée pour produire un « écoulement » local, sans que la rupture se produise. En général, les métaux les plus ductiles, sont aussi les plus malléables.

Compressibilité. — C'est la propriété d'un corps de diminuer de volume sous une pression uniforme sur toute sa surface.

Pour un corps homogène, cette diminution du volume n'est jamais permanente et on peut la considérer, en première approximation, comme proportionnelle à la pression. La compressibilité est caractérisée par le *module de compressibilité* égal au rapport de la pression employée à la diminution relative du volume.

Pour le laiton, par exemple, le module de compressibilité déterminé par l'expérience (Regnault) est de 9600 kg. environ, ce qui veut dire, qu'une pression de 1 kg. par mm^2 de surface produit une diminution de 1/96 pour 100 du volume primitif.

Théoriquement, le module de compressibilité (c) est relié au module de Young (e) et au coefficient de Poisson (z) par la relation

$$c = \frac{e}{3(1 - 2z)}$$

Flexion. — Une barre, posée librement sur deux supports distants de l (fig. 158) et soumise en son milieu à une force unique P, donnera par sa flexion une flèche f, dont la valeur pourra être calculée par la formule

$$f = \frac{1}{48} \cdot \frac{Pl^3}{e} \cdot k$$

où e désigne le module de Young et k est un coefficient dépendant de la section de la barre. Pour une section ronde, k prend la valeur $\frac{64}{\pi d^4}$

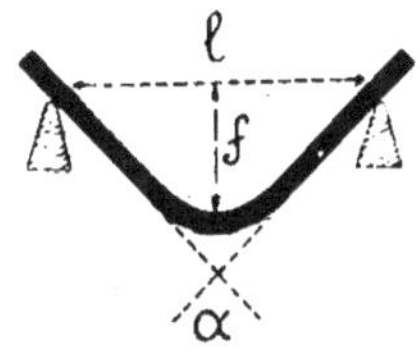

Fig. 158. — La flexion.

où d est le diamètre; pour une section rectangulaire, ce coefficient devient $\frac{12}{ab^3}$ où a est la largeur et b l'épaisseur de la barre. Ainsi, dans la flexion le seul facteur dépendant de la matière est le module de traction.

La formule n'est applicable que lorsque la limite élastique n'est pas dépassée et la déformation reste reversible. Industriellement, les essais de flexion se font en dépassant sensiblement la limite élastique afin de déterminer l'angle α pouvant être atteint sans que la partie convexe de la barre manifeste des fêlures.

Influence du temps. — La mesure des propriétés mécaniques est influencée par la vitesse de leur exécution. Ainsi, un essai de traction rapide donne, ordinairement, une résistance à la rupture supérieure et un allongement inférieur à ceux d'un essai lent.

Par exemple, M. André Le Chatelier (1900) trouve les nombres suivants pour la charge de rupture en fonction de la vitesse de l'essai.

Métal	Durée de l'essai			Charge de
	30 secondes	5 minutes	1 heure	rupt. réelle
Cuivre. . . .	27, 8 kg.	26, 3 kg.	25, 1 kg.	23, 5 kg.
Aluminium .	14, 9 —	14, 4 —	13. 4 —	11, 0 —
Zinc.	28, 0	21, 0	11, 5 —	2, 0 -

Dans le fer et les aciers, l'accélération de la traction produit des effets assez faibles et variables suivant la température de l'essai.

Le travail absorbé par la rupture à la traction paraît indépendant de la vitesse de l'essai. Par exemple, dans les essais de M. Charpy 1909, deux aciers doux, A et B, servirent d'échantillons et donnèrent les nombres suivants pour une traction lente comportant un allongement de 0,1 mm par seconde.

	LIMITE ÉLASTIQUE	CHARGE DE RUPT.	ALLONGEMENT EN P. 100.	STRICTION EN P. 100	TRAVAIL DE RUPTURE PAR CM^2 DE SECTION
A.	30 kg.	42 kg.	32 %	67 %	91 kgm
B.	30 —	44 —	31 —	66 —	94 —

Dans l'essai de traction lente, le travail absorbé par la rupture est mesuré par la surface OERA*a*O du diagramme de traction (fig. 155 et 157) égale au produit des efforts appliqués par les allongements produits; ainsi, ce travail dépend non seulement de la section, mais aussi de la longueur de l'éprouvette.

Une rupture par choc, produisant un allongement de 20 mètres par seconde, ce qui correspond à une vitesse d'essai 200.000 fois plus grande, a donné, pour les mêmes aciers et sur des éprouvettes identiques, les nombres suivants.

	ALLONGEMENT EN P. 100	STRICTION EN P. 100	TRAVAIL DE RUPTURE PAR CM^2 DE SECTION
A.	37 %	66 %	100 kgm
B.	38 —	67 —	111 —

Dans l'essai au choc par traction, le travail absorbé est déterminé par la connaissance de l'énergie mise en jeu et par la mesure de celle qui n'a pas été absorbée à la rupture de l'éprouvette. Si l'on considère, que dans l'essai au choc, une partie du travail absorbé a dû se transformer en chaleur, on peut admettre que le même travail a été absorbé par la rupture à la traction lente et à la traction au choc. Aussi, les allongements et la striction ne diffèrent pas sensiblement dans les deux essais.

Fragilité. — Si, dans la rupture à la traction, la vitesse de l'essai n'influe presque pas sur le travail absorbé, il n'en est pas de même pour la rupture à la flexion.

Dans un essai lent, la rupture d'une éprouvette uniforme à la flexion dépend des mêmes facteurs que la rupture par traction, étant donné qu'elle commence à se produire lorsque la résistance à la traction des fibres les plus tendus a été dépassée.

Au contraire, lorsque la rupture à la flexion est faite au choc et sur des barreaux entaillés, le travail de rupture par centimètre carré de section ne se trouve plus dans aucun rapport avec les données de l'essai de traction et indique une propriété indépendante de la matière, la *résilience* ou son inverse, la *fragilité*.

Ainsi les deux aciers, qui ont montré à la traction lente et au choc des qualités très rapprochées, manifestent dans un essai de flexion au choc sur barreaux entaillés une résilience très différente.

Dans l'acier A le travail de rupture par cm² de sect. est 44 kg.

— B — — 3 —

L'acier B est donc très fragile, alors que l'acier A résiste bien au choc.

Le fait, que la fragilité se manifeste au choc par flexion, alors qu'elle n'est pas, ou presque pas, indiquée au choc par traction, réside probablement dans la différence du processus de rupture dans les deux cas. A la traction, les éléments d'une section se présentent dans les mêmes conditions et arrivent simultanément à la limite de leur résistance; au contraire, à la flexion les éléments d'une section se trouvent dans des conditions très différentes et la rupture se fait progressivement.

Le rôle de l'entaille ne se réduit pas à ce qu'elle détermine d'avance l'endroit où la rupture de l'éprouvette doit se produire; il est beaucoup plus important, comme l'ont fait voir MM. Fremont et Osmond (1901).

« Quand on plie, disent-ils, une petite barette non entaillée d'acier doux ou d'un métal similaire, la nappe de traction s'étend sur une longue base; les fibres les plus étirés peuvent s'allonger sur une grande longueur, comme dans l'essai par traction et l'allongement absolu est grand. Ainsi tous les aciers doux, sauf accident, supportent-ils le pliage à bloc sur des barettes de 8 millimètres d'épaisseur.

Il faut établir un diagnostic différentiel : d'où l'entaille. L'allongement total sur la fibre la plus étendue se réduit alors à l'allongement sur la largeur de l'entaille et serait nul pour une entaille parfaitement aiguë.

De même que le pliage sans entaille ne ferait pas de distinction entre les aciers doux parce qu'il constituait un essai trop faible, de même une entaille trop aiguë constituerait un essai trop dur : tous les aciers usuels se casseraient avec une faible dépense de travail et seraient encore mal différenciés. »

L'exemple suivant nous montrera l'importance de la forme de l'entaille tranchant la moitié de la section des éprouvettes prismatiques de 10 millimètres de côté coupés dans un acier au carbone à 54 kg. de résistance à la traction (Ehrensberger, 1908).

ENTAILLE	RÉSILIENCE
à fond cylindrique de 2 millimètres de rayon.	7 kgm.
à trait de scie de 1 millimètre d'épaisseur.	3 —
aiguë d'un angle de 45°.	1 —

C'est l'entaille à fond cylindrique, sur des éprouvettes prismatiques de 30 millimètres de côté, qui a été adoptée comme normale. La résilience d'un laiton à 33 pour 100 de zinc, mesurée dans ces conditions, est de 20 kgm. environ.

Rigidité. — Pour définir la rigidité, nous supposerons à l'intérieur d'un corps deux surfaces planes et parallèles (fig. 159) dont une, A B C D, est fixe, tandis que l'autre,

E F G H, est soumise à l'action d'une force tangentielle P, répartie uniformément sur toute cette surface et exprimée en kg. par millimètre carré. Le corps sera alors déformé, la surface soumise à l'action de la force occupera la position E' F' G' H' et les couches successives entre les deux plans glisseront les unes sur les autres d'un angle α. La propriété du corps de s'opposer à cette déformation porte le nom de *rigidité*; elle est mesurée par le *module de rigidité*, ou *module de Coulomb*, égal au rapport de la tension employée à l'angle du déplacement produit. Cet angle sera exprimé par le rapport de l'arc au rayon, ce qui donne pour unité absolue le *radian* = 57° 17′ 44″, 8.

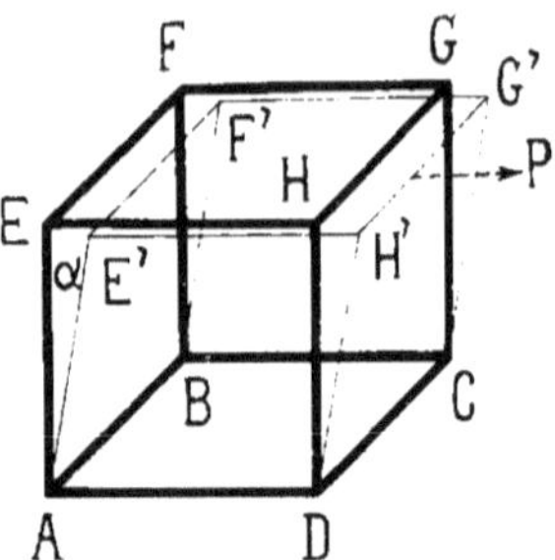

Fig. 159. — Déformation par une force tangentielle.

Pour le laiton, le module de Coulomb est de 3.700 kg., ce qui veut dire qu'une tension tangentielle de 1 kg. par millimètre carré produira le glissement de

$$\frac{57° \; 17' \; 44'', 8}{3700} = 55'', 7$$

Ces déformations, ayant dépassé une certaine limite élastique, deviennent permanentes. Au-dessous de la limite élastique, le module de Coulomb (n) est relié théoriquement au module de Young (e) et au coefficient de Poisson (σ)

$$n = \frac{e}{2 \, (1 + \sigma)}$$

Le module de Coulomb est ordinairement déterminé par la *torsion* d'un fil suivant la formule

$$n = \frac{32m \; l}{\pi d^4 \alpha}$$

où l est la longueur du fil, d son diamètre et m le moment du couple tordant le fil d'un angle α (en radians).

L'allongement d'un ressort à boudin ne dépend que de la rigidité, alors que l'action d'un ressort spiral plat est liée au module de traction.

Si la limite élastique de rigidité est dépassée, les déformations peuvent amener la rupture par un effet de cisaillement. La *résistance au cisaillement* est mesurée par le rapport de l'effort produisant la rupture (en kg.) à la surface rompue (en mm²) ce qui suppose la charge du ciseau répartie uniformément sur la surface tranchée.

M. Frémont (1906) trouve pour les aciers de construction une relation empirique entre la résistance au cisaillement R′ et la résistance à la traction R

$$R' = 0,34 \; R + 75$$

Essais de durée. — Nos connaissances actuelles sur la résistance des métaux aux efforts de traction, de flexion et de choc répétés un grand nombre de fois (un million environ) datent des travaux de Woëhler (1866).

Ces essais, repris souvent depuis, montrent que, pour les efforts de traction répétés, la résistance à la rupture est amenée au voisinage de la limite élastique. Les efforts de compression successifs produisent le même effet. De plus, lorsque la traction est suivie chaque fois d'une compression, la résistance à la rupture s'abaisse encore au-dessous de la limite élastique, de sorte que la rupture est produite par une série d'efforts dont aucun séparément ne devrait laisser de traces permanentes.

Par exemple, suivant M. Smith (1911) un acier à 0,27 pour 100 de carbone, donnant à la traction lente une limite élastique $E = 29$ kg. par millimètre carré, une résistance à la rupture $R = 51$ kg. et un allongement $A = 25 \%$, se rompt à la longue sous des efforts de traction de $W' = 29$ kg. par millimètre carré et ne supporte que des efforts de traction inférieurs à $W = 21$ kg. lorsqu'ils sont suivis d'une compression équivalente. Si l'on ajoute l'effort de traction à l'effort de compression pour indiquer les limites extrêmes de l'effort total, nous voyons qu'il varie dans l'exemple cité entre $W' = 29$ kg. et $2 W = 42$ kg. Pour d'autres métaux, la différence peut être plus faible et Woëhler était même enclin à considérer que l'effort total supportable à la longue est toujours le même, indépendamment de sa limite inférieure.

Pour expliquer ces faits, Bauschinger 1886 admet que l'effort (**W**) par millimètre carré de section, supporté par un métal indéfiniment dans les déformations alternatives répétées, est égal à sa vraie limite élastique et on le désigne parfois sous le nom de *limite élastique de Woëhler*. La limite élastique apparente, observée ordinairement, serait donc surélevée artificiellement par des mesures imprécises et un écrouissage du métal pendant l'essai. Cette explication est d'autant plus plausible, que les efforts alternatifs développent avant la rupture des plans de glissement dans les cristaux, signe caractéristique de ce que la vraie limite élastique a été dépassée (Eving et Humfrey, 1903).

Dans les essais de durée par chocs intervient la limite élastique de Woëhler, déterminée par la traction répétée, et non pas la résilience mesurée à la rupture par choc unique. Ainsi, suivant M. Stanton (1912) la résistance aux chocs multiples, dépassant 100.000, serait proportionnelle au facteur

$$\frac{W^2}{e}$$

où W est la limite élastique de Woehler et e le module d'élasticité de Young.

Diagrammes en fonction de la composition. — On peut construire les courbes de résistance à la traction ou au choc en fonction de la composition pour en déduire la structure des alliages. Mais ces courbes sont trop influencées par l'état d'agglomération cristalline et par les erreurs de mesures pour donner des indices précis. Leur importance industrielle, en vue d'une utilisation pratique des alliages, entre principalement en ligne de compte.

Pour cette raison, les diagrammes des propriétés mécaniques sont, ordinairement, tracés en fonction de la composition en poids, la plus importante en pratique.

Les propriétés mécaniques des laitons (fig. 160) nous serviront d'exemple. Nous savons qu'à la température ordinaire le cuivre peut dissoudre 35 p. 100 de zinc en poids (voir p. 126) et que les alliages à teneur supérieure de zinc sont composés d'un mélange de la solution solide limite avec le composé CuZn. Cette limite de la solution solide se manifeste par un changement d'allure des courbes de dureté H et de résistance à la traction R. Le maximum de cette dernière courbe (40 %), de même que les points singuliers de la courbe d'allongement A, ne correspondent à aucun phénomène qui soit signalé

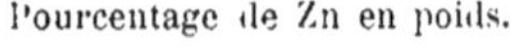

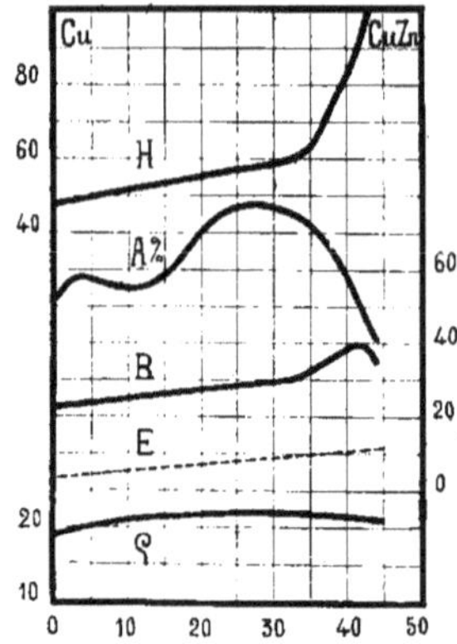

Fig. 160. — Cuivre-zinc. H, dureté; R, résistance à la traction; E, limite élastique; A, allongement à la rupture, et ρ, résilience suivant M. Guillet (1911).

par d'autres méthodes. La courbe de limite élastique E, ainsi que celle de résilience ρ ne manifestent aucun point singulier.

Dans les limites de la solution solide, la ténacité apparait proportionnelle à la dureté, mais le rapport est autre que pour les aciers (voir p. 162) de sorte que la résistance à la traction s'exprime par la moitié du nombre de dureté.

Influence de la température. — La résistance à la traction et au choc des métaux et des alliages diminue, ordinairement, avec l'élévation de la température. Cette variation est rarement régulière et on y voit, parfois, des singularités ou des discontinuités entre des limites de température où aucune autre méthode n'indique de points critiques.

Le plus souvent, ces irrégularités sont dues à une recristallisation qui atteint surtout, sinon uniquement, les propriétés mécaniques. D'une façon générale, la petitesse des cristaux est favorable à la résistance mécanique, en permettant une répartition plus uniforme des tensions. Le grossissement des cristaux pendant l'échauffement est donc une cause de diminution de la résistance mécanique et cela d'autant plus, que pendant la recristallisation les impuretés viennent se grouper entre les joints des cristaux, y créant des surfaces de faiblesse. On dit alors que le métal est *brûlé*.

Comme les essais mécaniques produisent un écrouissage et celui-ci favorise la cristallisation, on a pendant les essais lents à température élevée des phénomènes complexes, dont un, l'écrouissage, élève les propriétés mécaniques, alors que l'autre, la recristallisation, les abaisse.

Ces causes, associées à une précision assez médiocre des mesures mécaniques, obligent d'attribuer aux courbes de ces propriétés en fonction de la température une importance industrielle plutôt qu'une valeur théorique.

Les courbes reproduites sur la figure 161 se rapportent à des laitons à haute teneur de zinc et montrent une allure assez dissemblable. Tandis que la diminution de la résistance à la traction R, est assez régulière, de même que celle de la résilience ρ, la limite élastique E et l'allongement, A, passent par un maximum.

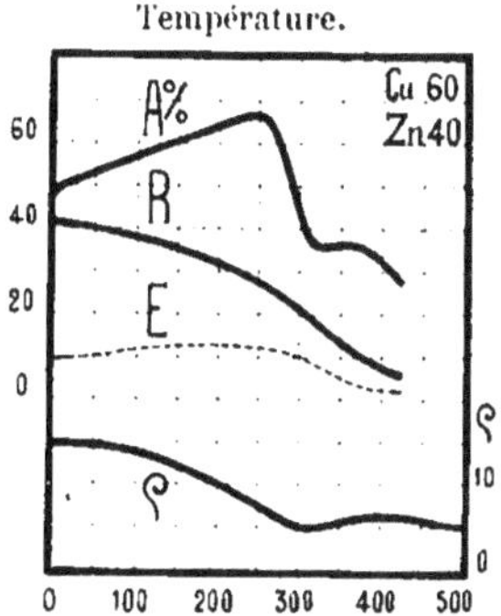

Fig. 161. — Propriétés mécaniques d'un laiton, à 40 pour 100 de zinc, en fonction de la température. R, résistance à la traction; E, limite élastique; A, allongement à la rupture (Huntington, 1912); ρ, résilience (Guillet et Bernard, 1913).

ÉCROUISSAGE.

La destruction des cristaux. — Jusqu'à présent nous avons considéré le cristal comme un élément essentiel de la structure des métaux et des alliages, sans envisager la possibilité de sa destruction.

Tant que l'alliage est sujet à des efforts au-dessous de sa limite élastique, le réseau cristallin permet une déformation passagère et les cristaux restent intacts.

Si l'effort dépasse la limite élastique, la soudure entre les cristaux peut céder et l'alliage casse. C'est le cas des alliages fragiles qui ne manifestent pas d'allongement permanent avant la rupture.

Dans la majorité des alliages, plus ou moins plastiques, la soudure entre les cristaux est plus forte que le cristal et, lorsque la limite élastique est dépassée, le cristal se déforme et se détruit par des glissements sur ses plans de clivage.

On appelle *plans de clivage* les plans de moindre résistance entre les molécules du cristal. Comme dans une maçonnerie en briques, des glissements peuvent se produire à l'intérieur d'un cristal dans certaines directions de préférence à d'autres. Les plans de clivage, mis en jeu, dépendront de la direction de la force, mais, étant donné la structure symétrique du cristal, ils le diviseront toujours en une série de lamelles parallèles. C'est du nombre de ces lamelles, glissant les unes sur les autres, que dépend la plasticité ou la fluidité des métaux et des alliages.

Les surfaces de glissement dans des cristaux en destruction sont mises en évidence par la micrographie sous la forme d'un réseau de lignes parallèles, portant le nom de *lignes de Neumann* en l'honneur du savant qui les a observées, le premier, sur du fer météorique. Parfois, le terme anglais de *sliphands* leur est attribué, surtout lorsqu'il s'agit de métaux autres que le fer. Les figures 162 et 163 reproduisent un échantillon de fer avant et après sa déformation; on y voit les lignes de Neumann sillonner les cristaux déformés.

Fig. 162 et 163. — Lignes de Neumann. *En haut*, un échantillon de fer avant une déformation par compression; *en bas*, le même échantillon après la déformation (Ewing, 1912) Gr. = 150.

Dans certains cas, les lignes de Neumann forment un réseau particulièrement régulier et apparaissent à l'œil nu sur une surface bleuie au revenu ou polie soigneusement et attaquée ensuite à l'acide.

Luders (1860) avait, le premier, décrit ces lignes et on leur donne parfois son nom; M. Hartmann (1896) les a étudiées avec soin.

Toute déformation permanente peut donner naissance aux *lignes de Luders*, mais elles apparaissent surtout aux endroits soumis à une compression aux différents essais (écrasement par pression ou par choc, poinçonnage, flexion, etc.) Ainsi, sur une éprouvette plate de traction (fig. 164) les lignes de Luders sont particulièrement denses à la partie supérieure de l'orifice de la tête, où une pression aura été exercée, et au raccordement du corps où une compression par flexion aura eu lieu.

Sur les tôles cisaillées à froid, les lignes de Luders apparaissent souvent sur une bande mesurant jusqu'à 5 centimètres de largeur et s'oxydant plus facilement que le reste de la tôle.

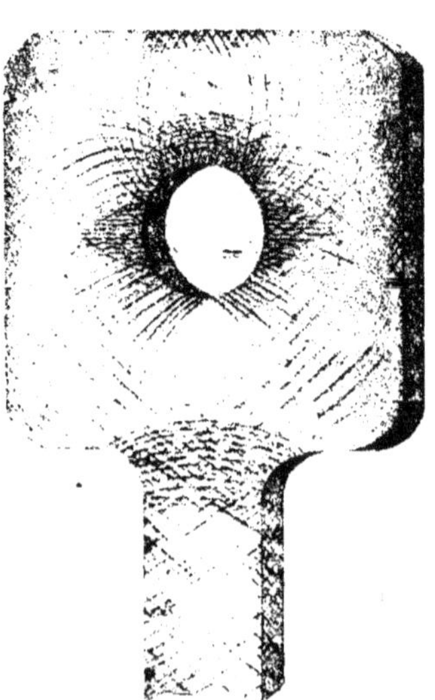

Fig. 164. Lignes de Luders sur une éprouvette de traction (Hartmann, 1896).

Effets de l'écrouissage. — La destruction des cristaux par un effort mécanique porte le nom d'écrouissage. L'écrouissage est provoqué particulièrement par l'étirage, le laminage, le martelage, l'estampage et par d'autres déformations analogues.

La destruction du système cristallin n'est pas mesurable directement, ce qui oblige à un choix, assez arbitraire, d'une méthode indirecte pouvant servir d'indice du degré de l'écrouissage.

Si l'effort mécanique tend uniquement à diminuer la section de l'échantillon, comme c'est le cas pour l'étirage et quelquefois pour le laminage, le degré de l'écrouissage peut être mesuré en pour 100 de la réduction de la section, rapportée à la section primitive. Alors l'écrouissage est

$$\frac{S - s}{S}\ 100.$$

où S est la section de l'échantillon avant le travail subi et s après ce travail. Par exemple, un écrouissage de 50 % correspond à la diminution de la section de moitié, celui de 100 % ne peut pas être atteint, correspondant à une réduction de la section à zéro. Nous adopterons cette façon de mesurer l'écrouissage de préférence à d'autres.

Certains auteurs rapportent la diminution de section non pas à la section primitive (S), mais à la section réduite (s); la diminution de section de moitié correspond alors à un écrouissage de 100 %, la réduction de la section à zéro, correspondrait à un nombre infini pour l'écrouissage.

Si l'écrouissage est produit par l'estampage ou le martelage, il ne peut plus être mesuré par la diminution de la section et doit être rapporté indirectement à l'échelle des échantillons étirés par la mesure du changement des propriétés mécaniques.

Les effets de l'écrouissage sur presque toutes les propriétés des métaux et des alliages sont très notables.

La résistance mécanique est augmentée par l'écrouissage, mais l'allongement à la rupture diminue en même temps. Par exemple, pour un laiton à 33 p. 100 de zinc (fig. 165) écroui par laminage, la limite élastique E, de même que la résistance à la traction R, montent presque proportionnellement à l'écrouissage; l'allongement à la rupture, A, s'abaisse très rapidement pour les premiers 30 % de l'écrouissage, après quoi sa diminution devient de beaucoup

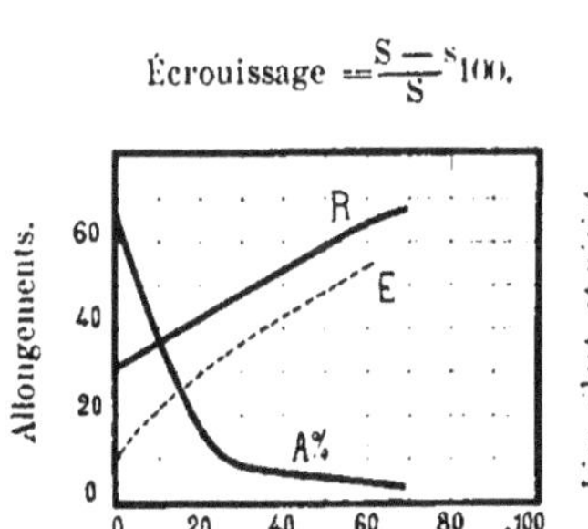

Fig. 165. — Influence de l'écrouissage sur la limite élastique E, la résistance à la traction R et l'allongement A d'un laiton à 33 pour 100 de zinc (Grard, 1909).

plus lente. Le graphique nous montre qu'un écrouissage de 50 % quintuple la limite élastique, double presque la résistance à la rupture et réduit au dixième l'allongement de ce laiton.

La dureté des alliages écrouis, mesurée par la méthode Brinell, augmente approximativement comme leur résistance à la rupture (Matweew. 1911); leur densité est diminuée de quelques dixièmes de p. 100 (Kahlbaum et Sturm, 1905).

L'écrouissage augmente de quelques p. 100 la résistance électrique et diminue son coefficient de température (Credner, 1913). Le pouvoir thermo-électrique d'un métal écroui, par rapport au même métal recuit, peut atteindre quelques dixièmes de microvolts (Noll, 1894). Dans une pile, formée avec un métal recuit et le même métal écroui, ce dernier s'électrise négativement et peut donner une force électromotrice de quelques millivolts (Spring, 1902).

Les propriétés chimiques sont aussi, le plus souvent, changées par l'écrouissage. Le fer écroui devient plus attaquable par les réactifs et c'est ainsi que la macroscopie met en évidence les lignes d'écoulement et permet de suivre le travail mécanique subi par une pièce (fig. 23 et 24). Ces lignes d'écoulement sont constituées par les parties les plus écrouies et, par conséquent, les plus attaquées (Goerens, 1913). Contrairement au fer, le cuivre écroui paraît devenir moins attaquable par les réactifs (Martens et Heyn, 1912).

Effets du recuit. — Prenons, pour fixer les idées, un laiton à 33 p. 100 de zinc, écroui à 56 % environ, et voyons l'influence du recuit à différentes températures sur ses propriétés mécaniques (fig. 166 et 167).

Jusqu'à 250° environ, l'influence du recuit ne se manifeste pas et l'alliage conserve sa structure reproduite sur la première micrographie au-dessous du diagramme, où sont visibles des cristaux allongés et détruits par le laminage.

Pour des recuits effectués entre 250° et 350°, la résistance à la traction, R, diminue très rapidement et l'allongement à la rupture, A, augmente en même temps. Ce sont là des températures où, suivant la supposition de M. Tammann (1914), la résistance mécanique des lamelles des cristaux détruits devient inférieure à leur tension superficielle; il y a donc coagulation des lamelles et recristallisation de l'alliage. En effet, la deuxième micrographie nous montre une nouvelle structure de l'alliage recuit à 300°, formée par de petits cristaux diversement colorés à cause de leur orientation différente.

La recristallisation n'est, pourtant, pas achevée entre ces températures, car les lamelles plus résistantes, à cause de leur épaisseur plus grande, ne cèdent à l'influence de la tension superficielle qu'à des températures supérieures. Chaque recuit à des températures supérieures

à 350° tend donc à un nouvel état d'équilibre forçant à la recristallisation les lamelles de plus en plus épaisses et en modifiant conséquem-
ment les propriétés mécaniques de l'alliage. La grandeur des cristaux
croît en même temps, comme nous le montrent les micrographies des

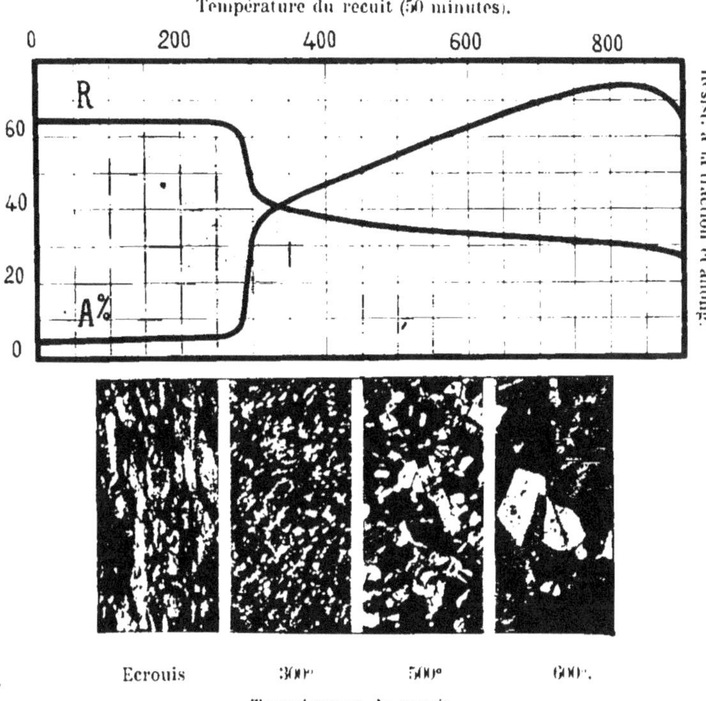

Fig. 166 et 167. — Influence de la température du recuit sur un laiton à 33 pour 100 de
zinc, écrouis à 56 %. *En haut,* l'influence sur la résistance à la traction (R) et sur l'allongement (A); *en bas,* l'influence sur la grandeur des cristaux (Grard, 1909).

alliages recuits à 500° et 600°. Un recuit complet n'est obtenu pour ce
laiton que vers 800°.

Sur la dernière micrographie on voit des bandes, limitées par des
droites parallèles, traversant les cristaux. Ce sont les *macles,* caractéristiques pour les métaux recuits après écrouissage et formés probablement par des lamelles cristallines entre deux plans de clivage.

La température de la première recristallisation n'est presque pas
influencée par le degré de l'écrouissage, mais elle diffère suivant le
métal ou l'alliage, étant située, par exemple pour le fer à 520° (Goerens, 1913) et pour le cuivre vers 180° (Grard, 1909).

Un écrouissage moyen favorise davantage le grandissement des cristaux qu'un écrouissage très fort. Il est probable que, dans le premier cas, les lamelles s'accolent aux cristaux voisins, encore non détruits, pour les agrandir; par contre, lorsque l'écrouissage est très fort, tous les cristaux sont plus ou moins détruits et les lamelles commencent leur agglomération en formant des petits cristaux qui ne grandissent que par la suite. Ainsi, sur une empreinte de dureté on peut voir (fig. 168), après le recuit, que les cristaux y sont plus grands sur la circonférence qu'au centre.

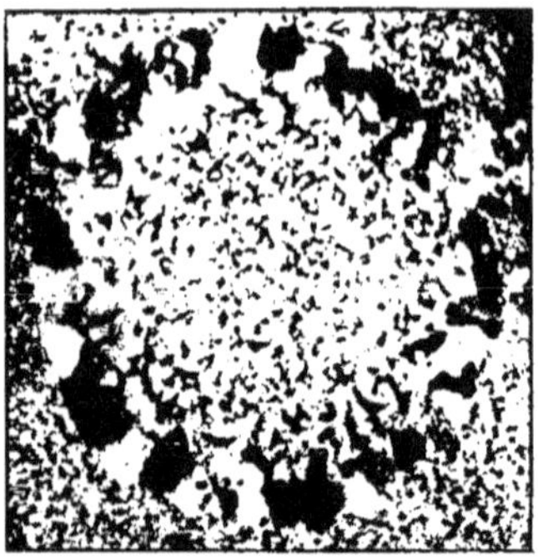

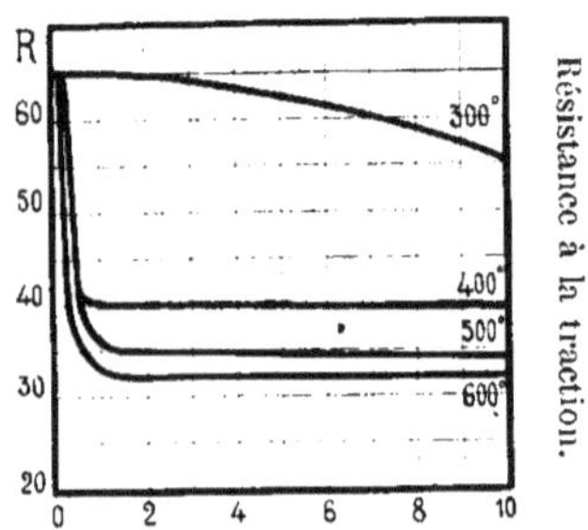

Fig. 168. — Empreinte de bille, sur un acier, après recuit (Charpy, 1911).

Le même phénomène est observable sur l'acier des éprouvettes de traction recuites après rupture. Les plus gros cristaux y apparaissent à l'endroit où la limite élastique vient d'être dépassée. La température, la plus favorable pour le grossissement des cristaux, est entre 700° et 900° (Chapell, 1914).

La durée du recuit principal n'est presque pas influencée par l'importance de l'écrouissage, mais varie sensiblement suivant la température. Ainsi, en représentant la résistance à la traction de notre laiton en fonction du temps du recuit à différentes températures (fig. 169), on peut voir que, si à 300° le recuit est encore lent, il se manifeste déjà en quelques dizaines de secondes à 400°, de sorte qu'en 1 minute environ l'alliage s'approche de son état d'équilibre relatif, qui ne se modifie ensuite que très lentement.

Temps en minutes.

Fig. 169. — Influence du temps du recuit sur la résistance à la traction d'un laiton à 33 pour 100 de zinc, écroui à 60 % (Grard, 1909).

Chaque état de recuit incomplet (revenu) détermine, suivant sa température, non seulement les propriétés mécaniques et la grandeur des cristaux de l'alliage, mais aussi toutes les autres propriétés modifiées par l'écrouissage.

Voici, par exemple, comment est modifiée par le recuit la résistance électrique du zinc écroui (r_0) et son coefficient de température (α) entre 0° et 100° (Benoit, 1873).

	r_0	x
zinc écroui	100	0,0037
recuit à 100°	97	0,0038
— à 240°	79	0,0040
— à 360°	78	0,0043

Le zinc est particulièrement sensible à l'écrouissage ; pour les autres métaux écrouis l'augmentation de la résistance par le recuit ne dépasse pas 3 à 4 p. 100 et se trouve troublée par un phénomène secondaire qui, à partir d'une certaine température du recuit, arrête la diminution de la résistance et la fait croître ensuite. Suivant M. Credner (1913), ce phénomène serait dû à la séparation des cristaux produite par un recuit à des températures élevées.

L'équilibre de l'alliage écroui, ou incomplètement recuit, n'est qu'apparent et correspond, en réalité, à une réaction lente. A la température ordinaire, cette réaction peut être mise en évidence par des mesures précises, comme celles de la résistance électrique, qui indiquent les progrès de la cristallisation en quelques mois. Les réactions pendant l'équilibre relatif, auquel conduit le recuit à une température déterminée sont moins lentes ; par exemple pour le laiton, un état atteint en 1 minute à 500° peut être obtenu en 1 heure environ à 450°. L'écrouissage amène donc le métal en un état d'équilibre instable qui tend à passer à l'état d'équilibre stable, produit par la recristallisation.

Hypothèses sur l'écrouissage. — Deux hypothèses sont en présence pour expliquer le changement des propriétés par l'écrouissage.

Celle de M. Beilby (1905) admet que l'écrouissage fait passer une partie du métal à l'état amorphe, comme un liquide en surfusion. Dans un métal écroui il y aurait donc deux phases et il serait comparable à une masse en partie vitreuse et en partie cristalline.

Cette hypothèse explique, assez facilement, le changement des propriétés par l'écrouissage et le recuit, étant donné que la résistance mécanique, la dureté et la résistance électrique des corps vitreux est ordinairement diminuée par la cristallisation, alors que la densité et l'allongement à la rupture augmentent en même temps.

Contre cette hypothèse parle son manque d'accord avec la loi des équilibres chimiques, car pour admettre l'existence du métal amorphe en surfusion il faudrait aussi admettre sa liquéfaction pendant l'écrouissage, alors que les pressions mises en œuvre sont beaucoup trop insuffisantes pour cela, comme le fait voir la formule de Clausius p. 10.

L'hypothèse de M. Tammann (1912) part d'un point de vue très différent ; elle admet que la destruction d'un cristal, suivant ses surfaces de glissement, ne fait que substituer une série de petits cristaux à un grand. Il n'y aurait donc qu'une seule phase dans l'alliage écroui, ce qui évite l'intervention des équilibres chimiques.

L'explication par cette hypothèse du changement des propriétés à l'écrouissage n'est pas dépourvue de quelques difficultés. Ainsi, l'augmentation considérable de la résistance à la traction ne serait due qu'à une structure plus homogène de l'alliage. L'augmentation de la dureté par l'écrouissage est niée par M. Tammann. Afin d'expliquer l'accroissement de la résistance électrique, M. Tammann est obligé d'admettre que la résistance de tous les cristaux diffère suivant leur orientation, bien que cette supposition, appliquée au système cubique, auquel appartient la grande majorité des métaux, ne se trouve confirmée ni par l'observation, ni par la théorie (voir p. 98).

L'hypothèse de M. Beilby paraît donc mieux rendre compte des modifications produits par l'écrouissage et nous croyons qu'il suffirait d'un changement dans son interprétation pour lui éviter le reproche d'être en contradiction avec la loi des équilibres.

Si l'on définit l'état solide comme cristallin et l'état liquide, ou vitreux, comme amorphe (p. 138), les produits lamellaires de la destruction des cristaux ne paraissent appartenir à aucune de ces deux catégories. Ils n'appartiennent pas à l'état amorphe, possédant encore une certaine structure, mais cette structure n'est pas cristalline, n'ayant plus le rapport des dimensions qui caractérisait le cristal d'origine. Il serait donc juste d'admettre, que ces produits lamellaires forment un état de transition entre l'état amorphe et l'état cristallin. Les états de transition sont définis par le fait, qu'ils ne sont en équilibre stable dans aucune condition et ne sont observables que grâce à la lenteur de leur transformation. En général, les états de transition sont sujets à des lois spéciales, qui leur sont propres, et l'application de la formule de Clausius à l'état lamellaire serait tout aussi injustifiée, comme, par exemple, l'application des lois sur les solutions à des colloïdes qui paraissent aussi faire partie des corps de transition. Nous dirons donc au sujet de l'écrouissage qu'il fait passer les métaux à *l'état lamellaire,* qui est un état hors d'équilibre, rappelant par certaines de ses propriétés l'état amorphe.

XII. PROPRIÉTÉS MÉCANIQUES

(PRATIQUE).

Considérations générales. — Essais de dureté. — Méthode Brinell. — Appareils. — L'empreinte. — Autres méthodes (méthode de M. Ludwik, scléromètre de M. Martens, scléroscope de M. Shore, échelle de Mohs). — Essais de traction. — Historique. — Loi de similitude. — Éprouvettes. — L'amarrage. — Machines de traction (machine à vis et machine à presse). — Mesures. — Essais au choc. — Historique. — Éprouvettes. — Appareils (mouton-pendule et mouton rotatif). — Mémoires cités aux chapitres XI et XII.

Considérations générales. — Nous avons vu qu'on pouvait établir des relations entre les différentes propriétés mécaniques et il suffirait d'en étudier quelques-unes pour déduire la valeur des autres avec une approximation suffisante. Ordinairement, la dureté, la résistance à la traction et la résistance au choc sont ainsi étudiées. L'essai de traction, le plus ancien, est aussi le plus répandu; comme il est assez coûteux, à cause des machines puissantes qu'il nécessite et du prix relativement élevé de la préparation des éprouvettes, on le remplace, autant que possible, par l'essai de dureté, en utilisant la relation de Brinell (p. 162 .

L'essai au choc est chronologiquement le dernier venu entre les épreuves mécaniques, mais, comme il indique une propriété importante en pratique et indépendante de la ténacité ou de la dureté, il paraît indispensable pour la définition des propriétés d'un alliage.

Pour obtenir des mesures mécaniques comparables, on est obligé d'en fixer par conventions certains facteurs, ce qui est de la compétence des Congrès de l'Association internationale pour l'essai des matériaux de construction.

ESSAIS DE DURETÉ

Méthode Brinell. — Le nombre de dureté H est défini par le rapport

$$H = \frac{P}{S}$$

où P désigne la pression, en kilogrammes, exercée sur la bille et S la surface de l'empreinte exprimée en millimètres carrés. L'inverse de ce rapport donne le nombre de mollesse.

Ordinairement, on suit l'exemple de M. Brinell (1900) en utilisant des billes d'acier trempé de 10 mm. de diamètre sous une pression de 3.000 kilogrammes pour les aciers et de 500 kilogrammes pour les autres alliages.

Avec cette convention, il devient nécessaire d'introduire un coefficient de correction dans une partie des mesures, le nombre de dureté variant en fonction de la pression et du diamètre de la bille. Pour un diamètre de bille donné, le nombre de dureté augmente avec la pression, passe par un maximum plat, lorsque celle-ci atteint 2.000-3.000 kilogrammes (pour les aciers), et diminue lentement à des pressions supérieures (M. Ludwik, 1909). Pour une pression donnée le nombre de dureté augmente lorsqu'on diminue le diamètre de la bille.

J. A. BRINELL.

Par exemple, pour un acier recuit, contenant 0,9 pour 100 de carbone, le nombre de dureté est voisin de 200 si l'essai est fait avec une bille de 10 millimètres sous 3.000 kilogrammes; sous 500 kilogrammes ce nombre est réduit à 175, mais reprend, sous cette pression, la valeur primitive si l'essai est fait avec une bille de 5 millimètres (Benedicks, 1904).

Le coefficient de correction peut être déterminé expérimentalement ou à l'aide de formules empiriques. Ainsi, M. Benedicks (1904) propose pour les aciers au carbone la formule

$$\frac{H \sqrt[3]{D}}{17000 + P} = const.$$

où D indique le diamètre de la bille et P correspond à des pressions intermédiaires entre 500 et 3.000 kg.

M. Meyer (1908) trouve que le diamètre de l'empreinte d s'exprime en fonction de la pression P par la formule

$$P = ad^n$$

où la constante a dépend du métal et la constante n du diamètre de la bille.

Si l'on remplace la pression statique par le choc, les nombres de dureté croissent avec la dureté plus lentement que pour la pression statique (Brinell et Dillner, 1906).

Appareils. — Parmi les appareils destinés à donner l'empreinte et à mesurer la pression, celui de la société « Alpha » de Stokholm paraît être le plus précis.

La partie principale de l'appareil (fig. 170) est une presse à huile, où le piston, dirigé vers le bas, se termine par une tige portant la bille en acier B. Les objets à essayer sont supportés par un plateau S dont le niveau peut être ajusté à volonté à l'aide d'une vis. La pression, indiquée par le manomètre, s'opère par une petite pompe à main et peut atteindre 3.000 kilogrammes.

Dans les mesures de précision, la pression est déterminée directement sans faire intervenir le manomètre. Pour cela, le réservoir de pression est mis en communication avec un petit cylindre A dans lequel se meut un piston dont l'étanchéité est obtenue sans étoupage pour éviter, autant que possible, le frottement. On charge ce piston d'un poids P qui correspond à la pression voulue et se soulève lorsque cette pression est atteinte. La mesure de la pression est faite ainsi à 0,2 pour 100 près.

L'appareil de MM. MARTENS et HEYN (1909) repose sur un principe analogue, mais la pression n'y est mesurée que par un manomètre.

Dans l'appareil de la maison L. BOLLÉE au Mans (fig. 171), la pression de 3.000 kg. est exercée par un levier L chargé d'un poids P, de 300 kg., à l'une de ses extrémités. La manœuvre se fait à l'aide d'une vis à main V qui soulève et baisse le poids. Cet appareil, précis et très robuste, est souvent employé dans les usines pour le contrôle du traitement thermique.

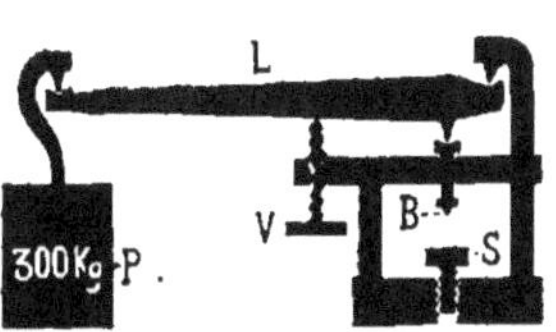

Fig. 170. — Appareil « Alpha » servant aux essais de dureté. B, bille; S support pour les échantillons; A et P, dispositif pour la mesure de la pression.

Fig. 171. — Schéma de l'appareil Bollée pour la mesure de dureté. B, bille; S, support pour les échantillons; L, levier de pression; P, poids; V, vis pour la manœuvre.

Lorsque les essais de dureté ont pour but la détermination de la structure des alliages, il est important qu'ils soient faits sur des échantillons ayant déjà servi pour les mesures électriques afin que les diagrammes correspondants soient comparables. Or, ces échantillons ont un diamètre qui ne dépasse pas 5 millimètres et il serait impossible de leur faire subir des pressions en usage dans les essais ordinaires. On peut alors avoir recours à l'appareil de M. LE GRIX (1911) utilisant des billes en verre de 1 millimètre de diamètre sous la pression de 5 kilogrammes. On obtient facilement de ces petites billes (fig. 172) en étirant une baguette de verre, ou de silice, et en fondant ensuite son extrémité par un coup de chalumeau. Pour effectuer l'empreinte, le poids est posé sur une plate-forme P (fig. 173) solidaire avec la tige en verre qui porte la bille B à son extrémité. Le mouvement d'une vis micrométrique V permet d'abaisser cet ensemble pour le poser doucement sur la surface polie de l'échantillon.

L'appareil de M. Le Grix indique des nombres de dureté peu différents de ceux que donnent les mesures ordinaires, la diminution du diamètre de la bille y étant compensée par une diminution correspondante de pression. Pourtant, dans les mesures de précision, il est utile de déterminer expérimentalement un coefficient de correction par lequel on multipliera les nombres obtenus.

L'empreinte. — Avant de recevoir l'empreinte ordinaire de dureté, la surface est aplanie à la lime; pour l'empreinte de la bille de verre, l'échantillon est poli comme pour une observation micrographique.

Afin de calculer la surface de l'empreinte, il est nécessaire de connaitre le diamètre de la bille et le diamètre de l'empreinte ou sa profondeur.

La mesure du DIAMÈTRE de l'empreinte peut être faite à l'aide de la réglette de M. Le Chatelier (fig. 174); cette réglette, tracée sur verre, est placée sur l'échantillon de façon que les deux lignes convergentes touchent les bords de l'empreinte dont le diamètre est déterminé ainsi à 0,1 de mm. près.

Cette précision est parfois insuffisante et l'on se sert alors de microscope avec une graduation intérieure permettant la lecture à 0,05 (ou à 0,02) mm. près.

Une lecture à 0,01 mm. peut être obtenue à l'aide d'un microscope

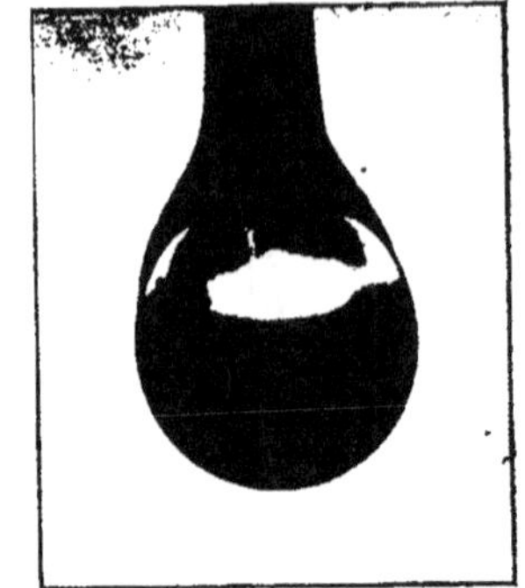

Fig. 172. — Bille de verre servant pour la mesure de la dureté (Le Grix, 1911). Grossissement 25 diamètres.

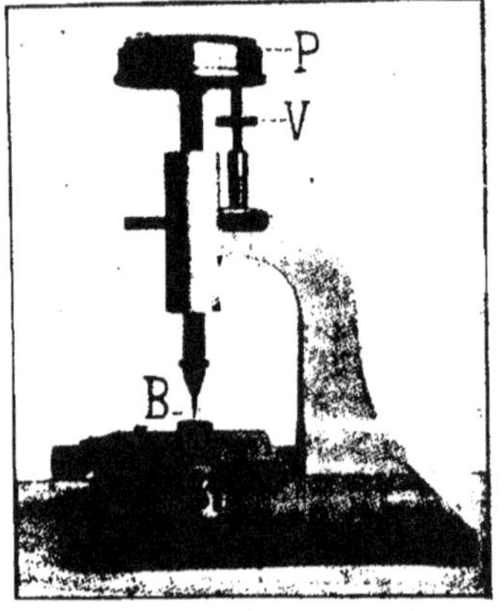

Fig. 173. — Appareil de M. Le Grix pour l'étude de la dureté. P, plate-forme supportant les poids; B, bille; V, vis micrométrique.

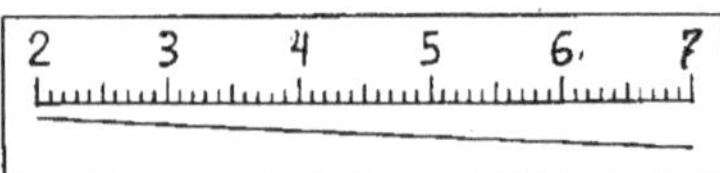

Fig. 174. — Réglette de M. Le Chatelier pour la mesure du diamètre des empreintes de dureté.

muni d'un réticule et déplacé horizontalement par une vis micrométrique pour viser successivement les deux extrémités de l'empreinte.

Avec le dispositif de M. Le Grix, le diamètre des empreintes est déterminé au microscope par une mesure sur verre dépoli ou sur photographie.

La surface S de l'empreinte est exprimée en fonction de son diamètre d par la formule :

$$S = \frac{\pi D}{2} \left(D - \sqrt{D^2 - d^2} \right)$$

où D est le diamètre de la bille.

Pour mesurer la PROFONDEUR de l'empreinte l'appareil de la société « Alpha » peut être muni d'un dispositif reproduit sur la figure 175. Celui-ci est constitué par un petit réservoir de mercure muni d'un piston et fixé à la tige supportant la bille. Le piston repose, par l'intermédiaire de supports a et a', sur la surface de l'échantillon et, lorsque la bille (ou un cône) pénètre dans la matière, il refoule dans un tube capillaire la quantité de mercure correspondante à la différence de niveau entre la bille et les supports. La mesure de la profondeur de l'empreinte se fait ainsi au 0,01 de mm. L'appareil de MM. Martens et Heyn est muni d'un dispositif analogue.

La surface de l'empreinte est exprimée en fonction de sa profondeur h par la formule :

$$S = \pi D h.$$

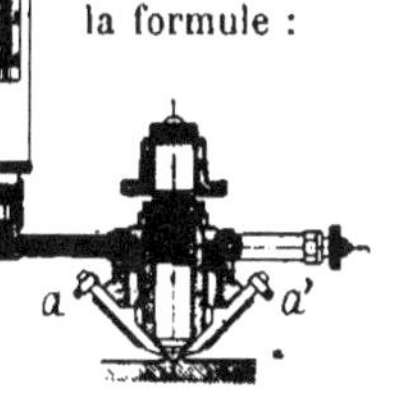

Fig. 175. — Dispositif « Alpha » pour la mesure de la profondeur des empreintes de dureté.

Autres méthodes. — Nous indiquerons brièvement le principe de quelques méthodes employées en plus de celle de Brinell pour la mesure de dureté.

1. M. Ludwik (1909) propose de remplacer la bille par un CÔNE DE 90° EN ACIER TREMPÉ, le nombre de dureté étant obtenu, comme précédemment, par le rapport de la pression à la surface de l'empreinte. L'avantage de cette méthode, qui sous une forme peu différente avait déjà été employée par Calvert de Johnson (1859), consiste en ce que le nombre de dureté est indépendant de la pression employée. Le défaut de la méthode réside dans l'émoussement de la pointe du cône.

2. Au SCLÉROMÈTRE de M. Martens (1889), on définit la dureté par la charge, en grammes, d'une pointe conique de 90°, en diamant, produisant un trait de 0,01 de mm. de largeur. Cette méthode, établie par Seebek (1833), a l'avantage de s'appliquer aux échantillons très fragiles et d'indiquer la dureté relative des différents éléments métallographiques formant l'alliage. Le désavantage de cette méthode consiste dans la difficulté de la fabrication des pointes identiques, ce qui fait varier le nombre de dureté d'un appareil à l'autre. Le classement des alliages, dans l'ordre de leur dureté, diffère suivant que l'étude est faite au scléromètre ou par la méthode de Brinell.

3. Au SCLÉROSCOPE de M. Shore (1907), la dureté est mesurée par la hauteur de rebondissement d'une bille d'acier trempé tombant d'une hauteur déterminée sur la surface de l'échantillon. Cette méthode ne peut servir que pour comparer la dureté des corps ayant un module d'élasticité très voisin ; en l'appliquant sans cette restriction importante, on serait conduit au résultat paradoxal que le caoutchouc est plus dur que

le fer, ayant un coefficient de rebondissement supérieur. Dans les usines, où la méthode de M. Shore sert souvent pour le contrôle du traitement thermique des aciers, elle est appréciée surtout pour le fait, que les essais ne laissent subsister aucune trace et sont exécutés rapidement.

4. En minéralogie, on emploie encore L'ÉCHELLE DE MOHS (1822) où la dureté de différentes substances est classée entre celles de dix corps types choisis arbitrairement. La substance classée doit pouvoir rayer toutes les substances occupant un rang inférieur de dureté et être rayée par celles qui occupent un rang supérieur. La dureté des corps types a été étudiée par Auerbach (1896) et les valeurs obtenues recalculées, et corrigées suivant les principes de la méthode de Brinell, donnent les nombres de dureté (H) suivants :

	H			H
1. Talc	3	6.	Feldspath	147
2. Sel gemme	12	7.	Quartz	178
3. Calcite	53	8.	Topaze	304
4. Fluorine	64	9.	Corindon	667
5. Apatite	137	10.	Diamant	?

Le nombre de dureté des différentes espèces de bois varie de 1 à 10, le sapin étant le plus mou et l'ébène le plus dur; l'ongle a une dureté voisine de 30; la dureté du verre à vitre est de 130 environ et celle d'une lame de canif varie entre 150 et 200.

ESSAIS DE TRACTION

Historique. — Galilée (1638) entreprit, le premier, l'étude expérimentale et théorique sur la résistance des matériaux à la traction et à la flexion.

Musschenbrœk (1729) imagina les éprouvettes de traction peu différentes de leurs formes actuelles.

Au commencement du XIXe siècle on savait déjà construire de puissantes machines hydrauliques destinées aux essais de traction, mais on s'en servait rarement (Frémont, 1900).

Ce n'est qu'à partir des travaux de Kirkaldy (1862), coïncidant avec l'apparition des aciers de Bessemer, que les essais de traction se sont répandus. Cette étude, purement expérimentale, englobait les essais de traction sur plus de 1300 échantillons d'acier et montrait que, dans un grand nombre de cas, l'opinion courante ne concordait pas avec leur valeur réelle. Kirkaldy prouva ainsi tout le parti qu'on pouvait tirer des essais de traction et proposa le classement des aciers suivant leur ténacité.

Duguet (1882) entreprit l'étude théorique de la résistance à la traction, essaya de définir son rapport avec d'autres propriétés mécaniques et indiqua les conditions d'une expérimentation précise.

Pendant un certain temps, on a voulu voir dans les essais de traction le critérium unique de la qualité des alliages et, encore maintenant, leurs résultats forment la clause la plus importante des cahiers de charge.

Loi de similitude. — La résistance à la rupture, la limite élastique et la striction peuvent être déterminées sur n'importe quelle éprouvette de section connue. Il n'en est pas de même pour l'allongement qui est dû surtout au phénomène localisé de la striction. Ainsi, l'allongement relatif d'une éprouvette dépendra non seulement de sa section, mais aussi de sa longueur ou, plutôt, de la distance des repères entre lesquels l'allongement est observé.

Par exemple, la rupture d'une barre d'acier doux (R = 37 kg.) de 17 mm. de diamètre donne les valeurs suivantes pour l'allongement, en pour 100, rapporté à la distance entre les repères (Barba, 1880 :

Distance entre les repères	50 mm.	100 mm.	300 mm.	500 mm.
Allongement en pour 100	50,8 %	39,9 %	29,5 %	24,8 %

Lorsque la longueur entre repères est fixée, l'allongement croit en fonction du diamètre de la barre. Ainsi, un autre acier doux (R = 37 kg.) donne des allongements suivants pour une distance de 100 mm. entre les repères.

Diamètre de l'éprouvette	5 mm.	10 mm.	20 mm.
Allongement en pour 100...	25,0%	30,2%	37, 5 %

La variation de l'allongement en fonction du diamètre et de la longueur est régie par la loi de similitude formulée, la première fois, par Lebasteur et Marié (1878) pour des barreaux ronds.

On peut l'énoncer de la façon suivante :

« Les éprouvettes, de forme géométriquement semblable, donnent des allongements relatifs égaux. » Ainsi, lorsqu'on augmente le diamètre d'une éprouvette dans la même proportion que la distance entre ses repères, l'allongement relatif observé ne varie pas. Barba 1880) étendit sensiblement la portée de cette loi en montrant que les éprouvettes rectangulaires pouvaient être assimilées aux éprouvettes rondes à section égale.

Ainsi, pour les différents types d'éprouvettes, seul le rapport de la longueur entre repères l au diamètre d doit rester constant

$$\frac{l}{d} = const$$

En assimilant les éprouvettes rectangulaires aux rondes, on détermine le diamètre fictif de leur section f. Alors, $\frac{l}{\sqrt{f}} \cdot \frac{\sqrt{\pi}}{2} = const$ ou $l = n \sqrt{f}$, en désignant par n une constante.

L'observation de ce rapport permet de rendre l'allongement indépendant de la forme de l'éprouvette, aux erreurs d'expérience près.

Dans l'exemple suivant, le rapport $l = 8,164 \sqrt{f}$ avait été conservé pour des essais sur un acier doux (Barba, 1895).

FORME DE L'ÉPROUVETTE :	RONDE $d = 27$ mm, 64	PLATE $f = 25 \times 10$ mm.	PLATE $f = 40 \times 5$ mm.
L, longueur entre les repères en mm	200 .	129	100
E, limite élastique en kg mm².	25,6	27,4	27,2
R, résistance à la rupture en kg/mm². . . .	37,9	39,9	38,4
S, striction en pour 100.	67,1	62,0	59,2
A, allongement en pour 100	30,0	31,4	30,8

Kick (1885) appliqua la loi de similitude non seulement à la traction, mais aussi à la compression et à la flexion.

Éprouvettes. — Le Congrès de Bruxelles (1906) de l'Association internationale pour l'essai des matériaux définit de la façon suivante la forme des éprouvettes de traction.

« Pour les métaux à striction, le choix de la longueur à mesurer l influe d'une façon importante sur l'allongement de rupture. On déterminera celle-ci d'après la formule $l = n \sqrt{f}$ (où f est la surface de section transversale). Dans beaucoup de pays on emploie $n = 11,3$. Dans tous les cas, on prendra pour la longueur, ainsi calculée, un nombre entier de centimètres et on indiquera la valeur de n comme indice ainsi : $A_{11,3} = 10,9\ \%$.

« À cause de l'influence de la forme de la section sur la striction, on prendra pour les éprouvettes à section rectangulaire, autant que possible, 3 à 4 fois l'épaisseur comme largeur.

« Afin d'éviter l'influence des têtes des éprouvettes, qui en sont munies, ou des griffes, qui saisissent celles qui n'en ont pas, il faut que la longueur de la partie prismatique, ou celle comprise entre les griffes, dépasse la longueur à mesurer au moins : d'un diamètre à chaque extrémité pour les éprouvettes cylindriques, de leur largeur à chaque extrémité pour les éprouvettes à section rectangulaire.

« Dans les barreaux d'essai munis de têtes, il convient de raccorder celles-ci à la partie utile par un congé. »

L'éprouvette, recommandée par le Congrès, a donc pour longueur entre les repères dix fois le diamètre et dérive de l'éprouvette normale allemande. En France et dans les pays Anglo-Saxons, les éprouvettes normales, en usage actuellement, ont des dimensions quelque peu différentes.

	France	Allemagne	Angleterre et États-Unis	
l, longueur entre les repères en mm......	200	200	203,2	8 pouces.
d, diamètre en mm....................	(27,6)	20	19,1	(3 ¼ de pouce).
f, section en mm²	600	314	285	

En Angleterre et aux États-Unis, l'éprouvette normale est surtout en usage pour les essais de la charpente métallique, alors qu'une éprouvette de $12^{mm},7$ (1/2 pouce) de diamètre sur $50^{mm},8$ (2 pouces) de longueur entre repères est souvent employée pour les pièces fondues à faible striction.

Les éprouvettes similaires sont donc représentées par les formules suivantes :

France..........................	l	7,23 d	8,16 $\sqrt{f}$
Allemagne......................	$l = $	10,00 d	11,3 $\sqrt{f}$
Angleterre... } I..............	l	10,67 d	12,04 $\sqrt{f}$
et États-Unis. } II..............	l	4,00 d	4,51 $\sqrt{f}$

Nous voyons que la forme des éprouvettes diffère encore sensiblement dans les différents pays, de sorte que les mesures d'allongement ne sont pas directement comparables. Par exemple, pour les aciers doux l'éprouvette française donne un allongement supérieur de 10 pour 100 environ à celui de l'éprouvette normale universelle.

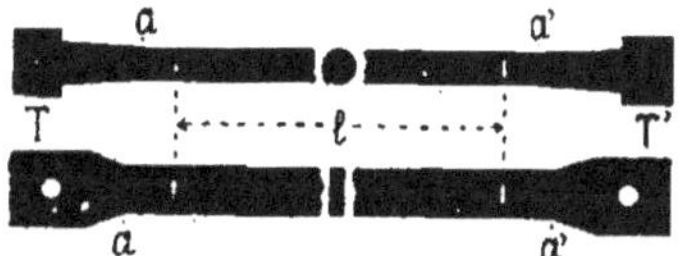

Fig. 176 et 177. — Éprouvettes de traction. *En haut*, forme ronde, *en bas*, forme rectangulaire ; l, longueur entre repères ; aa' limite de la partie prismatique ; T et T', têtes.

Dans les essais industriels peu rigoureux, on conserve ordinairement la longueur entre les repères de 200 mm. aux éprouvettes dont la section est supérieure à la normale.

La longueur totale des éprouvettes est voisine du double de la longueur entre les repères ; elles sont ordinairement munies, à leur extrémité, de têtes (fig. 176 et 177) facilitant l'amarrage dans les mâchoires, ou mordaches, de la machine.

Amarrage. — Si l'amarrage est rigide, le finissage de l'éprouvette et la mise au point de la machine doivent être très soignés, car, lorsque la traction ne se fait pas exactement suivant l'axe de l'éprouvette, des effets de flexion ou de cisaillement peuvent se superposer à la traction et en fausser les résultats.

Pour éviter ces effets nuisibles, l'éprouvette E se fixe à la mordache M par l'intermédiaire d'un coussinet P. à fond sphérique, permettant une rectification de la position (fig. 178 et 179). Les éprouvettes rondes butent contre le coussinet par l'épaulement de leur tête (fig. 178) ou se vissent dans ce coussinet, si elles sont filetées.

Les éprouvettes rectangulaires (plates) peuvent être maintenues par une broche traversant leur tête et butant contre le coussinet. Elles sont, plus souvent, amarrées à l'aide de coins K (fig. 179) qui ont une surface polie au contact du coussinet et une surface rugueuse, analogue à celle d'une lime, au contact de l'éprouvette. La traction enfonce les coins dans le coussinet P et les presse contre l'éprouvette, maintenue alors par frottement. Un dispositif analogue peut servir pour amarrer des barres rondes sans tête, souvent employées dans l'industrie.

L'amarrage par coins n'est pas très rigoureux, donnant aisément lieu à des efforts obliques, mais il est très répandu dans les essais industriels tendant à réduire le prix de revient des éprouvettes.

Fig. 178. — Amarrage d'une éprouvette ronde. E, éprouvette; M, mordache; P, coussinet; S, support; r, rayon de courbure de la mordache et du coussinet.

Machines de traction. — La puissance des appareils de traction doit être assez grande. Par exemple, la rupture d'une éprouvette normale française en acier dur exige un effort de 40 tonnes environ.

L'effort doit être continu (sans à-coups) et dirigé toujours dans le même sens. Cette condition a fait presque complètement disparaître les machines de traction par leviers, primitivement très employées.

Dans les machines actuelles, l'effort est obtenu soit à l'aide d'une vis tirée par la rotation d'un écrou, soit par une presse hydraulique. Les appareils de faible puissance, inférieure à 20 tonnes,

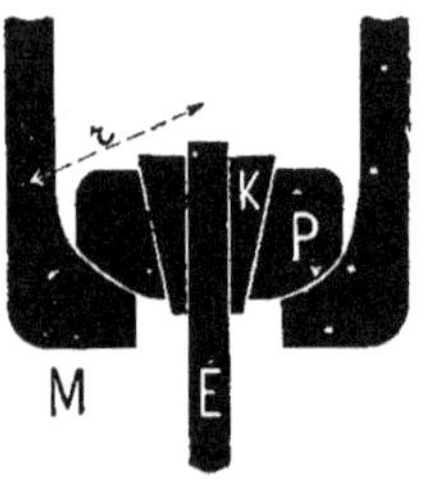

Fig. 179. — Amarrage d'une éprouvette rectangulaire. E, éprouvette; M, mordache; P, coussinet; K, coins; r, rayon de courbure de la mordache et du coussinet.

sont presque de règle munis d'une vis; les machines courantes, de 20 à 100 tonnes peuvent être mues aussi bien par une vis que par une presse. Les efforts très considérables, pouvant atteindre 500 tonnes, utilisés pour l'essai des câbles et des chaînes, ne sont obtenus que par la presse hydraulique.

La mesure de l'effort peut se faire soit par un manomètre indiquant la pression d'un liquide comprimé, soit par une romaine recevant l'effort réduit par plusieurs leviers. La romaine donne des mesures plus exactes que le manomètre, mais celui-ci est plus facile à manier. Ordinairement, les machines à vis sont munies d'une romaine, les machines à presse, de manomètre ; cette règle n'est pas générale : des presses puissantes mesurent souvent leur effort par une romaine, alors que des machines à vis enregistrent parfois le diagramme de traction à l'aide d'un manomètre.

Une machine Falcot de 100 tonnes nous servira comme exemple des MACHINES A VIS. L'éprouvette de traction E (fig. 180) y est tenue entre les mordaches M et M' dont une se trouve liée à la vis de traction V, alors que l'autre transmet l'effort à la romaine.

Le mouvement du moteur produit la rotation du galet G qui frictionne sur le plateau A. La rotation de celui-ci, réduite par les engrenages B, se transmet, en dernier lieu, à une roue dentée, clavetée sur un écrou D. L'écrou bute contre le bâti de la machine, de sorte que sa rotation ne peut que faire reculer la vis V, et produit

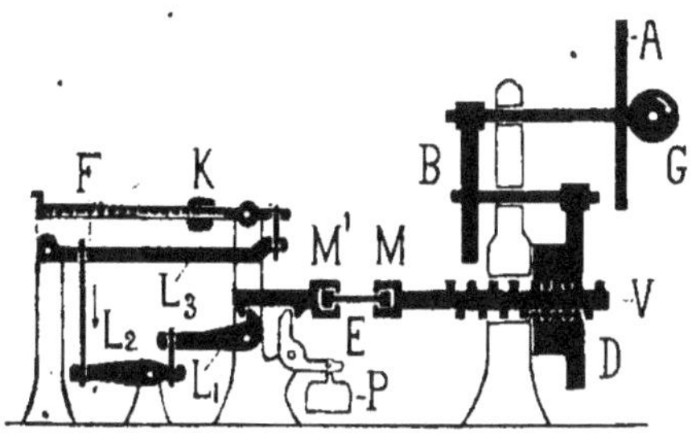

Fig. 180. — Schéma d'une machine de traction Falcot. E, éprouvette de traction prise entre les mordaches M et M'; G, galet frictionnant sur le plateau A ; B, engrenages pour la réduction de la vitesse ; D, écrou produisant la traction de la vis V ; L_1, L_2, L_3, leviers pour la réduction des efforts ; F, fléau de la balance avec son curseur K ; P, poids de contrôle.

ainsi la traction. Pour que l'effort de traction puisse être mesuré sur la romaine, il est réduit 1000 fois par les leviers L_1, L_2 et L_3 et peut alors

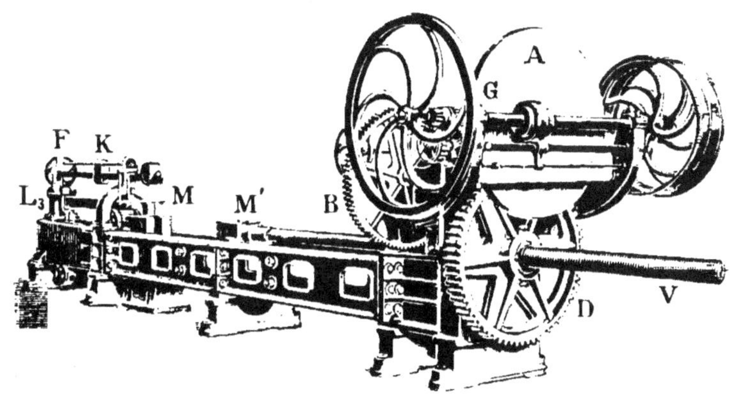

Fig. 181. — Machine de traction Falcot de 100 tonnes. M et M', mordaches; G, galet frictionnant sur le plateau A; B, engrenages pour la réduction de la vitesse; D, écrou claveté sur un engrenage et produisant la traction de la vis V ; L_3, un des leviers pour la réduction de l'effort de traction ; F, fléau de la balance avec son curseur K.

être équilibré par le déplacement du curseur K sur le fléau F de la balance. La position de ce curseur indique donc l'effort de traction.

La vérification de la romaine se fait à l'aide d'un poids connu P, 100 kg. par exemple, qui communique à la mordache M′ une pression équivalente à une traction et fait monter le fléau de la balance. On rétablit l'équilibre en surchargeant l'extrémité du fléau par un poids dont le rapport au poids P donne le pouvoir multiplicateur de l'ensemble des leviers. En connaissant ce pouvoir multiplicateur, on vérifie les indications du curseur pendant un essai de traction en le replaçant au zéro et en rétablissant l'équilibre par un poids placé à l'extrémité du fléau. La figure 181 représente la machine de traction, précédemment décrite, avec les mêmes indications que sur le schéma. Nous voyons que la distance entre les mordaches M et M′ y est suffisamment grande pour permettre l'essai des câbles ou des chaînes.

Pour enregistrer automatiquement un diagramme de traction sur une machine à romaine, on peut se servir d'un dispositif indiqué par M. Mesnager (1904). Au lieu d'équilibrer le fléau, on permet à celui-ci de dévier légèrement en vainquant un effort proportionnel à cette déviation. Pour cela, on suspend à l'extrémité du fléau F (fig. 182) un flotteur q baignant dans du mercure m et chargeant le levier proportionnellement à la longueur dont il émerge. Une tablette T, fixée au fil du flotteur, sera donc déplacée verticalement en rapport avec l'effort de traction.

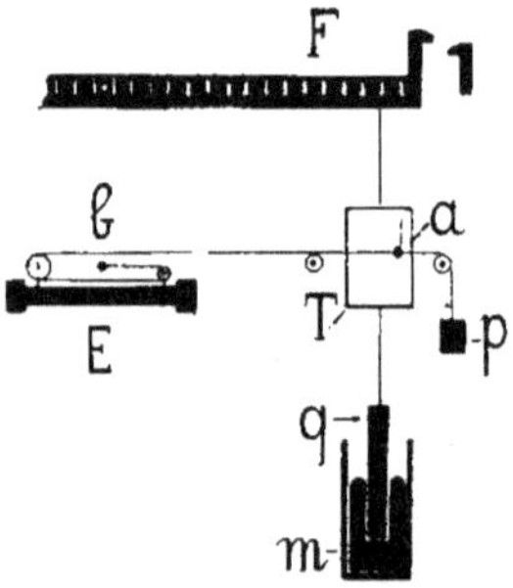

Afin de produire un déplacement proportionnel à l'allongement de l'éprouvette E, on fixe un fil au bâti de la machine en un point *b* pour le faire passer ensuite sur deux petites poulies maintenues sur les points de repères de l'éprouvette; le fil, tendu par le contre-poids *p*, supporte une plume Richard *a*, légèrement appuyée sur la tablette. Si l'éprouvette ne change pas de longueur, on peut la déplacer parallèlement au fil sans faire bouger la plume. Les déformations des têtes ou des attaches ne s'inscrivent donc point. Par contre, tout allongement entre les points de repères produit un déplacement de la plume double de sa valeur.

Le diagramme de traction s'inscrira donc sur la tablette en portant les efforts en ordonnées et les allongements en abscisses.

Fig. 182. — Enregistreur de M. Mesnager (1904). E, éprouvette; F, fléau de la romaine; T, tablette; *a*, plume; *p*, contre-poids; *f*, flotteur plongeant dans le mercure *m*.

Comme exemple de MACHINE A PRESSE nous étudierons un appareil de 40 tonnes construit par la Maison Amsler. L'extrémité inférieure de l'éprouvette E (fig. 183) se trouve amarrée au bâti B de la machine, alors que la mordache supérieure est solidaire d'un cadre A fixé au piston P. L'effort de traction est obtenu par la pression sur ce piston d'une huile visqueuse introduite par le tuyau T. L'emploi de l'huile pour les presses, préconisé par Amagat, permet d'éliminer les garnitures en cuir et les presse-étoupes, de sorte que le piston bien ajusté, mais sans garniture, glisse presque sans frottement. Le mouvement du piston P entraîne le cadre A et produit la traction de l'éprouvette; le même mouvement peut produire une compression ou une flexion dans l'espace a.

L'huile est introduite dans le pot de pression par une pompe H (fig. 184) mue par un petit moteur électrique Q. L'effort est mesuré par le dynamomètre pendulaire D et le diagramme de traction s'inscrit automatiquement sur le tambour de l'enregistreur C.

Le dynamomètre indique la pression de l'huile et l'on peut admettre, vu la petitesse des pertes par frottement, que l'effort de traction est égal à la pression du liquide multipliée par la section utile du piston. Pour cette mesure, la pression de l'huile s'exerce sur un petit piston d (fig. 185) semblable, par sa construction, au grand piston P. L'effort du piston d se transmet par un levier L_1 au pendule D et s'équilibre par la déviation de celui-ci.

Pour mettre en évidence cette déviation, qui mesure l'effort de traction, un autre levier, L_2, fixé au pendule, pousse une tige à crémaillère b qui fait tourner l'index du cadran I. L'extrémité de cette tige porte une plume a qui se déplace suivant la génératrice du tambour enregistreur C. La rotation de celui-ci est rendue proportionnelle à l'allongement de l'éprouvette E par l'intermédiaire d'un fil qui suit le mouvement d'allongement et, tendu par le contre-poids p, fait tourner la poulie du tambour enregistreur. Le diagramme tracé exprime donc les allongements en fonction des efforts.

Pour vérifier les indications du dynamomètre, on emploie des boîtes de tarage graduées à l'usine directement avec des poids. La boîte de tarage est un cylindre creux rempli de mercure dont le degré de remplissage est relevé sur un tube capillaire monté sur

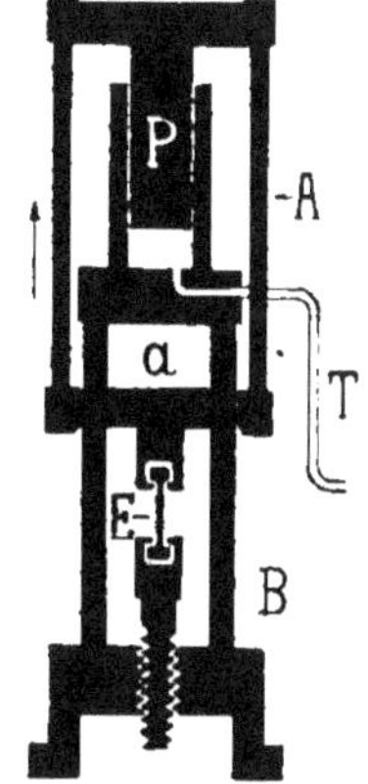

Fig. 183. — Schéma d'une machine de traction Amsler. E, éprouvette de traction; B, cadre formant le bâti de la machine; A, cadre solidaire du piston P; T, conduite d'huile.

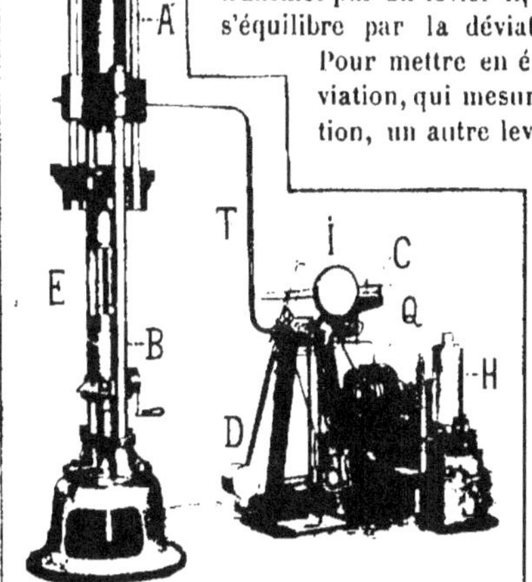

Fig. 184. — Machine de traction Amsler de 10 tonnes. E, éprouvette de traction; B, cadre formant le bâti de la machine; A, cadre solidaire du piston P; T, conduite d'huile; D et I, le dynamomètre et son cadran; C, enregistreur; H, pompe et Q, moteur électrique.

l'instrument. Si ce cylindre est soumis à une traction axiale, son volume augmente et le mercure baisse dans le tube capillaire. L'augmentation du volume du cylindre est la mesure de la force agissante, celle-ci étant proportionnelle à la déformation élastique de la boîte. Si l'instrument est sollicité à la compression, il se 'passera un phénomène exactement inverse.

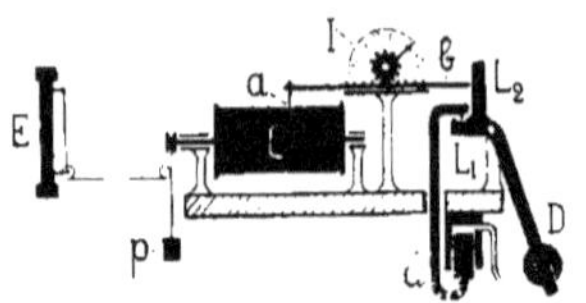

Fig. 185. — Enregistreur Amsler. E, éprouvette; C, tambour; P, contre-poids; *a*, plume; D, dynamomètre mû par une petite presse *d*; l, cadran du dynamomètre.

Mesures. — Les essais de traction se font ordinairement en un temps variant entre 1 et 6 minutes suivant les dimensions des éprouvettes. Leurs résultats dépassent rarement la précision de 1 à 2 p. 100.

La détermination de la limite élastique présente le plus de difficultés. Ordinairement, on n'exige d'un essai de traction que la *limite apparente d'élasticité,* définie par un allongement permanent de 0,2 à 0,5 pour 100. Dans le fer et certains aciers, elle est indiquée assez nettement par l'arrêt ou la chute de la balance ou du manomètre; pour d'autres matériaux on la repère sur le tracé du diagramme de traction (voir fig. 155 et 157).

M. Frémont (1903) indique une méthode permettant de fixer la limite élastique indépendamment du diagramme de traction. Pour cela, on soumet à la traction une éprouvette s'amincissant graduellement vers le milieu et polie à la surface. Après la rupture, on y voit toute la portion, où la limite élastique du métal a été dépassée, dépolie à cause des lignes de glissement apparues sur les cristaux. A l'endroit de l'éprouvette où le poli recommence, le métal a été, par conséquent, tendu jusqu'à sa limite élastique. On déterminera celle-ci en rapportant l'effort de rupture à la section de l'éprouvette limitée par le poli.

La *vraie limite élastique,* définie par l'apparition d'un allongement permanent, est indiquée pour un effort d'autant plus bas, que les mesures sont plus précises. Il a donc fallu fixer arbitrairement au 0,001 pour 100 l'allongement permanent indiquant que cette limite se trouve dépassée. Même avec cette restriction, la vraie limite élastique n'est pas mesurable pour certains métaux, paraissant acquérir un allongement permanent sous les charges les plus faibles lorsque le temps de l'essai est assez prolongé (Carrière 1905). Il est même possible d'envisager l'hypothèse, qu'en général, pour les métaux, la vraie limite élastique tend vers zéro pour une durée d'essai illimitée.

Parfois, on mesure aussi à l'essai de traction la *limite d'élasticité proportionnelle,* à partir de laquelle ne se trouve plus vérifiée la loi de Hooke (1678) sur la proportionnalité des allongements aux charges : « ut tensio, sic vis ». Comme cette loi n'est qu'approximative (Thompson, 1891), sa limite apparaît très variable suivant la précision des mesures. Pour rendre les essais comparables, il a fallu limiter arbitrairement la précision des mesures au 0,0005 pour 100 de la longueur pour une surcharge de 1 kg. par mm²; les allongements différents moins que cette grandeur sont donc considérés comme égaux.

La *charge de rupture* est indiquée par la tension maxima atteinte durant l'essai et peut être définie avec une précision de 0,1 kg. par mm².

En Angleterre et aux États-Unis on mesure encore, le plus souvent, la résistance à la traction en tonnes ou en livres par pouce carré. En considérant que

un pouce = 25mm,40
une livre anglaise = 0kg,4536
une tonne anglaise = 2240 livres = 1016 kg.

on obtient

1 tonne par pouce (Tons per sq. in.) = 1,5749 kg/mm².
1000 livres par pouce (Lbs. per sq. in.) = 0,7031 kg/mm².

L'*allongement* est déterminé en mettant bout à bout les deux fragments du barreau et en mesurant la longueur entre les repères. Ordinairement, on exclut de cette détermination les éprouvettes où la rupture s'est produite dans le quart extrême de la longueur utile.

La *striction* est mesurée à l'aide d'un palmer.

ESSAIS AU CHOC

Historique. — Swedenborg (1734) raconte qu'en Suède et en Angleterre les marchands faisaient subir aux aciers un essai de fragilité avant de les embarquer pour l'étranger.

« Quand ils doutent de la nature d'une barre de fer, ils la jettent de toute leur force sur un coin de fer arrêté dans un morceau de bois... ou bien ils posent la bande sur ce coin et font toucher dessus avec des masses : si les coups marquent sur le fer sans qu'aucune partie de la barre se casse, c'est un signe de ténacité. »

Ce n'est que vers la fin du xixe siècle que les essais de fragilité sont repris, car on arrive alors à la conviction que la traction ne définit pas entièrement les propriétés d'un alliage. Certains cas sont signalés où des barres d'acier, ayant donné de bons résultats à la traction, se cassent en tombant par terre (Considère, 1892).

M. André Le Chatelier (1892) augmente la sensibilité des essais par choc en créant sur es barrettes d'essai une zone de fragilité par entaille. L'emploi des échantillons entaillés se répand rapidement, mais donne des résultats très discordants suivant la forme de l'entaille (arrondie, plate ou aiguë), la position de la barrette (posée librement ou encastrée par un bout) et le mode de mesure de la puissance absorbée (coups multiples ou coup unique).

M. Frémont (1897) et M. Russel (1898) construisirent les premiers appareils capables d'indiquer la puissance réellement absorbée à la rupture par choc unique. L'appareil de M. Frémont était constitué par un mouton tombant d'une hauteur déterminée et dont l'énergie résiduelle, après rupture de l'éprouvette, est mesurée par la compression d'un ressort. L'appareil de M. Russel était formé par un pendule dont l'énergie résiduelle était indiquée par la hauteur où il remonte après la rupture de l'éprouvette.

Éprouvettes. — Au Congrès de Copenhague (1909) de l'Association internationale pour l'essai des matériaux, les conditions des mesures par choc furent définies de la façon suivante.

« L'essai de flexion par choc sur barreaux entaillés a pour but de déterminer le travail spécifique de rupture, ou résilience, rapporté au centimètre carré de la section non entaillée (restant au fond de l'entaille).

a) Les barreaux, découpés dans des pièces de dimensions suffisantes, ont comme dimensions 30 × 30 × 160. Ils sont entaillés sur une hauteur de 15 mm. Le fond de l'entaille a la forme d'un cylindre de 2 mm. de rayon.

b) Pour les produits laminés, tels que les tôles, les barreaux ont l'épaisseur même de la tôle, dont les faces sont conservées, et une largeur de 30 mm. Ils sont entaillés sur une hauteur de 15 mm. L'entaille, perpendiculaire aux pans de laminage, est à fond cylindrique de 2 mm. de rayon.

c) Pour les pièces ne permettant pas l'emploi des barreaux de 30 × 30 de section, les barreaux ont comme dimension 10 × 10. Ils sont entaillés à la forme d'un cylindre de 2/3 de mm. de rayon.

d) La dimension des barreaux employés doit toujours être rappelée.

e) Les barreaux sont essayés par flexion en recevant en leur milieu, sur la face opposée à l'entaille, le choc d'un mouton terminé par un couteau présentant un arrondi de 2 mm. de rayon. Ils reposent sur des couteaux espacés de 120 mm. pour les types *a* et *b*, de 40 mm. pour le type *c*.

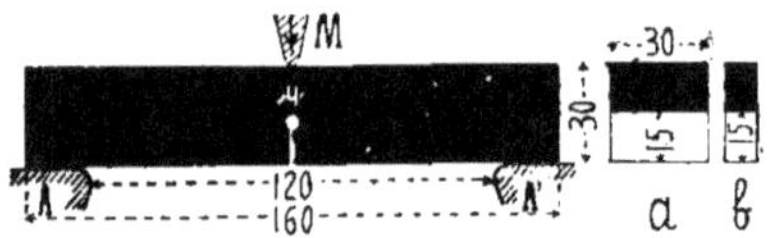

Fig. 186. — Éprouvette pour les essais de flexion par choc; *a*, coupe de l'éprouvette normale dans le plan de l'entaille; *b*, coupe de l'éprouvette pour tôles; M, le tranchant du marteau; A, A' l'enclume.

f) La rupture du barreau doit être effectuée en un seul coup au moyen d'un appareil permettant la mesure du travail absorbé par la rupture.

g) La température doit, autant que possible, être comprise entre 15 et 25° centigrades et, en tous les cas, doit être notée avec les résultats de l'essai. »

Le Congrès admet donc trois espèces d'éprouvettes, dont une normale (*a*, fig. 186) et deux auxiliaires. Ces trois types de barreaux ne donnent pas des nombres identiques pour la résilience.

Comme, pour une hauteur déterminée de l'éprouvette, la résilience croît quand l'épaisseur diminue, les barrettes pour tôles (*b*) donnent des nombres trop grands ou trop petits, suivant que leur épaisseur est inférieure ou supérieure à celle de la barrette normale. Ainsi par exemple, lorsque l'éprouvette normale de 30 mm. d'épaisseur indique pour un acier la résilience de 17 kgm., l'éprouvette auxiliaire de 10 mm. d'épaisseur, indique 25 kgm. (Ehrensberger, 1908).

L'éprouvette réduite (c) est similaire à l'éprouvette normale dont toutes les dimensions linéaires sont divisées par trois. Elle donne des nombres trop faibles pour la résilience; par exemple, lorsque l'éprouvette normale indique pour un acier la résilience de 18 kgm, l'éprouvette réduite donne 10 kgm (Charpy, 1912).

La loi de similitude ne paraît donc pas s'appliquer aux essais de flexion par choc, probablement parce que l'énergie y est employée non seulement à la rupture de la barrette, mais aussi à la déformation et à l'écrouissage d'une partie de son volume. Donc, une partie du travail de rupture devrait être rapportée à la surface rompue et le reste au volume écroui, ce qui est difficile, sinon impossible, d'effectuer dans les mesures courantes.

A défaut d'une similitude rigoureuse, on pourrait chercher à augmenter la résilience de l'éprouvette réduite en modifiant la profondeur de son entaille. Ainsi, on emploie parfois la barrette du *type Mesnager*, de 10 × 10 mm. de section avec une entaille à fond arrondi de 2 mm. de largeur sur 2 mm. de profondeur, qui donne une résilience assez semblable à celle de l'éprouvette normale de 30 × 30 mm. de section.

Fig. 187. — Mouton-pendule de M. Charpy. M. le marteau; V. le chariot; I, l'aiguille indicatrice.

Par contre, le travail absorbé à la rupture d'un barreau paraît indépendant du poids de la masse frappante et de la hauteur de chute (Charpy et Cornu-Thénard, 1917).

Appareils. — Parmi les appareils utilisés pour les essais par choc, le MOUTON-PENDULE de M. Charpy (1901) paraît donner les résultats les plus précis. Dans le mouton de 250 kilogrammètres (fig. 187), la longueur du pendule est de 4 m. et sa masse agissante est constituée par un marteau M de 85 kg. Ce marteau est aplati, pour pouvoir passer entre les supports du barreau, et évidé de façon que la tranche du couteau soit sur la verticale du centre de gravité de la partie mobile au moment de la percussion.

Le mouton est élevé jusqu'à une hauteur de 3 m. au moyen d'un petit chariot V commandé par un treuil à main. La manœuvre d'un déclic produit la chute du mouton qui rencontre le barreau d'essai en passant par la position verticale, le brise et remonte librement sous l'influence de la vitesse acquise. La différence entre la hauteur de départ et la hauteur d'arrivée du pendule, indiquée par une aiguille I montée sur l'axe, permet d'évaluer le travail absorbé par la rupture.

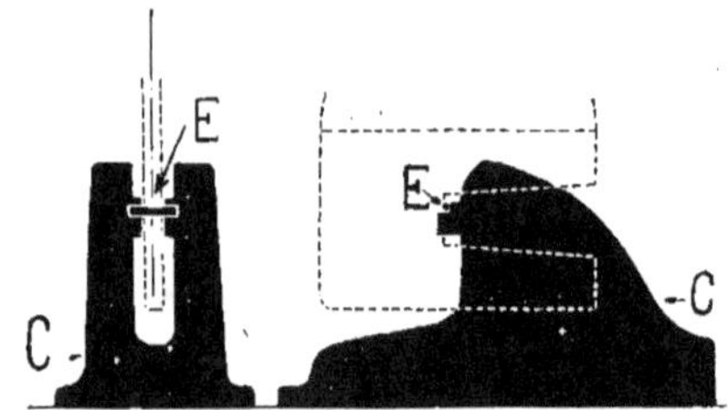

Fig. 188. — Support du barreau essayé au mouton-pendule. E, l'échantillon; C, la chabotte. *A gauche*, vue de face; *à droite*, vue de côté.

La figure 188 montre la position du barreau d'essai E sur son enclume C.

Pour l'essai des métaux d'une résilience médiocre, le marteau du mouton peut être remplacé par un autre, plus léger, ce qui réduit la puissance disponible à 75 kilogrammètres.

Dans les calculs de la résilience, une correction est faite sur l'énergie absorbée par frottements et par la projection des fragments des barreaux. Cette correction ne dépasse guère 4 pour 100 de l'énergie disponible, de sorte que l'erreur des mesures est inférieure à 1 pour 100.

Le principal avantage du mouton-pendule consiste dans cette précision des mesures et dans la facilité avec laquelle sa graduation peut être vérifiée. L'inconvénient du mouton-pendule se manifeste dans son encombrement et dans la projection des fragments des barreaux.

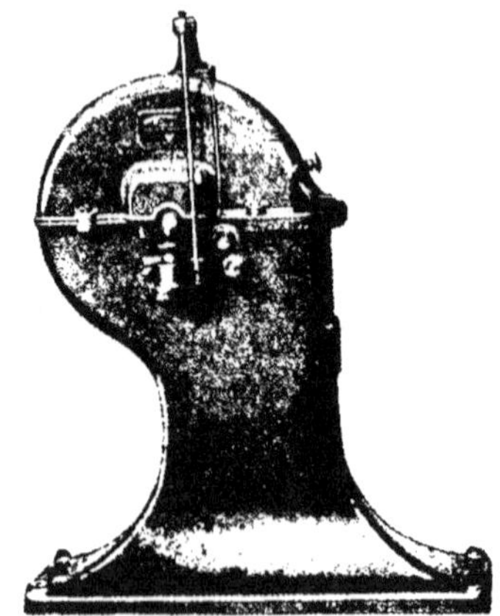

Fig. 189. — Mouton dynamométrique de M. Guillery. Au milieu, on voit le tachymètre; à droite de celui-ci se trouvent deux boutons, dont le supérieur sert au déclanchement et l'inférieur à l'enclanchement du couteau.

Pour l'essai des éprouvettes réduites, on emploie fréquemment le MOUTON DYNAMOMÉTRIQUE, OU MOUTON ROTATIF, de M. Guillery (fig. 189). Ce mouton est constitué par un volant massif sur la périphérie duquel se trouve fixé un couteau. Lorsque le volant tourne à 302 tours à la minute, il accumule dans sa masse une énergie de 60 kilogrammètres et la vitesse linéaire de son couteau est alors celle d'un corps tombant d'une hauteur de 4 mètres; il peut donc être assimilé à un mouton ordinaire de 15 kg. tombant d'une hauteur de 4 mètres.

Le volant est manœuvré à la main à l'aide d'une manivelle; l'énergie disponible est indiquée par un tachymètre, constitué par une petite turbine, dont le mouvement de rotation ne sert qu'à élever l'eau dans un tube gradué. La hauteur d'eau dans le tube varie proportionnellement au carré de la vitesse et, comme l'énergie accumulée dans le volant varie dans le même rapport, le tachymètre peut indiquer les kilogrammètres disponibles par une graduation équidistante sur le tube.

La différence entre les kilogrammètres disponibles, avant la rupture et après celle-ci, donne le travail absorbé par la rupture.

Pour permettre la rupture de la barrette E (fig. 190), le couteau C peut prendre deux positions. Sur le schéma se trouve indiquée celle qu'il prend immédiatement avant le choc, alors que pendant la rotation il est enclanché et s'efface complètement.

Pour enclancher le couteau, on appuie sur le bouton A qui glisse sur la came aa', force le couteau de rentrer et de s'arrêter par le déclic d. La barrette E est alors posée sur son enclume et l'appareil mis en marche. Lorsque la vitesse du volant est suffisante, on appuie sur le bouton D qui frotte alors sur une came fixée au déclic d, l'écarte et libère le couteau. Celui-ci glisse sur sa coulisse, mû par la force centrifuge, et prend la position de déclanchement pour rompre l'éprouvette.

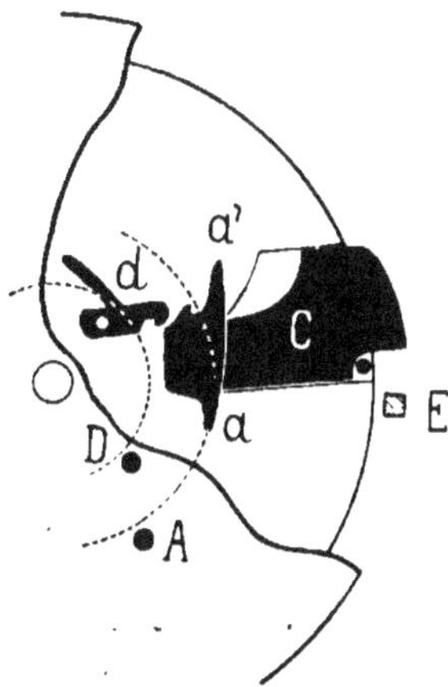

Fig. 190. — Schéma de la disposition du couteau dans le mouton dynamométrique. E, barrette d'essai; C, couteau; aa', came d'enclanchement; A, bouton d'enclanchement; d came de déclanchement; D, bouton de déclanchement.

Le mouton rotatif n'est pas aussi facilement vérifiable que le mouton pendule, mais sa précision est bien suffisante pour les mesures courantes. Peu encombrant et facile à manier, il est fréquemment employé dans les usines.

Mémoires cités aux chapitres XI et XII.

« Alpha » (Appareil de la Société...), *Assoc. intern. pour l'essai des mat. de constr. Congrès de Bruxelles*, 1906, rapp. 27 f., p. 22; *Congrès de Copenhague*, 1909, IIe partie, p. 82.

Anczyc, *Wyklad technologii metali*, Lwow, 1913 En polonais .

Auerbach, *Wied. Ann.*, 43-61-1891; 45-262, 277-1892; 58-357-1896; *Drudes Ann.*, 3-108-1900.

Barba, *Mem. Soc. Ing., civ.*, 1880, vol. 1, p. 683; *Commission des méthodes d'essais des matériaux de construction*, Paris, 1895, vol. 3, p. 5.

Barus, *Wied. Ann.*, **7**-383-1879.

Bauschinger, *Mitteil. mechan. techn. Lab. München, 1886*, cahier 13.

Beilby G. T, *Phil. Mag.*, (6)-**8**-258-1904.

Benedicks, *Zs. phys. Chem.*, **36**-528-1901.

—   *Recherches physiques et physico-chimiques sur l'acier au carbone* (Thèse), Upsala, 1904.

Benoît, *Etude sur la résistance électrique des métaux* (Thèse). Paris, 1873, p. 41.

Bernard et Guillet, voir Guillet et Bernard.

Bottonne, *Amer. Journ. of Sc.* (3)-**6**-457-1873.

Brinell, *Assoc. intern. pour l'essai des matériaux, Congrès de Paris*, 1900, v. II, 1re partie, p. 83.

Brinell et Dillner, *Assoc. intern. pour l'essai des matériaux, Congrès de Bruxelles*, 1906, rapport 27 f.

Broniewski et Le Grix, voir Le Grix et Broniewski.

Calvert et Johnson, *Phil. Mag.* (4)-**17**-114-1859; *Monit. Scientif.*, **4**-141-1862.

Carrière, *Sur la déformation de l'alliage eutectique plomb-étain et les métaux visqueux* (Thèse). Paris, 1905.

Chappell, *Jour. of Iron a. Steel Inst.*, **89**-460-1914.

Charpy, *Association intern. pour l'essai des matériaux, Congrès de Budapest* 1901; *Mémoires Soc. Ing. civils, 1904*, IIe vol., p. 468.

—   *Technique moderne*, **1**-590-1909; **2**-14-1910 (Essai au choc).

—   *Revue de Métall.*, **8**-371-1911; **7**-655-1910 (Écrouissage).

—   *Assoc. intern. pour l'essai des matériaux, Congrès de New-York*, 1912, rapport IV (1).

Charpy et Cornu-Thénard, *Revue de Métall.*, **14**-84-1917.

Considère, *Rapport présenté à la commission française des méthodes d'essais en 1892. Contribution à l'étude de la fragilité*, Paris, 1904, p. 47.

Cornu-Thénard et Charpy, voir Charpy et Cornu-Thénard.

Credner, *Zs. phys. Chem.* **82**-457-1913.

Dillner et Brinell, voir Brinell et Dillner.

Duguet Ch., *Déformation des corps solides. Limite d'élasticité et résistance à la rupture*, Paris, 1882-1885 (2 vol.).

Ehrensberger, *Revue de Métall.*, **5**-207-1908 (Résilience).

Ewing, *Journ. of Inst. of. Metals*, **8**-4-1912.

Ewing et Humfrey, *Phil. Trans. Roy. Soc.* (A)-**200**-241-1903.

Frémont, *C. R.*, **125**-492-1897 (Mouton).

—   *Association internationale pour l'essai des matériaux, Congrès de Paris*, 1900, vol. I, p. 351 (Historique).

—   *Bull. Soc. encour.*, *1903*, 2e sem., p. 350 (Limite élastique).

—   *Revue de Métall.*, **3**-288-1906 (cisaillement).

Frémont et Osmond, *Bull. Soc. encour.*, *1901* (I), p. 505.

Galilée, *Discorsi e demostrazioni matematiche intorno a due nuove scienze del Galileo Galilei Linceo, in Leida*, 1638 (*Edizione Nazionale, Firenze*, 1898, vol. 8).

Glasunow et Matweew, *Intern. Zs. f. Metallogr.*, **5**-113-1914 (CdZn).

Goerens, *Ferrum*, **10**-265-1913.

Grard, *Revue de Métall.*, **6**-1069-1909. (Écrouissage).

—   *Revue de Métall.*, **8**-244-1911.

Guillery, *Revue de Métall.*, **1**-405-1904; *Assoc. intern. pour l'essai des matériaux, Congrès de New-York*, 1912, rapport III (5).

Guillet, *Revue de Métall.*, **11**-1094-1914 (Laitons).

Guillet et Bernard, *C. R.*, **156**-1899-1913.

Hartmann L, *Distribution des déformations dans les métaux soumis à des efforts*, Paris, 1896.

Hertz, *Verh. Berl. phys. Gesell., 1882*, p. 67.

Heyn et Martens, voir Martens et Heyn.

Hooke, *Lectures de potentia restitura or of spring.* London, 1678. Le premier énoncé de la loi avait été caché sous la forme d'un anagramme dans *A description of helioscopes.* London, 1675.

Humfrey et Ewing, voir Ewing et Humfrey.

Huntington, *Journ. Inst. of Metals*, **8**-126-1912.

Johnson et Calvert, voir Calvert et Johnson.

Kahlbaum et Sturm, *Zs. anorg. Chem.*, **46**-217-1905.

Kick, *Das Gesetz, der proportionalen Wiederstaende*, Leipzig, 1885.

Kirkaldy D, *Results of on experimental inquiry in to the comparative tensile streng thand other properties of various kinds of wrought-iron and steel*, Glasgow, 1862. En français : Résultats d'une recherche expérimentale, Paris, 1865 (c. r. analytique .

Kurnakow, Puschin et Senkowski, *Zs. anorg. Chem.*, **68**-123-1910 Ag Cu).

Kurnakow et Rapke, *Journal de la soc. chim. russe*, **46**-380-1914 (en russe. CuNi .

Kurnakow et Smirnow, voir Smirnow et Kurnakow.

Kurnakow et Zemczuzny, *Zs. anorg Chem.*, **60**-1-1908.

    —   —   *Zs. anorg Chem.*, **64** 149-1909.

Lebasteur et Mariè (1878), voir *Commission d'essai des matériaux de construction*, Paris, 1894, vol. **1**, p. 120.

Le Chatelier André, voir le rapport de Considère (1892), *Contribution à l'étude de la fragilité*, Paris, 1904, p. 51.

    —   —   *Association internationale pour l'essai des matériaux, Congrès de Paris*, 1900, vol. II, p. 1.

Le Grix, *Revue de Métall.*, **8**-613-1911.

Le Grix et Broniewski, *Revue de Métall.*, **10**-1055-1913 (Ag Al .

Luders, *Dinglers Politechn. Journ.*, Stuttgart, **155**-18-1860.

Ludwik, *Assoc. int. pour l'essai des matériaux. Congrès de Copenhague. 1909. rapp. II (1); Zs. d. osterr. Ingenieur u. Architekten Vereins, 1907*, XX, 11 et 12.

Mariè et Lebasteur, voir Lebasteur et Mariè.

Martens, *Sitzungsber. d. Vereins zur Beförderung des Gewerbefleisses, 1889*, p. 197; *Mitteilungen. aus d. Konig. techn. Versuchsanstalten zu Berlin*, **8**-215-1890,

Martens et Heyn, *Revue de Métall.*, **6**-105-1909.

    —   *Handbuch der Materialienkunde*, Berlin, 1912, p. 303.

Matweew, *R. de Métall.*, **8**-708-1911.

Matweew Glasunow, voir Glasunow et Matweew.

Mesnager, *Revue de Métall.*, **1**-193-1904 (Enregistreur).

Meyer, *Zs. d. Ver. deutsch Ing., 1908*, p. 645.

Mohs, *Grundriss d. Mineralogie, Dresden*, 1822, 1re partie, p. 374.

Muschenbroek, *Physicæ experimentales et geometriæ dissertationes, Lugduni Batavorum, 1729*, p. 421, mémoire : « *Introductio ad cohærentiam corporum firmorum* ».

Noll, *Wied. Ann.*, **53**-874-1894.

Osmond, *Commission des méthodes d'essai*, 1re session, (A)-**3**-279-1895.

Osmond et Frémont, voir Frémont et Osmond.

Puschin, Senkowski, et Kurnakow, voir Kurnakow, Puschin et Senkowski.

Rapke et Kurnakow, voir Kurnakow et Rapke.

Réaumur, *L'art de convertir le fer forgé en acier*, Paris, 1722, p. 281.

Russel. *Trans. Amer. Soc. civil Engin.*, *1898*, p. 237 ; *1900*, p. 6.

Seebeck, *Ueber Härteprüfung an Kristallen*, Berlin, 1833.

Senkowski, Kurnakow et Puschin, voir Kurnakow, Puschin et Senkowski.

Shore, *Amer. Machinist*, **30**-747-1907.

— *Revue. de Métall.*, **5**-(II)-857-1908.

Smirnow et Kurnakow, *Zs. anorg. Chem.*, **72**-31-1911 (AgMg).

Smith, *Rev. de Métall.*, **8**-376-1911.

Spring, *Bull. Acad. Belg.* **12**-1066-1902.

Stanton, *Assoc. intern. pour l'essai des matériaux, Congrès de New-York*, 1912, rapp. V (I).

Sturm et Kahlbaum, voir Kahlbaum et Sturm.

Swedenborg, *Opera philosophica et mineralia, Dresdae et Lipsiae*, 1734, vol. III. « Regnum subterraneum sive minerale de ferro », p. 266. En français, traduction de Bouchu : « Traité du fer », Paris, 1762; p. 135.

Tammann, *Zs. f. Elektrochemie*, **14**-584-1912.

— *Lehrbuch der Metallographie*, 1914, p. 74.

Thompson, *Wied. Ann.*, **44**-555-1891.

Urasow, *Zs. anorg. Chem.*, **73**-31-1912 (CdMg).

Woëhler, *Zs. fur Bahnwesen*, *1863*, p. 240 ; *1866*, p. 67.

Zemczuzny et Kurnakow, voir Kurnakow et Zemczuzny.

XIII. MÉTHODES SECONDAIRES

Densité. — Historique et théorie. — Les diagrammes. — Le covolume. — Dilatation. — Historique et théorie. — Les diagrammes. — Conductivité thermique. —
Historique et théorie. — Les diagrammes. — Chaleur de formation. — Historique et
théorie. — Les diagrammes. — Propriétés magnétiques. — Définitions. — Historique
et théorie. — Alliages des métaux para- et diamagnétiques. — Disparition du ferromagnétisme. — Alliages des métaux ferromagnétiques. — Alliages de Heusler. —
Conclusions. — Mémoires cités au chapitre XIII.

Dans ce chapitre nous traiterons brièvement les quelques méthodes
indirectes n'ayant pas atteint, pour diverses raisons, le degré de développement des autres méthodes que nous avons appris à connaître jusqu'à
présent. Elles sont basées sur la densité, la dilatation, la conductivité
thermique, la chaleur de formation et les propriétés magnétiques des
alliages.

DENSITÉ

Historique et théorie. — Calvert et Johnson (1859) ont, les premiers, étudié la densité des alliages afin de mettre en vue leur structure.

« Cette méthode, disent-ils, nous a permis de déterminer les alliages
qui sont des combinaisons et ceux qui ne sont que de simples mélanges ;
car les véritables combinaisons chimiques ont des propriétés qui leur
sont propres, caractéristiques, tandis que les mélanges ont des
propriétés qui sont à peu près la moyenne de celles des corps qui les
constituent ».

Sur la base de ce raisonnement, Calvert et Johnson indiquent des
combinaisons dans les alliages cuivre-étain et constatent que le zinc ne
forme avec l'étain que des mélanges.

M. Maey (1901) fait remarquer qu'il est préférable de tracer les diagrammes non pas pour la densité, mais pour son inverse, le volume spécifique, égal au volume occupé par 1 gr. d'alliage. Lorsque la composition est exprimée en poids, le volume spécifique des mélanges est une fonction linéaire de la composition et se trouve représenté par une droite, alors que la densité est représentée par une fraction d'hyperbole. Les combinaisons sont plus facilement mises en évidence, sur le diagramme, par l'intersection des droites que par celle des courbes.

Ce raisonnement n'est exact que lorsque la composition est exprimée en poids; pour la composition en volume, c'est la densité qui est une fonction linéaire :

$$D = d + \frac{m}{100}\ (d'-d)$$

où D est la densité de l'alliage, d et d' celle des métaux constituants et m le pourcentage en volume.

En traçant les diagrammes en fonction du pourcentage atomique, nous utiliserons les courbes de densité, étant donné que la composition atomique s'approche davantage de la composition en volume que de la composition en poids (p. 43).

Les diagrammes. — Le diagramme de la densité s'approchera donc de la droite pour les métaux ne formant que des mélanges, lorsque leur composition est exprimée en atomes. Par exemple, dans les alliages plomb-antimoine, dont la courbe de solidification n'indique que des mélanges (Gontermann, 1907), mais qui paraissent former une faible solution solide du côté de l'antimoine, la densité observée est légèrement inférieure à la valeur calculée, sans que cette différence altère l'allure rectiligne du diagramme (fig. 191).

Dans les alliages argent-or, qui ne forment que des solutions solides continues (Raydt, 1912), le diagramme de la densité affecte, de même, la forme d'une droite, (fig. 192) la contraction pendant la formation ne dépassant pas 0,5 pour 100.

Dans les alliages aluminium-cuivre (fig. 193), le composé Al²Cu se forme sans changement de volume, de sorte qu'entre

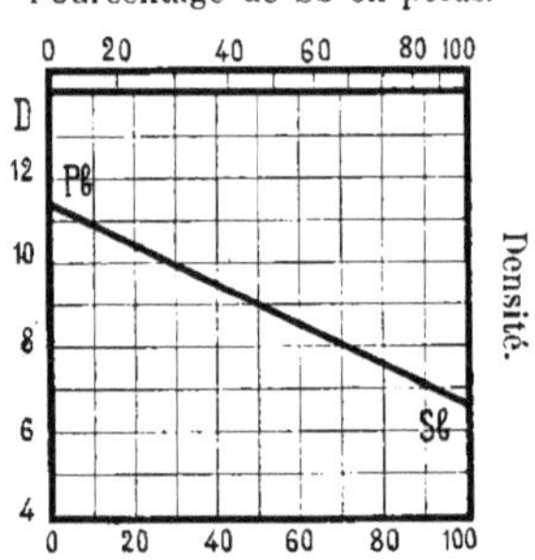

Fig. 191. — Plomb-antimoine. Diagramme de densité suivant Calvert et Johnson (1859).

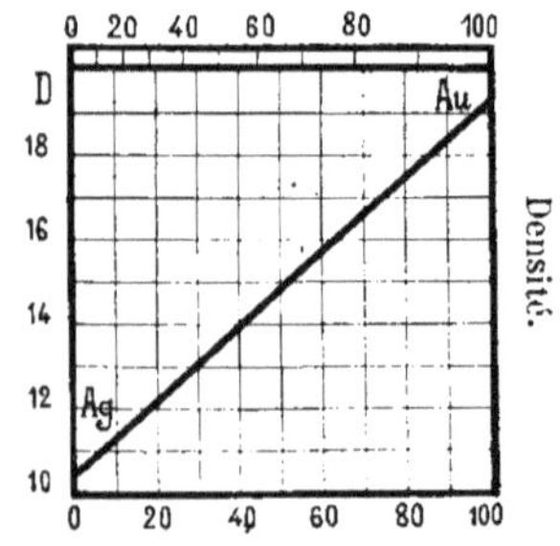

Fig. 192. — Argent-or. Diagramme de densité suivant Matthiessen (1860).

l'aluminium et lui la courbe se confond avec la valeur calculée. Elle s'en écarte ensuite et indique, par un point angulaire, le composé Al^2Cu^3 formé avec une forte contraction. Les combinaisons AlCu et $AlCu^3$ ne se manifestent pas, la contraction pendant leur formation les plaçant sur les droites qui relient Al^2Cu^3 avec Al^2Cu et avec le cuivre; elles ne sont ainsi marquées par aucun point angulaire nettement visible.

Dans les alliages de cuivre avec le zinc, trois combinaisons peuvent être mises en évidence (Broniewski, 1915). Sur le diagramme de densité (fig. 194) les composés CuZn et $CuZn^6$, formés avec une forte contraction, apparaissent marqués par des points angulaires; le troisième composé, $CuZn^2$, ne paraît marqué par aucune discontinuité la contraction pendant sa formation le plaçant sur la droite reliant la densité de CuZn avec celle de $CuZn^6$.

La formation des alliages est ordinairement accompagnée d'une contraction: une dilatation peut être observée exceptionnellement, comme dans des alliages d'antimoine. Le changement de volume ne dépasse pas 10 pour 100; il est très souvent faible, inférieur aux limites des erreurs, dont la principale est due aux soufflures de l'échantillon. Ainsi, malgré la facilité relative de son exécution, la méthode de densité n'a reçu, jusqu'à présent, qu'un faible développement.

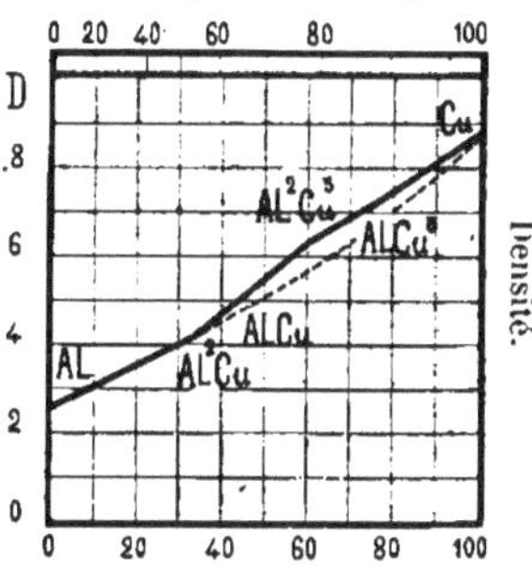

Fig. 193. — Aluminium-cuivre. Diagramme de densité suivant M. Frilley (1911).

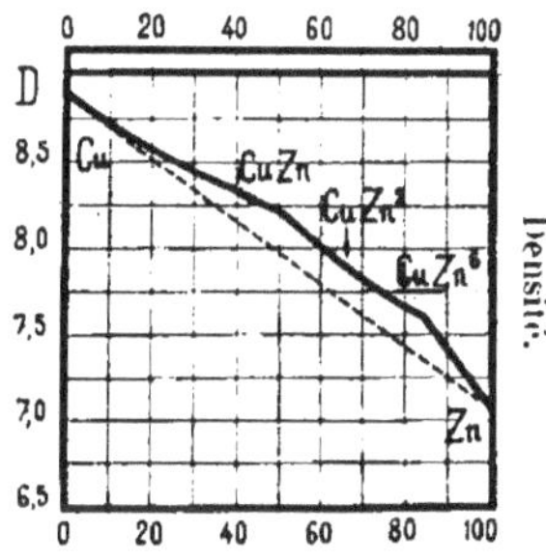

Fig. 194. — Cuivre-zinc. Diagramme de densité suivant M. Maey (1901).

Le covolume. — Le changement de la densité, dû à la formation des alliages, ne peut être que faible, vu le rapprochement considérable des molécules dans les corps solides.

Pour la grande majorité des métaux, l'augmentation du volume atomique volume occupé par autant de grammes, que le poids atomique compte d'unités) à partir du zéro absolu jusqu'à la température de fusion est sensiblement la même, notamment 0,65 cm³. Si l'on admet que cette variation de volume, déterminée par la dilatation, représente le covolume, c'est-à-dire l'espace libre entre les molécules, on peut constater qu'à la température de fusion il ne forme qu'une fraction de 4 à 10 pour 100 du volume total. A la température ordinaire, ce covolume (a) est encore réduit en conséquence et peut être calculé approximativement, pour un volume atomique, suivant la formule

$$a = \frac{0{,}65 . \mathrm{T}}{3 \, \mathrm{F}^2} (2 \, \mathrm{F} + \mathrm{T})$$

où F est la température absolue de fusion et T la température absolue du corps. Par exemple, le covolume de l'argent ne paraît former à la température ordinaire que 1 pour 100 du volume total. Dans les métaux polyatomiques, certaines transformations peuvent mettre en jeu l'espace libre entre les atomes formant la molécule. Par exemple, la contraction du volume atomique du bismuth pendant la fusion (0,71 cm³) est plus grande que l'augmentation de ce volume depuis le zéro absolu jusqu'à la température de fusion (0,42 cm³), ce qui serait difficile d'expliquer sans admettre une dissociation (Broniewski, 1906 et 1907).

DILATATION

Historique et théorie. — Calvert, Johnson et Lowe (1861) font remarquer que certaines combinaisons, comme Cu⁴Sn et Cu³Sn, repérées par d'autres méthodes, correspondent aussi sur le diagramme de dilatation à des points angulaires.

L'étude de la dilatation fut reprise par M. H. Le Chatelier (1899) qui arrive à des conclusions plus nettes.

« Quand un alliage, dit-il, est constitué par la juxtaposition en proportion variable de deux éléments isolément bien définis, un métal et une combinaison par exemple, la dilatation de l'alliage sera nécessairement intermédiaire entre celle de ses deux constituants; si, au contraire, la dilatation de l'alliage est toute différente, on est en droit de conclure, que l'on a à faire à une solution solide. »

Cette dernière affirmation devrait tout autant s'appliquer aux composés définis, ceux-ci ne s'écartant pas moins que les solutions solides de la moyenne calculée par la règle des mélanges.

Les diagrammes. — Le coefficient de dilatation est une fonction linéaire de la composition en volume, lorsque les métaux constituants ne forment que des mélanges. La composition étant indiquée en pourcentage atomique, le dia-

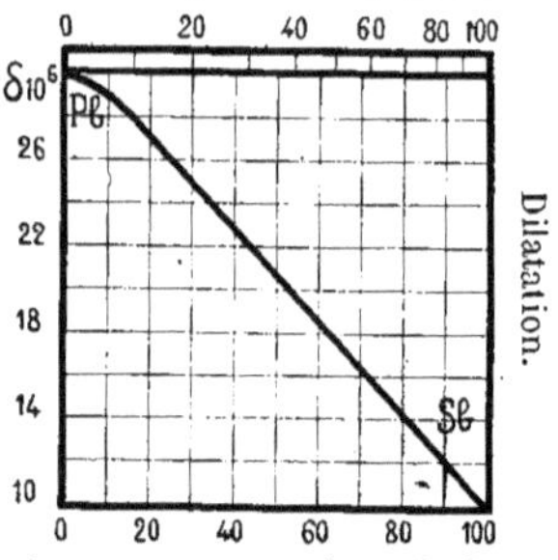

Fig. 195. — Plomb-antimoine. Coefficient de dilatation à 50° suivant Calvert, Johnson et Lowe (1861).

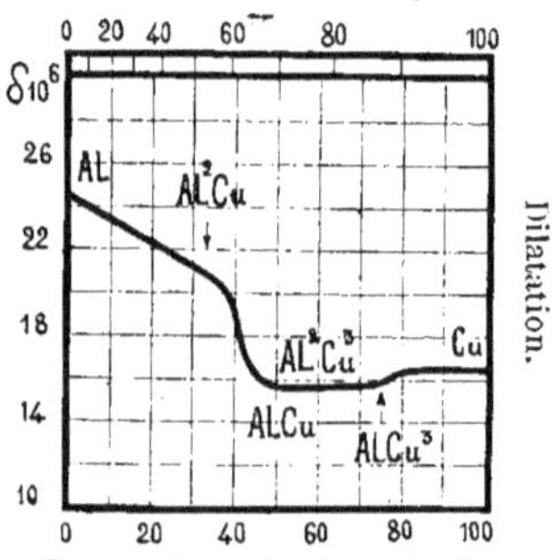

Fig. 196. — Aluminium-cuivre. Coefficient de dilatation à 63° suivant M. Le Chatelier (1899).

gramme de la dilatation s'approche aussi de la droite, comme, par exemple, pour les alliages plomb-antimoine (fig. 195) qui sont, nous le savons (p. 201), surtout composés de mélanges.

Dans le diagramme de dilatation des alliages aluminium-cuivre (fig. 196), la courbe s'abaisse lentement jusqu'au composé Al^6Cu; ensuite, une descente rapide se manifeste jusqu'au composé $AlCu$ dont le coefficient de dilatation est égal, ou inférieur, à celui du cuivre. La combinaison $AlCu^3$ ne se manifeste que faiblement et Al^2Cu^3 ne paraît pas marquée.

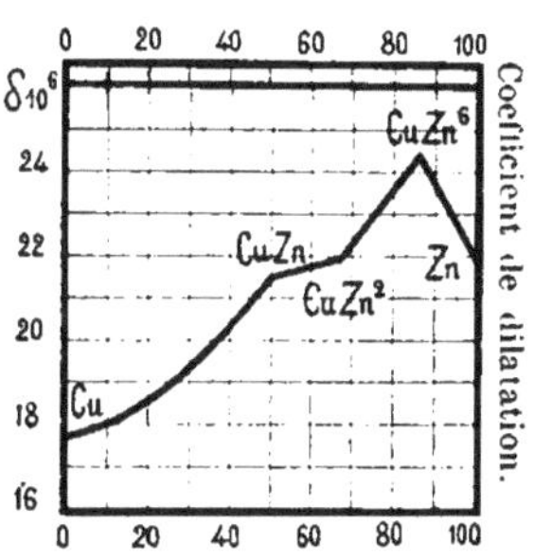

Fig. 197. — Cuivre-zinc. Coefficient de dilatation à 50° suivant Calvert, Johnson et Lowe (1861).

Pour les alliages cuivre-zinc, le diagramme (fig. 197) indique nettement, par des points angulaires, les trois combinaisons : $CuZn$, $CuZn^2$ et $CuZn^6$. Le coefficient de dilatation du zinc se montre ici inférieur à celui du composé $CuZn^6$, alors que Fiseau (1869) lui assigne une valeur supérieure ($\delta = 29.10^{-6}$). En admettant le nombre de Fiseau, la combinaison $CuZn^6$ n'apparaîtrait que faiblement sur le diagramme.

Les mesures de dilatation ont l'avantage sur celles de la densité de ne pas être influencées par les soufflures de l'échantillon, mais les erreurs d'expérience y sont relativement importantes à cause de la petitesse du phénomène observé.

CONDUCTIVITÉ THERMIQUE

Historique et théorie. — Le coefficient de conductivité thermique est numériquement égal au nombre de calories-grammes traversant en 1 seconde 1 centimètre carré d'une lame de 1 cm. d'épaisseur et dont les deux faces sont maintenues à des températures différentes entre elles de 1 degré centigrade.

Pour le cuivre et l'argent, le coefficient de conductivité thermique est voisin de l'unité.

Forbes (1833) avait trouvé un rapport de proportionnalité entre la conductivité électrique des métaux et leur coefficient de conductivité thermique.

Une vingtaine d'années plus tard, cette loi fut retrouvée par Wiedemann et Franz (1853) et leur est ordinairement attribuée.

La conductivité thermique ne change presque pas avec la température, de sorte que son rapport à la conductivité électrique varie, en première approximation, comme la température absolue (L. Lorenz, 1881).

Dans les alliages dont la conductivité électrique est fortement abaissée par la présence des solutions solides, la conductivité thermique diminue aussi, mais dans une proportion moindre et le rapport des deux grandeurs varie ainsi en fonction de la composition des alliages (Schulze, 1911).

Les diagrammes. — Entre les diagrammes des deux conductivités il y a une similitude d'allure et non pas une analogie complète.

Par exemple, dans les alliages plomb-antimoine (fig. 198) la courbe de conductivité électrique C paraît indiquer une solution solide du côté de l'antimoine qui n'apparaît pas sur la courbe de conductivité thermique K.

Les alliages palladium-argent fournissent un exemple de solutions solides continues (Ruer, 1906), ayant une courbe de solidification semblable à celle du cuivre avec le nickel. Les courbes de conductivité électrique et celle de conductivité thermique (fig. 199) ont une allure analogue, mais l'incurvation de la dernière est moindre. Ainsi, le rapport de la conductivité thermique à la conductivité électrique, voisin de $1,8.10^{-6}$ pour les métaux, atteint la valeur $3,0.10^{-6}$ pour les alliages de 20 à 30 pour 100 de palladium.

Dans les alliages cuivre-zinc (fig. 200), la courbe de conductivité électrique indique par un maximum la combinaison $CuZn$, par un point angulaire la combinaison $CuZn^2$ et par un minimum la position de $CuZn^6$. La faible conductivité électrique de ce dernier composé, ainsi que l'allure irrégulière de la

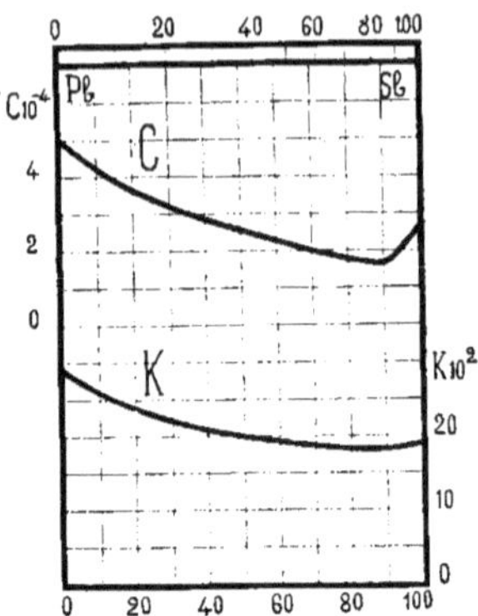

Pourcentage atomique de Sb.

Fig. 198. — Plomb-antimoine. C, conductivité électrique suivant Matthiessen (1860); K, conductivité thermique suivant Calvert et Johnson (1862).

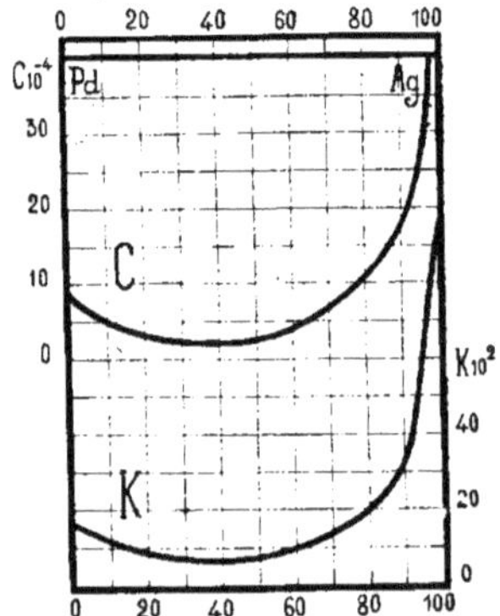

Pourcentage atomique d'Ag.

Fig. 199. — Palladium-argent. C, conductivité électrique; K, conductivité thermique suivant M. Schulze (1911).

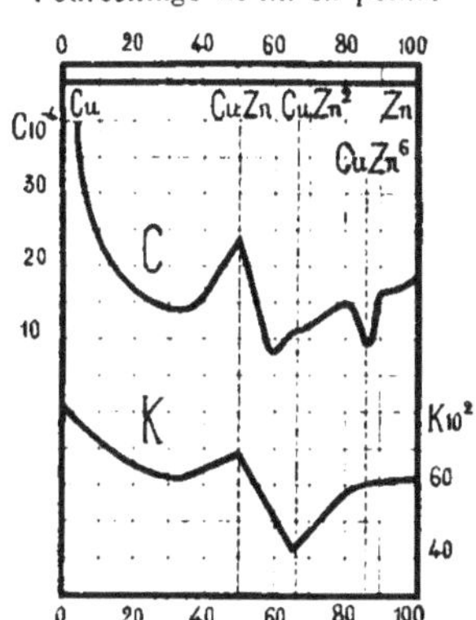

Fig. 200. — Cuivre-zinc. C, conductivité électrique suivant MM. Puschin et Rjaschsky (1913); K, conductivité thermique suivant Calvert et Johnson (1862).

courbe en son voisinage, restent probablement en rapport avec une transformation qu'il paraît subir aux environs de 590°. La courbe de conductivité thermique est analogue à la précédente entre le cuivre et le composé CuZn; par contre, entre celui-ci et le zinc, des différences sensibles se manifestent. Une partie de ces différences pourrait être due à l'insuffisance du nombre d'essais sur la base desquels le diagramme de conductivité thermique fut établi.

L'étude de la conductivité thermique des alliages est encore très peu développée. Son avantage consisterait dans la variation, assez sensible, de cette propriété en fonction de la structure; l'inconvénient de la méthode réside dans la difficulté des mesures précises.

CHALEUR DE FORMATION

Historique et théorie. — Nous savons p. 133) que la formation des combinaisons et des solutions solides est accompagnée d'une absorption ou d'un dégagement de chaleur. Le diagramme de la chaleur de formation, tracé en fonction de la composition, peut parfois donner des indications sur la structure des alliages.

La mesure de la chaleur de formation se fait par voie indirecte sur la base de la loi thermochimique de Hesse, suivant laquelle la chaleur dégagée par un système, passant d'un état initial à un état final, ne dépend pas de la manière dont ce passage a été effectué. L'état initial, dans ce cas, ce sont les deux métaux pris isolément, l'état final, leurs sels obtenus par l'action d'un réactif. Si, avant de dissoudre les deux métaux, on forme leur alliage, la chaleur de formation sera égale à la différence des chaleurs dégagées dans l'action du réactif sur les métaux pris isolément et sur l'alliage.

Berthelot (1879) avait, le premier, appliqué cette méthode aux alliages en attaquant les amalgames de sodium et de potassium par de l'acide chlorhydrique étendu. Très justement, il attribua les phénomènes thermiques observés à la formation des combinaisons et à leur dissolution éventuelle dans un constituant voisin.

Les diagrammes. — Les diagrammes de la chaleur de formation ne donnent que peu d'indications sur la structure des alliages, la chaleur de formation des solutions solides étant du même ordre de grandeur que celle des combinaisons, de sorte qu'un maximum, ou un minimum, sur la courbe peut aussi bien correspondre à une solution solide limite qu'à un composé défini. De plus, la chaleur de formation ne constitue d'ordinaire qu'une petite fraction des grandeurs mesurées et se trouve souvent à la limite des erreurs d'expérience atteignant facilement 2-3 pour 100.

Par exemple, dans les alliages aluminium-cuivre, la chaleur de formation observée ne dépasse pas 138 calories par gramme d'alliage, alors que la dissolution de l'aluminium dans de l'eau bromée dégage 7489 calories et celle du cuivre 593 calories par gramme. Sur le diagramme (fig. 201) les ordonnées positives correspondent à un dégagement de chaleur, les négatives à une absorption. La courbe paraît indiquer plusieurs combinaisons, mises en évidence par d'autres méthodes, mais les nombres obtenus sont si rapprochés des erreurs possibles que non seulement les détails du diagramme, mais parfois aussi le signe du phénomène (par exemple celui de Al^2Cu) paraît sujet à doute.

La mesure de la chaleur de formation des alliages cuivre-zinc (fig. 202) donne des résultats quelque peu plus précis. Le maximum du dégagement thermique pendant la formation correspond au composé $CuZn^2$. Les deux autres combinaisons, $CuZn$ et $CuZn^6$, ne se manifestent sur le diagramme par aucune discontinuité.

L'étude de la chaleur de formation aurait pu fournir des indications au sujet de la stabilité des alliages à haute ou à basse température, si les résultats des mesures méritaient une plus grande confiance.

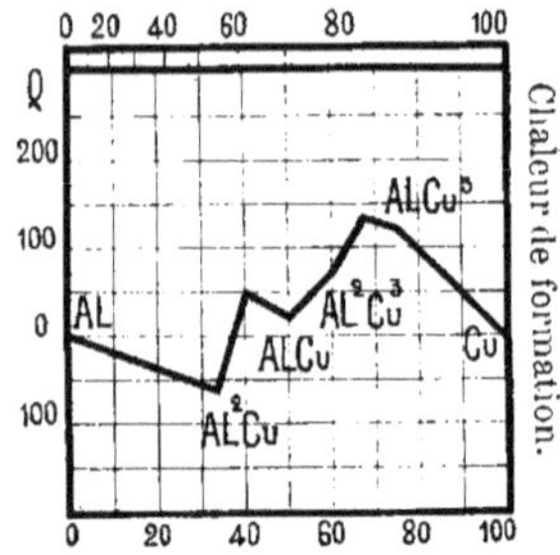

Fig. 201. — Aluminium-cuivre. Chaleur de formation suivant MM. Louguinine et Schukareff (1903).

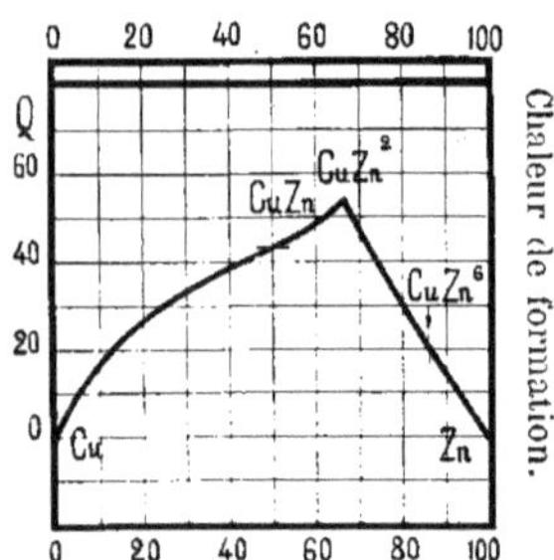

Fig. 202. — Cuivre-zinc. Chaleur de formation suivant M. Baker (1901).

PROPRIÉTÉS MAGNÉTIQUES

Définitions. — A l'intérieur d'un solénoïde, régulièrement enroulé en forme de tore (fig. 203) dont la section est faible par rapport au rayon de révolution, le *champ magnétique* H dans le vide peut être exprimé en gauss (unités C. G. S.) par la formule

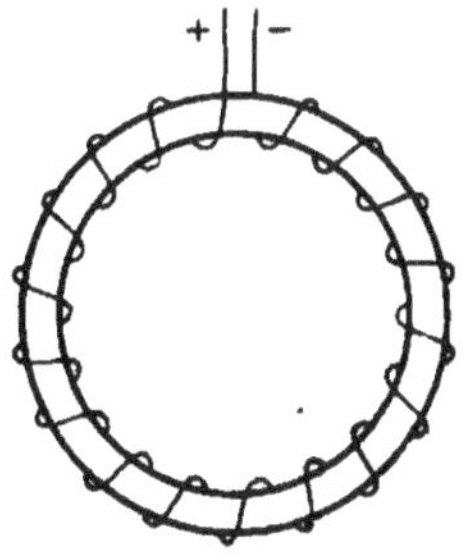

$$H = 4\pi I \frac{n}{l}$$

où l est la longueur moyenne du tore, n le nombre total des spires qu'il porte et I l'intensité du courant qui les parcourt.

Le *flux d'induction* Φ, passant par la section droite S du tore, sera

$$\Phi = H S$$

Si l'intérieur du tore est constitué par de la matière, le flux d'induction devient

$$\Phi = H S \mu$$

où μ est la *perméabilité magnétique* de la matière considérée.

Fig. 203. — Solénoïde enroulé sur un tore.

Le flux d'induction, rapporté à l'unité de section, porte le nom *d'induction magnétique* (B).

$$B = \frac{\Phi}{S} = H \mu$$

Le circuit magnétique peut être assimilé à un circuit électrique, en mettant la formule établie sous la forme

$$\Phi = \frac{4\pi n I}{\dfrac{l}{\mu S}} = \frac{force\ magnétomotrice}{reluctance}$$

Le flux d'induction, la force magnétomotrice et la réluctance sont alors respectivement les analogues de l'intensité du courant, de la force électromotrice et de la résistance électrique.

Cette analogie ne peut, pourtant, pas être poussée trop loin. Ainsi, aucune absorption d'énergie, pareille à l'effet Joule, ne se produit dans un circuit magnétique. De même, la perméabilité magnétique, assimililable à la conductivité spécifique, n'est pas invariable comme celle-ci pour une certaine température, mais varie en fonction du champ magnétique et, par conséquence, de l'induction.

Par exemple, pour le fer nous avons :

Champ magnétique H	0,25	0,50	1	10	100	1000	10000
Perméabilité μ	12400	14200	10200	1570	183	22,3	6,35

La perméabilité maxima du nickel ($\mu = 300$) et celle du cobalt ($\mu = 180$) sont atteintes dans un champ voisin de 10 gauss.

Lorsqu'un corps est introduit dans un champ magnétique, il s'aimante. Si cette aimantation était permanente, il aurait fallu un couple bien défini pour tourner et maintenir l'aimant perpendiculairement au flux magnétique. Ce moment magnétique de l'unité de volume du corps mesure l'*intensité d'aimantation*. Celle-ci, étant rapportée à l'unité de champ magnétique, porte le nom de *susceptibilité magnétique*.

Il existe entre la susceptibilité magnétique k et la perméabilité la relation suivante :

$$k = \frac{\mu - 1}{4\pi}$$

Au lieu du volume d'un corps, placé dans un champ magnétique, on peut considérer sa masse. Le moment magnétique de l'unité de masse donne l'*aimantation spécifique*. Celle-ci, rapportée à l'unité du champ magnétique, porte le nom de *coefficient d'aimantation spécifique*.

Entre le coefficient d'aimantation spécifique χ, la susceptibilité et la perméabilité, il existe la relation suivante :

$$\chi = \frac{K}{d} = \frac{\mu - 1}{4 \pi} \cdot \frac{1}{d}$$

où d est la densité du corps.

Pour classer les corps suivant leurs propriétés magnétiques, on admet la perméabilité magnétique de l'espace vide égale à l'unité. Les corps *diamagnétiques* ont une perméabilité inférieure à celle du vide. Ceux, dont la perméabilité est supérieure à celle du vide, portent le nom de *paramagnétiques*. Entre les corps paramagnétiques, quelques-uns, comme le fer, le nickel et le cobalt, ont une perméabilité de beaucoup supérieure à celle des autres et sont désignés comme *ferromagnétiques*.

La majorité des corps est diamagnétique (Ag, Au, Bi, Br, C, Cl, Cu, H, Hg, J, P, Pb, S, Se, Te, Zn). Le plus fortement diamagnétique est le bismuth dont le coefficient d'aimantation spécifique est $\chi = -1,35 \cdot 10^{-6}$; sa perméabilité $\mu = 0,999834$ est donc très peu inférieure à celle du vide et il n'existe pas de corps qu'on puisse assimiler à des isolants magnétiques. L'oxygène est paramagnétique (à 20" $\chi = + 115.10^{-6}$) et c'est à lui que l'air doit son faible paramagnétisme.

Historique et théorie. — L'étude des propriétés magnétiques des métaux et des alliages est encore peu développée.

Les premières recherches systématiques au sujet des métaux furent exécutées par P. Curie (1895). Bien plus tard, des recherches sur les propriétés magnétiques des alliages, en fonction de leur composition, ont été entreprises par M. Hegg (1910) et M. Honda (1910).

Suivant M. Tammann (1909), dans les alliages d'un métal ferro-magnétique (ou d'une telle combinaison) avec un métal non magnétique, les propriétés magnétiques sont, pour les mélanges, une fonction linéaire de la composition. Dans le cas d'une solution solide, celle-ci n'est ferromagnétique que lorsque le métal dissolvant l'est. Sur le diagramme, la solution solide se manifeste par une courbe indéterminée.

M. Honda (1910) étend ces observations aux alliages paramagnétiques et M. Dupuy (1914) les confirme pour quelques alliages diamagnétiques.

PIERRE CURIE
(1859-1906).

L'énoncé, un peu vague, concernant la manifestation d'une solution solide sur les diagrammes, peut être précisé par un rapprochement entre les propriétés magnétiques et le pouvoir thermo-électrique. De même que le pouvoir thermo-électrique, la susceptibilité magnétique (ou le coefficient d'aimantation peut être aussi bien positive que négative. Ainsi, sur les diagrammes, une solution solide peut se manifester, pour ces deux propriétés, aussi bien par un abaissement que par un relèvement de la courbe. Les mélanges seront représentés par une ligne s'approchant de la droite

L'apparition du ferromagnétisme introduit, ordinairement, quelques complications dans ces règles.

Alliages des métaux para — et diamagnétiques. — Prenons comme exemple les alliages argent-antimoine où les deux constituants sont diamagnétiques.

Comme nous le montre l'ensemble des diagrammes (fig. 204), une combinaison Ag³Sb est mise en évidence. Le diagramme de solidification F) ne manifeste que des solutions solides au voisinage des métaux, alors que la conductivité électrique (C) et le pouvoir thermo-électrique A) montrent que la combinaison, elle-même, est entourée de solutions solides, très faibles du côté de l'argent et plus étendues du côté de l'antimoine.

Le diagramme de susceptibilité magnétique (fig. 205, en fonction de la composition, présente une courbe symétrique à celle du pouvoir thermo-électrique. La combinaison y est indiquée par le maximum. La portion Ag-a de la courbe correspond à la solution solide dans l'argent, a-Ag³Sb confond la faible solution solide de l'argent dans la combinaison et le mélange des deux solutions solides limites. Les portions Ag³Sb-b et c-Sb correspondent aux solutions solides entre la combinaison et l'antimoine et la droite bc aux mélanges de deux solutions solides limites.

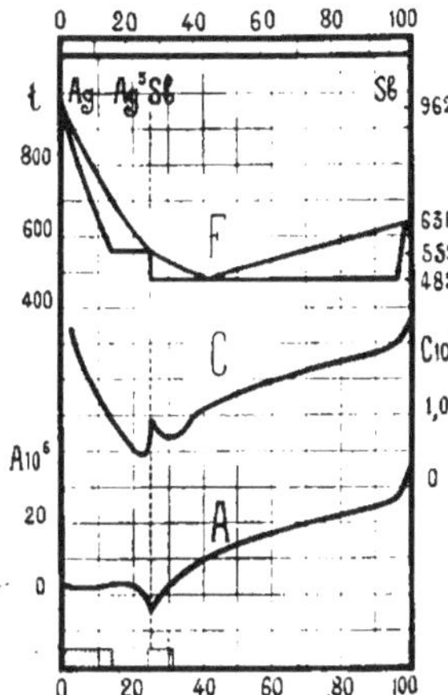

Fig. 204. — Argent-antimoine. F, diagramme de solidification suivant M. Petrenko (1906); C, conductivité électrique; A, pouvoir thermo-électrique rapporté au plomb suivant M. Haken (1910).

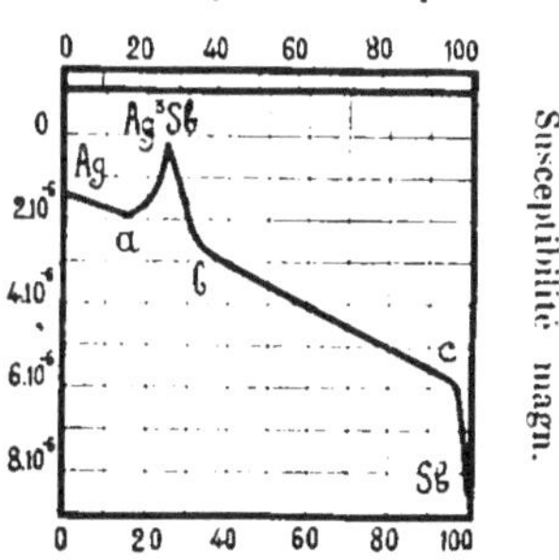

Fig. 205. — Argent-antimoine. Susceptibilité magnétique suivant M. Dupuy (1911).

deux solutions solides limites.

De même que sur les diagrammes du pouvoir thermo-électrique, les maxima et les minima des courbes des propriétés magnétiques n'indiquent pas nécessairement les combinaisons, mais peuvent aussi correspondre à des solutions solides limites.

Nous pouvons voir cet exemple sur les alliages du manganèse avec l'antimoine. Le diagramme de solidification y montre deux combinaisons (fig. 206), dont Mn^2Sb occupe un maximum de la courbe, alors que Mn^3Sb^2 se forme sur la ligne de transition à 852°.

Sur le diagramme de susceptibilité magnétique (fig. 206), la combinaison Mn^2Sb est marquée par un minimum et Mn^3Sb^2 par un faible point angulaire. Par contre, les maxima de la courbe correspondent aux solutions solides limites des métaux dans les combinaisons respectives.

Si nous considérons que l'échelle du graphique est ici 50.000 fois plus réduite que celle des alliages argent-antimoine, nous voyons à quel point les propriétés magnétiques peuvent parfois varier en fonction de la composition. L'antimoine étant diamagnétique et le manganèse faiblement paramagnétique, la solution solide de l'antimoine dans la combinaison Mn^3Sb^2 s'approche, par ses propriétés, des métaux ferromagnétiques.

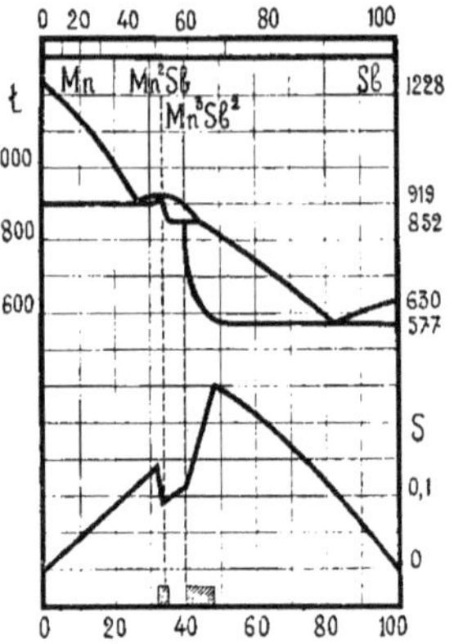

Fig. 206. — Manganèse-antimoine. *En haut*, diagramme de solidification suivant M. Williams (1907); *en bas*, susceptibilité magnétique suivant M. Honda (1910).

Disparition du ferromagnétisme. — Le ferromagnétisme paraît être une propriété moléculaire et non pas une propriété atomique, de sorte qu'une élévation de température peut le faire disparaître en changeant l'état d'agglomération intérieure du corps.

Ainsi dans le fer, l'aimantation spécifique décroît lentement avec l'élévation de la température pour subir une chute assez rapide aux environs de 760°. Pour le nickel, la disparition du ferromagnétisme est plus graduelle et s'effectue surtout aux environs de 370° (fig. 207). Le cobalt perd ses propriétés magnétiques vers 1150°.

La température de disparition du ferromagnétisme, est définie par la chute, la plus rapide, des courbes d'aimantation. A partir de cette disparition, qui porte le nom de « *point de Curie* », le coefficient d'aimantation χ des métaux, devenus paramagnétiques, continue à décroître (fig. 208) suivant la formule :

$$\chi (t - \theta) = \text{constante}$$

où t est la température du métal et θ celle du point de Curie.

Température.

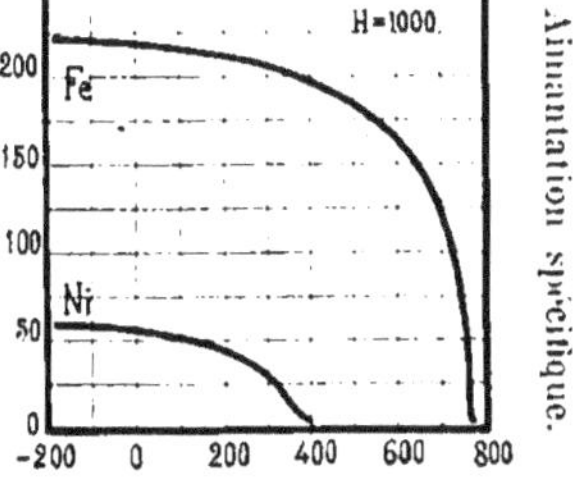

Fig. 207. — Aimantation spécifique du fer et du nickel, dans un champ de 1000 gauss, suivant M. Hegg (1910).

Température.

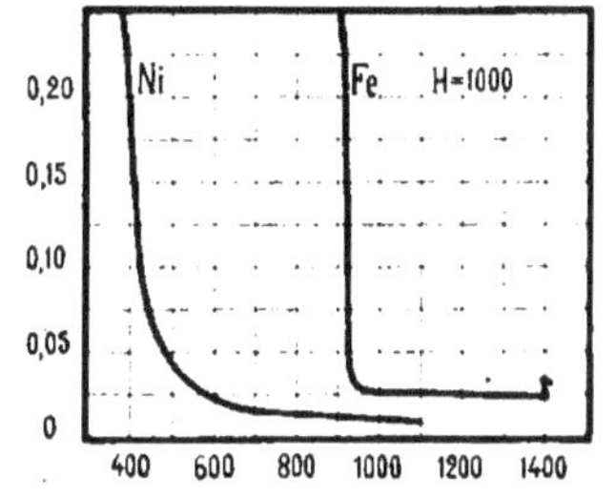

Fig. 208. — Aimantation spécifique du fer et du nickel, au-dessus du point de Curie, suivant MM. Weiss et Foëx (1911).

Pour les métaux paramagnétiques, ne subissant pas de transformation en ferromagnétiques, on peut admettre $\theta = - 273°$.

Vers 1400°, l'aimantation spécifique du fer augmente brusquement, ce qui paraît être dû à la transformation allotropique du fer γ en fer δ.

Si l'on observe, à l'échauffement, la disparition du ferromagnétisme sur des alliages fer-nickel, en indiquant la température de cette disparition en ordonnées et la composition des alliages en abscisses, on est conduit au diagramme discontinu FeacNi (fig. 209. Pour les alliages riches en nickel, le phénomène est reversible, c'est-à-dire qu'au refroidissement le ferromagnétisme apparaît sensiblement aux mêmes températures où il avait disparu et qui sont indiquées par la courbe cNi. Au contraire, pour les alliages riches en fer, le ferro-magnétisme n'apparaît au refroidissement qu'à des températures bien inférieures à celles de sa disparition et qui sont indiquées par la courbe Fe-b. Le phénomène n'est donc plus reversible.

La courbe c-Ni manifeste un maximum plat aux environs de 70 p. 100 atomiques de nickel, ce qui avait amené MM. Guertler et Tammann 1905 à supposer l'existence d'une combinaison FeNi².

La solution solide d'un métal diamagnétique dans un métal ferromagnétique abaisse, le plus souvent, la température de disparition du ferromagnétisme à mesure que la proportion en métal diamagnétique augmente. Par exemple, dans les alliages nickel-cuivre la courbe de disparition du ferromagnétisme part à 370°, pour le nickel, et atteint la température ambiante pour une teneur voisine de 45 p. 100 de cuivre (Guertler et Tammann, 1907. Ainsi, à la température ordinaire, ne sont magnétiques que les alliages d'une teneur en nickel supérieure à 55 p. 100.

La température de la disparition du ferromagnétisme se trouve rarement élevée par l'addition d'un corps étranger, comme cela se présente, par exemple, pour l'addition du silicium au nickel.

Alliages des métaux ferromagnétiques. — La relation entre la forme du diagramme de l'aimantation spécifique et la structure des alliages n'est pas encore bien établie.

En traçant le diagramme pour les alliages fer-nickel (fig. 210), nous voyons qu'il présente un minimum, fortement accentué, aux environs de 30 p. 100 atomiques de nickel, lorsque les alliages sont considérés à la température ordinaire. Mais l'aimantation spécifique des alliages, comme celle des métaux purs (fig. 207), varie avec la température et peut être extrapolée pour le zéro absolu. En utilisant les valeurs ainsi obtenues par extrapolation, on trouve le diagramme indiqué en pointillé sur lequel le minimum est remplacé par un point angulaire peu accentué.

Cette forme du diagramme a fait supposer à MM. Weiss et Foëx (1911) l'existence de la combinaison Fe²Ni.

Ainsi, les diagrammes de la perte du ferromagnétisme (fig. 209) et de l'aimantation spécifique ne nous font connaître que des points caractéristiques sujets à des interprétations incertaines.

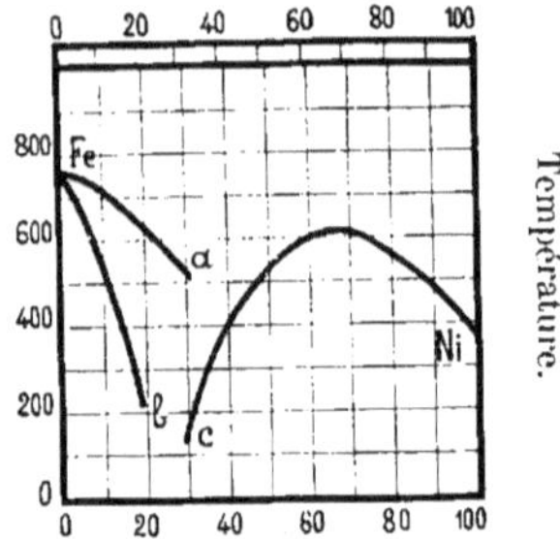

Fig. 209. — Fer-nickel. Diagramme de la transformation magnétique suivant M. Hegg (1910).

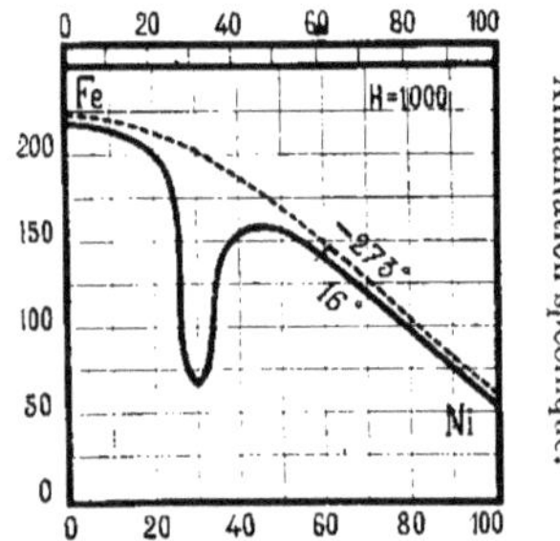

Fig. 210. — Fer-nickel. Aimantation spécifique dans un champ de 1000 gauss à 16° (trait continu) et au zéro absolu (en pointillé) suivant M. Hegg (1910).

D'autres diagrammes, dont nous disposons actuellement au sujet des alliages fer-nickel, ne permettent pas davantage de lever définitivement le doute au sujet de leur structure.

Le diagramme de solidification (F, fig. 211) apparaît sous la forme d'une ligne continue confondant le solidus avec le liquidus. Cela indique la présence de solutions solides continues et ne donne aucune indication sur les combinaisons.

La courbe de conductivité électrique C, celle de la densité D et la courbe de dilatation à 0°, δ, montrent toutes une discontinuité entre 30 et 40 pour 100 atomiques de nickel. Cette discontinuité peut être interprétée par l'existence de la combinaison Fe²Ni ou par la rencontre de solutions solides, analogues à celles des alliages magnésium-cadmium (fig. 119). Cette dernière explication apparaît comme la plus vraisemblable, étant donné que sur la courbe de dilatation le minimum se déplace sensiblement avec l'élévation de la température, alors qu'il devrait rester invariable s'il était dû à une combinaison. Ainsi, les points caractéristiques, manifestés sur tous les diagrammes au voisinage de la composition Fe²Ni, seraient provoqués par l'abaissement d'une transformation allotropique jusqu'à la température ordinaire, la solution solide du nickel dans le fer α étant remplacée, vers cette composition, par celle dans le fer γ.

Par contre, la courbe de conductivité électrique montre un maximum très net vers 80 pour 100 atomiques de nickel, ce qui ne peut être interprété (si les données expérimentales sont exactes) que par l'existence de la combinaison FeNi³. Un faible point angulaire se manifeste aussi à cette teneur sur le diagramme de la densité.

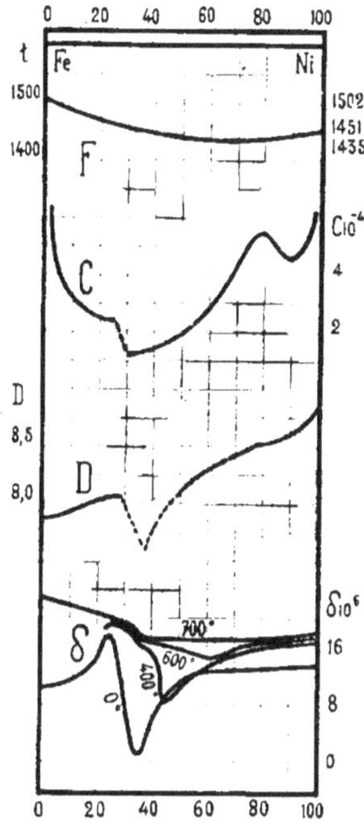

Fig. 211. — Fer-nickel. F et C, diagramme de solidification et conductivité électrique suivant MM. Ruer et Schüz (1910); D, densité suivant M. Hegg (1910); δ, coefficient de dilatation à 0°, 400°, 600° et 700° suivant M. Chevenard (1914).

Alliages de Heusler. — Le magnétisme étant une propriété moléculaire, il est possible d'obtenir des alliages ferromagnétiques avec des métaux dia- ou paramagnétiques, comme nous avons eu déjà l'occasion de le voir fig. 206).

M. Heusler (1903) a, le premier, obtenu ce genre d'alliages en fondant de l'aluminium avec du cupromanganèse à 30 pour 100 de manganèse.

Le ferromagnétisme des alliages de Heusler se manifeste lorsque la teneur en aluminium varie de 6 à 17 pour 100 et atteint le maximum vers 13 pour 100 de ce métal. Les propriétés magnétiques disparaissent à partir d'une certaine température, comme c'est de règle pour les métaux et les alliages ferromagnétiques.

MM. Heusler et Richarz 1909) interprètent ces résultats en partant de l'existence des combinaisons AlCu³ et AlMn³ (Hindrichs, 1908. Comme le cuivre ne forme avec le manganèse que des solutions solides (Zemczuzny, 1908), il devient probable que le manganèse peut se substituer atome par atome au cuivre, de sorte que la combinaison magnétique répondrait à la formule Al (Cu, Mn)³, dans laquelle à chaque atome d'aluminium correspondent trois atomes du mélange isomorphe des deux autres métaux.

On peut aussi interpréter les données des alliages de Heusler en admettant la formation d'un nouveau composé défini ternaire, le maximum de ferromagnétisme apparaissant pour l'alliage de composition $AlMnCu^2$.

CONCLUSIONS

Nous avons pu voir que les difficultés rencontrées par les méthodes secondaires sont de nature très différente pour chacune d'elles.

Les points singuliers manifestés par les courbes de densité sont peu marqués et s'effacent facilement derrière les erreurs dues aux soufflures des échantillons.

Sur les diagrammes de dilatation, les points singuliers sont bien plus marqués et, malgré la petitesse du phénomène, les mesures soignées peuvent y donner une précision suffisante. Cette méthode n'a donc à vaincre que quelques difficultés d'ordre expérimental pour devenir un auxiliaire important.

Par contre, la conductivité thermique ne semble pas donner d'éléments nouveaux vis-à-vis de la conductivité électrique, de beaucoup supérieure par sa précision.

L'étude de la chaleur de dissolution ne paraît, de même, pas apte à un développement considérable, à moins que la précision de ses mesures ne soit sensiblement améliorée. Ceci n'est pas probable avec les moyens classiques de la calorimétrie.

Enfin, les propriétés magnétiques pourront fournir une méthode générale d'un grand intérêt lorsque l'étude des alliages peu magnétiques sera plus développée et la relation entre les diagrammes et la structure aura été définitivement établie.

Mémoires cités au chapitre XIII.

Archbutt et Rosenhaine, voir Rosenhaine et Archbutt.
Baker, *Phil. Trans. Roy. Soc.*, (A)-**196**-529-1901 (Chaleur de formation).
Berthelot, *Ann. chim. et phys.*, (5)-**18**-433-1879 (Chaleur de formation).
Broniewski, *Journ. chim. phys.*, **4**-285-1906; **5**-57, 609-1907.
—   *Revue de Métall.*, **12**-961-1915.
Calvert et Johnson, *Phil. Mag.*, (4)-**18**-354-1859; *Moniteur Scientif.*, (1)-**4**-255-1862 (Densité). *Moniteur Scientif.* (1)-**4**-18,33,87,123-1862 (Conductivité thermique).
Calvert, Johnson et Lowe, *Chem. News*, **3**-315, 357, 371-1861 (Dilatation).
Chevenard, C. R. **159**-175-1914 (Fe Ni).
Curie, *Ann. de chim. et phys.*, (7)-**5**-289-1895; *Œuvres*, Paris, 1908, p. 232.

Dupuy, *C. R.* **158**-793-1914.

Fizeau, *C. R.* **68**-1125-1869 (Dilatation).

Foëx et Weiss, voir Weiss et Foëx.

Forbes, *Proc. Edinb. R. Soc.*, **1**-5-1833; *Trans. Edinb., Soc.*, **23**-133-1861/62 (Conductivité électrique et thermique).

Franz et Wiedemann, voir Wiedemann et Franz.

Frilley, *Revue de Métall.*, **8**-457-1911 (Densité).

Gontermann, *Zs. anorg. Chem.*, **55**-419-1907 (PbSb).

Guertler et Tammann, *Zs. anorg. Chem.*, **45**-205-1905 (FeNi).

— *Zs. anorg. Chem.*, **52**-25-1907 (CuNi).

Haken, *Ann. d. Phys.*, (4)-**32**-291-1910 (AgSb).

Hegg, *Arch. de Genève*, **29**-592-1910; **30**-15-1910.

Heusler, *Verh. d. D. phys. Gesell.*, **5**-219-1903.

Heusler et Richarz, *Zs. anorg. Chem.*, **61**-265-1909.

Hindrichs, *Zs. anorg. Chem.*, **59**-414-1908 (AlMn).

Honda, *Ann. d. Phys.*, (4)-**32**-1003-1910.

Johnson et Calvert, voir Calvert et Johnson.

Johnson, Lowe et Calvert, voir Calvert, Johnson et Lowe.

Le Chatelier, *C. R.*, **128**-1444-1899 (Dilatation).

Lorenz, *Wied. Ann.*, **13**-422, 592-1881 (Conductivité électrique et thermique).

Louguinine et Schukareff, *Arch. de Genève*, (4)-**15**-49-1903 (Chaleur de formation).

Lowe, Calvert et Johnson, voir Calvert, Johnson et Lowe.

Maey *Zs. physik. Chem.*, **38**-289, 292-1901 (Densité).

Matthiessen, *Phil. Trans. Roy. Soc.*, **150**-161-1860; *Pogg. Ann.*, **110**-190-1860. Conductivité électrique).

— *Phil. Trans. R. Soc.*, **150**-177-1860; *Pogg. Ann.*, **110**-21-1860 (Densité).

Petrenko, *Zs. anorg. Chem.*, **50**-133-1906 (AgSb).

Puschin et Rjaschsky, *Zs. anorg Chem.*, **82**-50-1913.

Raydt, *Zs. anorg. Chem.*, **75**-58-1912 (AgAu).

Richarz et Heusler, voir Heusler et Richarz.

Rjaschsky et Puschin, voir Puschin et Rjaschsky.

Ruer, *Zs. anorg. Chem.*, **51**-315-1906 (PdAg).

Ruer et Schüz, *Métallurgie*, **7**-415-1910 (Fe Ni).

Schukareff et Louguinine, voir Louguinine et Schukareff.

Schulze, *Ber. deutsch. phys. Gesell.*, **13**-856-1911; *Phys. Zs.*, **12**-1028-1911 (Conductivité électrique et thermique).

Schüz et Ruer, voir Ruer et Schüz.

Tammann, *Zs. physik. Chem.*, **65**-73-1909.

Tammann et Guertler, voir Guertler et Tammann.

Weiss et Foëx, *Journ. de Phys.*, (5)-**1**-745-1911; *Arch. de Genève*, **31**-5, 89-1911.

Wiedemann et Franz, *Pogg. Ann.*, **89**-497-1853 (Conductivité électrique et thermique).

Williams, *Zs. anorg. Chem.*, **55**-1-1907.

Zemczuzny, *Zs. anorg. Chem.*, **57**-263-1908 (CuMn).

INDEX DES NOMS

A

Abraham et Sacerdote, *voir* Sacerdote et Abraham.

Adams et Johnston, *voir* Johnston et Adams

Alpha (appareils de la Société...), **179, 180, 182, 196.**

Amagat, 190.

Amsler, 190, 191.

Anczyc, 161, 196.

Archbutt et Rosenhain, *voir* Rosenhain et Archbutt.

Arnold et Williams, 133, 155.

Arpi et Benedicks *voir* Benedicks et Arpi.

d'Arsonval et Depretz, *voir* Depretz et d'Arsonval.

Ast, **25, 26, 27.**

Aten et Roozeboom, *voir* Roozeboom et Aten.

Auer, 84,

Auerbach, **157, 183,** 196.

B

Baker, 207, 215.

Bakhuis Roozeboom, *voir* Roozeboom.

Barba, **184, 185,** 196.

Barlow, **70, 87.**

Barus, 157, 197.

Bauer et Heyn, *voir* Heyn et Bauer.

Bauschinger, **168,** 197.

Baykow, **142, 155.**

Bazin, 12.

Behrens, 13.

Beilby, **176, 177,** 197.

Belajew, **132, 155.**

Benedicks, **23, 27, 94, 120, 130, 131, 140, 141,** 155, 157 (portrait), **158, 179,** 197.

Benedicks et Arpi, 48, 87.

Benoit, **175,** 197.

Berlemont, 115.

Bernard et Guillet, *voir* Guillet et Bernard.

Berthelot Daniel, 42.

Berthelot Marcelin, **135, 155, 206,** 215.

Bollée, 180.

Bonnerot et Charpy, *voir* Charpy et Bonnerot.

Bornemann, 9.

Bornemann et Müller, 99, 100, 120.

— et Rauschenplatt, 99, 120.

Börnstein et Landolt, *voir* Landolt et Börnstein.

Bossuet et Lebeau, *voir* Lebeau et Bossuet.

— et Hackspill, *voir* Hackspill et Bossuet.

Boudouard, **31, 36.**

Bottone, **157,** 197.

Boylston et Sauveur, *voir* Sauveur et Boylston.

Brinell, **157, 158, 162, 173, 178, 179** (portrait), **182,** 197.

Brinell et Dillner, **179,** 197.

Broniewski, **5, 10, 42, 62, 87, 96, 97, 98, 101, 103, 104, 106, 110, 112, 113, 114, 120, 125, 131, 140, 144, 149, 153,** 155, 202, 203, 215.

Broniewski et Le Chatelier, *voir* Le Chatelier et Broniewski.

— et Le Grix, *voir* Le Grix et Broniewski.

— Rengade et Jolibois, *voir* Rengade, Jolibois et Broniewski.

Brooks, 95, 120.

Brunck, **31, 36.**

Bruni et Sandonnini, 53, 75, 77, 88.
Buchetti, 11.

C

Calvert et Johnson, 182, 197, 200, 201, 205, 206, 215.
Calvert, Johnson et Lowe, 203, 204, 216.
Carnegie, 11.
Carpenter, 126, 144, 155.
Carpenter et Edwards, 34, 36, 131, 155.
Cartaud et Osmond, *voir* Osmond et Cartaud.
Carrière, 191, 197.
Cavalier, 11.
Chappell, 175, 197.
Charpy, 38, 66, 70 (portrait), 71, 72, 74, 88, 164, 175, 194, 195, 197.
Charpy et Bonnerot, 49, 88.
—   et Cornu-Thénard, 194, 197.
—   et Lucas, 150, 155.
Chevenard, 143, 155, 214, 216.
Clausius, 40, 88, 122, 123, 133, 176, 177.
Cohen, 123 (portrait), 138, 155.
Cohen et Olie, 124, 155.
    »   et Van Eijk, 123, 148, 155.
Considère, 192, 197
Cornu-Thénard et Charpy, *voir* Charpy et Cornu-Thénard.
Corvisy, 12.
Coste, 23, 150, 155.
Coulomb, 167.
Credner, 173, 176.
Crompton, 41, 88.
Curie, 209 (portrait), 212, 216.

D

Debray, 31, 36.
Debray et Deville, *voir* Deville et Debray.
Degens, 123, 155.
Dejean, 143, 154, 155.
Depretz et d'Arsonval, 80.
Desch, 13, 14.
Dessau, 14.
Deville, 29 (portrait).
Deville et Debray, 29, 31, 36.
Dillner et Brinell, *voir* Brinell et Dillner.
Disselhorst et Jaeger, *voir* Jaeger et Disselhorst.
Donski, 58, 88.
Dörinckel, 32, 36, 56, 67, 88.
Dorlodot, 12.
Duclaux, 140, 155.
Duguet, 183, 197.

Duhem, 144, 155.
Dupuy, 209, 210, 216.

E

Edwards et Carpenter, *voir* Carpenter et Edwards.
Ehrensberger, 166, 194, 197.
Einstein, 139, 155.
Englisch, 104, 120.
Etienne, 150, 155.
Even et Rosenhain *voir* Rosenhain et Even.
Ewing, 171, 197.
Ewing et Humfrey, 168, 197.

F

Falcot, 188.
Féry, 82, 88.
Feussner, 93, 101, 120.
Fiseau, 204, 216.
Flecher, 80.
Foëx et Weiss, *voir* Weiss et Foet.
Forbes, 204, 216.
Franz et Wiedemann, *voir* Wiedemann et Franz.
Frémont, 27, 167, 183, 191, 192, 197.
Frémont et Osmand, 166, 197.
Frilley, 202, 216.

G

Gaede, 115.
Galilée, 183 (portrait), 197.
Gages, 12.
Gautier, 38, 88.
Gartner et Robin, *voir* Robin et Gartner.
Garvin et Portevin, *voir* Portevin et Garvin.
Gibbs, 38 (portrait), 39, 88, 134, 155.
Glasunow et Matweew, 158, 197.
Goecke et Ruff, *voir* Ruff et Goecke.
Goerens, 12, 14, 63, 64, 88, 173, 174, 197.
Golaz, 115.
Goldschmidt, 33, 36.
Gontermann, 201, 216.
Grard, 162, 172, 174, 175, 197.
Greaves et Read, *voir* Read et Greaves.
Grube, 50, 61, 88.
Guertler, 11, 14, 57, 88, 92, 94, 100, 120.
Guertler et Tammann, 52, 88, 212, 216.
Guichard, 115, 120.
Guillery, 195, 196, 197.
Guillet, 10, 12, 30, 33, 36, 169, 197.
Guillet et Bernard, 170, 197.
Gulliver, 13.

Guthrie, 37, 88.
Gwyer, 87, 88.

H

Hackspill, 40, 88.
Hackspill et Bossuet, 33, 36.
Hagendijk van Rossen, *voir* Van Rossen Hagendijk.
Haken, 210, 216.
Hallock, 48, 88.
Hanemann, 14, 144, 155.
Hannover, 33.
Hartmann, 171, 198.
Hegg, 209, 212, 213, 214, 216.
Helmholtz, 110, 120, 134, 148, 155.
Hemardinquer, 12.
Herschkowitsch, 111, 120.
Hertz, 157, 198.
Hesse, 206.
Heusler, 214, 216.
Heusler et Richarz, 214, 216.
Heycock et Neville, 38, 45, 53, 60, 88, 128, 129, 155.
Heyn, 11, 14, 23, 25, 27, 66, 88.
Heyn et Bauer, 14.
Heyn et Martens, *voir* Martens et Heyn.
Hindrichs, 43, 88, 214, 216.
Hiorns, 12, 13.
Hittorf, 124.
Honda, 209, 211, 216.
Hooke, 191, 198.
Howe, 12, 13, 83, 88.
Humfrey et Ewing, *voir* Ewing et Humfrey.
Huntington, 170, 198.

I

Igewsky, 23, 27.

J

Jaeger et Disselhorst, 94, 120.
Jancke, 14.
Jeromin, 49, 88.
Johnson et Calvert, *voir* Calvert et Johnson.
Johnson, Lowe et Calvert, *voir* Calvert, Johnson et Lowe.
Johnston et Adams, 40, 88.
Jolibois, Rengade et Broniewski, *voir* Rengade, Jolibois et Broniewski.
Joule, 208.
Joung et Ramsay, *voir* Ramsay et Joung.

K

Kahlbaum et Sturm, 173, 198.
Kamerlingh Onnes, 139, 155.
Kick, 185, 198.
Kirkaldy, 183, 198.
Klesper et Ruer, *voir* Ruer et Klesper.
Konstantinow, 68, 88.
Kurbatow, 23, 27.
Kurnakow, 92 (portrait), 150, 155.
Kurnakow, Puschin et Senkowski, 94, 102, 120, 159, 198.
— et Rapke, 159, 198.
— et Smirnow, *voir* Smirnow et Kurnakow.
— et Zemczuzny, 92, 120, 158, 163, 198.

L

Lallement, 12.
Landolt et Börnstein, 10.
Latschenko, 135, 155.
Laurie, 108 (portrait), 120.
Lautsch et Tammann, 77, 88.
Lebasteur et Marie, 184, 198.
Lebeau, 29, 30, 32, 33 (portrait), 36.
Lebeau et Bossuet, 36.
Lebedew et Zemczuzny, *voir* Zemczuzny et Lebedew.
Le Chatelier André, 164, 192, 198.
Le Chatelier Henry, 1, 10, 16, 17, 18, 19, 20, 23, 27, 30, 36, 37, 38, 45, 61, 66, 80, 88, 91, 92, 109, 120, 131, 133 (portrait), 134, 135, 137, 141, 151, 155, 181, 203, 216.
Le Chatelier et Broniewski, 148, 151, 156.
Le Chatelier et Saladin, 153.
Ledebur, 12, 14, 63.
Lederer, 95, 120.
Le Grix, 19, 20, 21, 24, 28, 46, 47, 51, 55, 65, 76, 127, 180, 181, 182, 198.
Le Grix et Broniewski, 10, 158, 198.
Lehmann, 124, 156.
Lejeune, 141, 156.
Lepkowski, 54, 70, 88.
Lewkojev, Werigin et Tammann, 123, 156.
Liebenow, 94, 95, 100, 120.
Lindemann, 139, 156.
Lindemann et Nernst, *voir* Nernst et Lindemann.
Lorenz, 205, 216.
Louguinine et Schukareff, 207, 216.
Lowe, Calvert et Johnson, *voir* Calvert Johnson et Lowe.
Lownds, 98, 120.

Lucas et Charpy, *voir* Charpy et Lucas.
Luders, **171**, 198.
Ludwik, **179, 182**, 198.

M

Maey, **200**, 202, 216.
Marié et Lebasteur, *voir* Lebasteur et Marié.
Martens, 10, **15**, 16 (portrait), 18, 25, 28,
    131, **182**, 198.
Martens et Heyn, **173, 180, 182**, 198.
Masing, 48, 88.
Matweew (Matweieff), 23, 28, **173**, 198.
Matweew et Glasunow, *voir* Glasunow et
    Matweew.
Matthiessen, 90, 91, 93, 94, 98, 101, **120**,
    201, 205, 216.
Matthiessen et Vogl, **100**, 120.
Meker, 80.
Mellor, 13.
Mesnager, **182**, 194, 198.
Meyer (J.), **123, 148**, 156.
Meyer, **179**, 198.
Mohs, **183**, 198.
Moissan, 10, 32, 36, 88.
Muller et Bornemann, *voir* Bornemann et
    Muller.
Muschenbroek, **183**, 198.

N

Nachet, 18.
Nernst, **139**, 156.
Nernst et Lindemann, 156.
    »   et Schwers, 156.
Neumann, 171.
Neville et Heycock, *voir* Heycock et Neville.
Noll, **173**, 198.

O

Olie et Cohen, *voir* Cohen et Olie.
Osmond, 1 (portrait), 11, 13, 23, 24, 28,
    129, 131, 142, 143, 146, 156, 157, 198.
Osmond et Cartaud, 2, 28.
    —   et Frémont, *voir* Frémont et Os-
            mond.
    —   et Werth, 1, 2, 16, 28.
Ostwald, 95, 109, 120.

P

Parravano, 75, 88.
Pellin, 151.
Peltier, 95.
Perret, **15**, 28.
Person, 42.

Petrenko, 210, 216.
Pionchon, 42.
Planck, **139**, 156.
Poisson, 161, 164.
Portevin, 32, 36, **143**, 156.
Portevin et Garvin, **143**, 156.
Puschin, 110, 120.
Puschin, Kurnakow et Senkowski, *voir*
    Kurnakow, Puschin et Senkowski.
Puschin et Rjaschski, 206, 216.

R

Ramsay et Young, 40, 88.
Raoult, 44, 45, 88.
Rapke et Kurnakow, *voir* Kurnakow et
    Rapke.
Rauschenplatt et Bornemann, *voir* Borne-
    mann et Rauschenplatt.
Raydt, 201, 216.
Rayleigh, 94, 95.
Read et Greaves, 34, 36.
Réaumur, 15 (portrait), 16, 28, **157**, 198.
Regnault, 163.
Reichardt, 105, 120.
Rengade, 12, 33, 36, 42, 84, 89, **150**, 156.
Rengade, Jolibois et Broniewski, 12.
Revillon, 12.
Richard, 189.
Richards, 42.
Richarz et Heusler, *voir* Heusler et Richarz.
Rieke, 95, 120.
Rjaschsky et Puschine, *voir* Puschine et
    Rjaschsky.
Roberts-Austen, 38, 48, 66, 89, **129**, 146.
    147 (portrait), **150**, 151, 156.
Robertson, 42.
Robin, 12, 22, 28.
Robin et Gartner, 23, 28.
Röntgen, **124**, 156.
Roozeboom, 1, 28, 38 (portrait), 89, 92, 121.
Roozeboom et Aten, 61, 89.
Rosenhaim et Archbutt, 136, 156.
    —   et Ewen, 24, 28.
    —   et Tucker, 70, 89, 94, 121.
Rossen Hagendijk, *voir* Van Rossen Ha-
    gendijk.
Rudberg, 37, 42, 50, 89.
Rudolfi, 104, 121.
Ruer, 14, 205, 216.
Ruer et Klesper, **130**, 156.
Ruer et Schüz, 214, 216.
Ruff, 64.
Ruff et Goecke, 79, 89.
Russel, **192**, 198.
Roth, *voir* Van Ruth.

S

Sacerdote et Abraham, 10.
Sack, 9.
Sainte-Claire Deville, *voir* Deville.
Saladin, **150**, **151**, 156.
Sandonnini et Bouris, *voir* Bruni et Sandonnini.
Savoya, 12.
Sauveur, 11, 13.
Sauveur et Boylston, 13.
Schenk, 12, 14, **95**, 121.
Schukareff et Louguinine, *voir* Louguinine et Schukareff.
Schülla, **100**, 121.
Schulze, 205, 216.
Schwers et Nernst, *voir* Nernst et Schwers.
Seebeck, **182**, 199.
Seligmann, 12.
Senkowski, Kurnakow et Puschin, *voir* Kurnakow, Puschin et Senkwski.
Shore, **182**, 183, 199.
Slawinski, 128, 156.
Smirnow et Kurnakow, 96, 103, 121, 160, 199.
Smith, **168**, 198.
Sorby, 15, 16 (portrait), 28, 131.
Speller, 23, 28.
Spring, **48**, **49**, 89, **173**, 199.
Stanton, **168**, 199.
Stead, 13, 31, 36.
Stefan, **82**, 89.
Stepanow, 95, 102, 113, 121.
Sturm et Kahlbaum *voir* Kahlbaum et Sturm.
Swedelius, **150**, 156.
Swedenborg, **192**, 199.

T

Tafel, 126, 156.
Tammann, 11, 14, **38**, **40**, **45**, **51**, 79, 89, **138**, 156, **173**, **176**, 199, **209**.
Tammann et Guertler, *voir* Guertler et Tammann.
— et Lautsch, *voir* Lautsch et Tammann.
— Werigin et Lewkojew, *voir* Werigin, Lewkojew et Tammann.
Tassily, 13.
Tchernoff, 19, 21, 28.
Thompson, **191**, 199.
Thomson J., **135**, 156.

Thomson W. (Lord Kelwin), **95**, **110**, 116, 121.
Troost, 131.
Tschermak, 132, 156.
Tucker et Rosenhain, voir Rosenhain et Tucker.

U

Urasow, 126, 156, 160, 199.

V

Van Eijk et Cohen, *voir* Cohen et Van Eijk.
Van Rossen Hagend k, 59, 89.
Van Ruth, 25, 28.
Vant-Hoff, **45**, 89.
Vigouroux, **110**, 121.
Violle, 42.
Vogel, **46**, 89.
Vogt et Matthiessen, *voir* Matthiessen et Vogt.
Voss, 136, 137, 154.

W

Weiss et Foëx, 212, **213**, 216.
Werigin, Lewkojew et Tammann, 123, 156.
Werth et Osmond, voir Osmond et Werth.
Weston, 119.
Widmanstätten, **132**, 133.
Wiedemann et Franz, **204**, 216.
Williams, 211, 216.
Williams et Arnold, *voir* Arnold et Williams.
Willows, **95**, 121.
Wittorf, **64**, 89.
Woëhler, **167**, **168** (portrait), 199.
Wologdine, **150**, 156.
Wüst, 63, **64**, 89.

Y

Young, 161, 168.

Z

Zemczuzny, 53, 64, 66, 74, 89, **214**, 216.
Zemczuzny et Kurnakow, *voir* Kurnakov et Zemczuzny.
— et Lebedew, 79, 89.

TABLE ALPHABÉTIQUE DES MATIÈRES

Aciers, — action de l'acide picrique, 24; — cémentation, 49; — cristal trouvé par M. Tchernoff, 19; — essais de corrosion, 26; — influence du laminage et du forgeage, 26; — polissage et attaque, 21; — réactifs pour l'attaque micrographique, 23; — recuit après écrouissage, 174; — structure austénitique, 142; — structure cellulaire et cristalline, 2, 16; — structure damassée, 132; — structure de Widmanstäten, 132; — structure hétérogène des lingots, 26; — températures critiques à 0,2 % de C, 8; —transformation à l'état solide, 129; — trempe, 143.

Aciers, voir **carbone-fer** et **fer.**

Aimantation spécifique, — définition, 209.

Alliages de Heusler, 214; — pseudo-binaires, 61.

Alliages, voir les métaux constituants.

Allongement à la rupture, — définition, 162; — mesure, 192.

Allotropie, — métaux et combinaisons, 123; — Fe, 9, 124, 130; — Ni, 212; — Sn, 123; — Zn, 135; — CdMg, 123; — Cu^4Sn, 128; — solutions solides, 125.

Alumine pour le polissage, 22.

Aluminium, — chaleur de fusion, 42; — influence du temps sur la rupture, 164.

Aluminium-argent, — application de la méthode chimique, 30.

Aluminium-calcium, — fusibilité, 58.

Aluminium-cuivre, — chaleur de formation, 207; — coefficient de température de la résistance électrique, 103; — conductivité électrique, 98; — corrosion, 34; — courbe d'échauffement de $AlCu^3$, 145; — courbe de la résistance électrique de $AlCu^3$, 149; — densité, 201; — dilatation, 203; — dissociation de $AlCu^3$, 144; — force e. m. de dissolution, 112; — filiation, 5; fusibilité, 86; — isolement chimique des combinaisons, 31, 33; — points critiques de $AlCu^3$, 146; — pouvoir thermo-électrique, 106, 107.

Aluminium-cuivre-manganèse, voir **alliages de Heusler.**

Aluminium-magnésium, coeff. de temp. de la résist. él., 103; — conductivité él., 96; — cristaux arrondis, 125; — filiation, 97; — force e. m. de dissolution, 112; — fusibilité, 61; — isolement chimique des combinaisons, 31; — pouvoir thermo-électrique, 106.

Aluminium-zinc, — fusibilité, 136.

Aluminothermie, — principe, 33.

Amarrage des éprouvettes de traction, 186.

Analyse thermique, 6, 37, 69, 78; — bibliographie, 87; — combinaisons binaires instables, 58; — combinaisons dans les alliages ternaires, 75; — courbes de refroidissement, 83; échauffement, 78; — généralités, 37; — mélanges binaires, 43; — mélanges ternaires, 69; — solutions solides binaires, 51; — solutions solides ternaires, 74.

Antimoine poreux, 33.

Antimoine-argent, — conductivité électrique, fusibilité, pouvoir thermo-électrique et susceptibilité magnétique, 210.

Antimoine-étain, — grandeur des cristaux en fonction du refroidissement, 19.

Antimoine-manganèse, — fusibilité et susceptibilité magnétique, 211.

Antimoine-plomb, — conductivité électrique et thermique, 205; — densité, 201; — dilatation, 203.

Antimoine-sodium, — isolement d'une combinaison, 31.

Antimoine-zinc, — fusibilité, 66.

Argent, — chaleur de fusion, 42.

Argent-aluminium, voir **aluminium-argent.**

Argent-antimoine, voir **antimoine-argent.**

Argent-cuivre, — coeff. de temp. de la résist. él., 101; — conductivité él., 94; — filiation, 55; — fusibilité, 54; — force e. m. de dissolution, 111; — mollesse, 159.

Argent-magnésium, — coeff. de temp. de la résist. él., 102; — conductivité él., 96; — filiation, 65; — fusibilité, 64; — mollesse, 160.

Argent-or, — densité, 201.

Argent - palladium, — conductivité électr. et therm., 205.

Argent-platine, — fusibilité, 56.

Arsénique, — plasticité, 124.

Attaque par réactifs, — chimique, 30; — essai de corrosion, 34; — macroscopique, 26; — micrographique, 22.

Austénite, — formation, 129; — structure, 142.

Barreaux, — entaillés, 166, 192; — pour les mesures électriques, 113.

Bibliographie, — analyse thermique, 87; — bibliogr. générale, 9; — méthode chimique, 35; — méthodes électriques, 120; — méthodes secondaires, 215; — micrographie, 27; — périodiques, 10; — propriétés mécaniques, 196; — réactions à l'état solide, 155; — traités de métallographie, 11.

Bismuth, — chaleur de fusion, 42.

Bismuth-étain, — filiation, 20; — fusibilité, 70.

Bismuth-étain-plomb, — courbe de refroidissement, 73; — filiation analytique, 20; — fusibilité, 71; — structure, 73.

Bismuth-magnésium, — coeff. de temp. de la résist. él., 102; — conductivité él., 95; — fusibilité et structure, 50.

Bismuth-plomb, — fusibilité, 70.

Bismuth-sodium, — isolement chimique d'une combinaison, 31.

Bismuth-thallium, — formation par diffusion, 48.

Bronze, voir **cuivre-étain.**

Brûlure des métaux, 170.

Cadmium, — chaleur de fusion, 42.

Cadmium-magnésium, — conductivité él., 126; — fusibilité, 53; — mollesse, 160; — transformations à l'état solide, 125.

Cadmium-magnésium-zinc, — fusibilité, 77.

Cadmium-zinc, — coeff. de temp. de la résist. él., 100; — conductivité él., 93; — eutectique, 46; — filiation, 47; — force e. m. de dissolution, 110; — fusibilité, 43; — marche de la fusion, 47; — mollesse, 158; — pouvoir thermoélectrique, 104; — structure, 46.

Calcium-aluminium, voir **aluminium-calcium.**

Carbone-fer, — fusibilité (diagramme simple), 63; — fusibilité (diagramme double), 66; — isolement de la cémentite, 32; — transformation à l'état solide, 129; — trempe, 143.

Carbone-fer, voir **aciers** et **fer.**

Cémentation, — principe, 49.

Chaleur de formation, — en fonction de la composition, 206; — influence sur la stabilité, 133, 134.

Champ magnétique, — définition, 208.

Charge de rupture, — définition, 162; — mesure, 183.

Choc, — essais de durée, 168; — rupture à la flexion, 166; — rupture à la traction, 165.

Choc, voir **essais au choc.**

Cisaillement, 167.

Classification, — méthodes d'étude des alliages, 4; — courbes de fusibilité, 57.

Clivage, 170.

Cobalt, — perte du ferro-magnétisme, 212.

Cobalt-cuivre, — fusibilité, 68; — pouvoir thermo-électrique, 105.

Cobalt-silicium, — isolement chimique des combinaisons, 32.

Coefficient d'aimantation spécifique, — définition, 209; — variation avec la température, 212.

Coefficient de Poisson, 161.

Coefficient de température de la résistance électrique, 6, 100; — effet de l'écrouissage, 173, 176; — historique, 100; — mélanges et sol. sol., 101; — mesures, 116; — présence des combinaisons, 102.

Coësium, — isolement de l'oxyde, 33; — pression de vapeurs, 40.

Combinaisons, — coeff. de temp. de la

résist. él., 102; — conductivité él., 95;
— dans les alliages ternaires, 75; —
définition, 2; — dépôt pendant la solidification, 49; — entourées de sol. sol.,
53; — force e. m. de dissolution, 111;
— formation dans le liquide, 64; —
formation dans les solides, 135; — formation en présence de sol. sol., 60; —
formation incomplète, 32; — formation
lente, 51; — formation pendant la solidification, 58; — impuretés, 102; —
mollesse, 159.

Compressibilité, 163; — son rapport
avec l'élasticité, 164.

Conductivité électrique, 6, 90, — alliages liquides, 99; — effet de l'écrouissage, 173, 176; — historique, 90; —
influence de l'orientation cristalline, 98;
— influence de la trempe, 98; — mélanges et sol. sol., 91; — mesures, 113;
— présence des combinaisons, 95; —
résistance complémentaire, 94.

Conductivité thermique, — diagrammes, 205; — historique et théorie, 204.

Constituants, — de la règle des phases,
38; — métallographiques, 39.

Corrosion, — effets de l'écrouissage, 173;
— essais industriels, 34.

Couples thermo-électriques, 80.

Courbe, — différentielle (de Roberts-Austen), 146; — de dilatation, 148; — de
force e. m. de dissolution, 148; — de
force thermo-électrique, 148; — d'Osmond, 146; — des paliers, 45; — de refroidissement, 46, 83, 145; — de refroidissement des alliages ternaires, 73; —
de résistance électrique, 147.

Courbes, voir enregistrement.

Covolume, — définition et propriétés,
202.

Cristallisation, — au recuit après
écrouissage, 174; — pendant la solidification, 2, 19.

Cristallites, 125.

Cristaux, — arrondissement des con-
tours, 125; — coloration par l'attaque,
24; — cristal de M. Tchernoff, 19; —
destruction par écrouissage, 170; —
grandeur, 19.

Cristaux liquides, 124.

Cryptol, — four à..., 79.

Cuivre, — chaleur de fusion, 42; — influence du temps sur la tenacité, 164;
— recuit après écrouissage, 174.

Cuivre-argent, voir argent-cuivre.

Cuivre-aluminium, voir aluminium-
cuivre.

Cuivre-aluminium-manganèse, voir
alliages de Heusler.

Cuivre-cobalt, voir cobalt cuivre.

Cuivre-étain, — homogénéisation par
le recuit, 53; — fusibilité, 62; — fusibilité et transformation à l'état solide,
128; — structure de l'eutectoïde, 128;
— trempe et recuit, 129.

Cuivre manganèse, — fusibilité, 53.

Cuivre-manganèse-nickel, — fusibilité, 75.

Cuivre-nickel, — coeff. de temp. de la
résist. él., 101; — conductivité él., 93;
— force e. m. de dissol., 110; — fusibilité, 52; — mollesse, 159; — perte
du ferro-magnétisme, 212; — pouvoir
thermo-électr., 104.

Cuivre-thallium, — fusibilité, 67.

Cuivre-zinc, — chaleur de formation,
207; — conductivité électr. et thermique, 206; — densité, 202; — dilatation,
204; — dissociation de CuZn, 111; —
filiation, 127; — formation par cémentation, 49; — fusibilité, 126; — isolement chimique de $CuZn^2$, 30; — propriétés mécaniques, 169.

Cuivre-zinc, voir laitons.

Degré de liberté d'un système en équilibre, 39.

Déformation permanente, 170.

Densité, diagrammes en fonction de la
composition, 200; — variation avec la
température, 202.

Diagrammes, — de solidification (construction), 85; — représentant la composition, 43; — triangulaire pour les
alliages ternaires, 69.

Diamagnétisme, définition, 209; — diagrammes en fonction de la composition,
210.

Diffusion dans les solides, — pendant la
fusion, 47; — pendant le recuit, 53; —
théorie, 48.

Dilatation, — courbe en fonction de la
température, 148; — diagrammes en
fonction de la composition, 203; — enregistrement automatique, 152.

Dissociation des combinaisons, —
avant la fusion, 58; — dans les alliages
fer-carbone, 62; — dans les alliages
liquides, 64; — dans les alliages pseudo-
binaires, 64; — dans les alliages solides,
135.

Dissolution, — chaleur de... 134, 206 ; — du liquide dans le solide, 124 ; — incomplète dans les alliages liquides, 3, 67.

Ductilité, — définition, 163.

Durée, — essai de... 167.

Dureté, 157, 178, — échelle de Mohs, 183 ; — effet de l'écrouissage, 173 ; — historique, 157 ; — mélanges et sol. sol. 158 ; — mesures par la méthode Brinell, 178 ; — méthode de Ludwik, 182 ; — présence des combinaisons, 159 ; — rapport avec la résistance à la traction, 162.

Echantillons, — préparation pour la micrographie, 18.

Echauffement et fusion des alliages, 78.

Echelle de Mohs (dureté), 183.

Eclairage des microscopes métallographiques, 17, 18.

Ecoulement des métaux sous pression, 163.

Ecrasement, voir **résistance à l'écrasement**.

Ecrouissage, 170, — destruction des cristaux, 170 ; — effets de l'écrouissage, 172 ; — hypothèses, 176 ; — pendant la solidification, 159 ; — recristallisation par le recuit, 173.

Elasticité à la traction, 161 ; — son rapport avec la compressibilité, 164 ; — son rapport avec la rigidité, 167.

Eléments métallographiques, 39.

Energie utilisable (libre), 134.

Enregistrement automatique, 150 ; — courbes de traction, 189, 191 ; — dispositifs de M. Dejean, 154 ; — enregistreur Le Chatelier-Broniewski, 151 ; — enregistreur Rengade, 84 ; — historique, 150.

Eprouvettes, — pour l'essai au choc, 193 ; — pour l'essai de traction, 185.

Equilibre, — instable, 134 ; — labile, 65.

Essais au choc, 192 ; — appareils de mesure, 194 ; — éprouvettes, 193 ; — historique, 192 ; — théorie, 165.

Essais de durée, 167.

Essais de dureté, voir **dureté**.

Essai de traction, 183 ; — amarrage des éprouvettes, 186 ; — éprouvettes, 185 ; — historique, 183 ; — loi de similitude, 184 ; — machines de traction, 187 ; — mesures, 191 ; — théorie, 161 ; — unités anglaises, 192.

Essais de traction, voir **résistance à la traction**.

Etain, — allotropie, 123 ; — chaleur de fusion, 42 ; — force e. m. pendant la transformation, 148 ; — poreux, 33 ; — vitesse de transformation, 138.

Etain-antimoine, voir **antimoine-étain**.

Etain-bismuth, voir **bismuth-étain**.

Etain-bismuth-plomb, voir **bismuth-étain-plomb**.

Etain-cuivre, voir **cuivre-étain**.

Etain-manganèse, solidification de Sn Mn^2.

Etain-nickel, — fusibilité, 136 ; — structure du composé Ni^{3}Sn, 137.

Etain-platine, — isolement chimique de combinaisons, 29, 31.

Etain-plomb, — conductivité électr., 94, 99 ; — formation par diffusion, 48 ; — fusibilité, 70 ; — structure, 57.

Etain-sodium, — isolement chimique d'une combinaison, 31.

Eutectique, — définition, 37 ; — durée de la cristallisation, 46 ; — écrouissage, 158 ; — formation par diffusion, 48 ; — propriétés, 44 ; — structure, 46 ; — dans les alliages ternaires, 73.

Eutectoïdes, 127.

Faux-équilibres, 144.

Fer, — aimantation spécifique, 212 ; — courbe de traction, 162 ; — lignes de Luders, 171 ; — lignes de Neumann, 171 ; — modifications allotropiques, 124, 130 ; — perméabilité magnétique, 208 ; — recuit après écrouissage, 174 ; — structure cristalline, 24.

Fer, voir **aciers** et **carbone-fer**.

Fer-carbone, voir **carbone-fer**.

Fer-nickel, — aimantation spécifique, 213 ; — conductivité électrique, densité, dilatation et fusibilité, 214 ; — transformation magnétique, 213.

Fer-phosphore, — cristal de Fe^{2}P, 31.

Fer-silicium, — isolement chimique d'une combinaison, 32.

Ferrite, 130.

Ferromagnétisme, — définition, 209 ; — disparition, 211.

Filiations, — aluminium-cuivre, 5 ; — aluminium-magnésium, 97 ; — analytiques, 20 ; — argent-cuivre, 55 ; — argent-magnésium, 65 ; — bismuth-étain, 20 ; — bismuth-magnésium, 51 ;

— cadmium-zinc, 47; — définition, 5; —magnésium-zinc, 76; —photographie, 25; — préparation, 19.

Filtres monochromatiques pour la micrographie, 18.

Flexion, 164.

Fluidité, 163.

Flux d'induction, définition, 208.

Fonte, — blanche et grise, 62; — malléable, 49.

Force électromotrice de dissolution, 108; — historique et théorie, 108; — mélanges et sol. sol. 111; — mesures, 119; — métaux, 110; — combinaisons, 111; — variation avec la température, 148.

Force magnétomotrice, définition, 208.

Formule de Benedicks, 179; — Brinell, 162; — Broniewski, 101, 110, 203; — Clausius, 40, 122; — Crompton, 41; — Einstein, 139; — Frémont, 167; — Gibbs, 40; — Guertler, 94; — Helmholtz, 110; — Le Chatelier, 45; — Lindemann, 139; — Liebenow, 100; — Matthiessen et Vogt, 100; — Meyer, 179; — Raoult, 44; — Stanton, 168; — W. Thomson, 110; — Vant-Hoff, 45.

Fours, — électriques, 78; — à gaz, 80.

Fragilité, voir **essais au choc**.

Fréquence des oscillations moléculaires, 139.

Fusibilité, -- voir **analyse thermique**.

Gallium, — chaleur de fusion, 42.

Galvanomètre double, 153.

Grossissement du microscope, 25.

Historique, — analyse thermique, 37; chaleur de formation, 206; — coeff. de temp. de la résist. él., 100; — conductivité électrique, 90; — conductivité thermique, 204; — densité, 200; — dilatation, 203; — dureté, 157; — enregistrement automatique, 150; — essais au choc, 192; — essais de traction, 183; — force e. m. de dissolution, 108; — macroscopie, 25; — métallographie, 1; — méthode chimique, 29; — micrographie, 15; —propriétés magnétiques, 209.

Inclusion, — dans les cristaux, 31; — des échantillons micrographiques, 20.

Induction magnétique, définition, 208.

Intensité d'aimantation, définition, 208.

Laiton, — coefficient de Poisson, 161; courbe de traction; 161; — écrouissage, 172; — module de compressibilité, 163; — module de Coulomb, 167; — module de Young, 161; — rapport de la dureté à la ténacité, 169; — recuit après écrouissage, 174; — variation des propriétés mécaniques avec la température, 170.

Laiton, voir **cuivre-zinc**.

Ledeburite, 63.

Ligne de transition, — formation des combinaisons, 59; — formation des sol., solides, 55.

Lignes, — d'écoulement, 26; — de Luders, 171; — de Neumann, 171; — isothermes, 71.

Limite élastique, — définition, 161; de Woëhler, 168; — mesures, 191.

Lingotière aspirante, 113.

Liquation, 47.

Liquidus, 44.

Loi de, — Brinell, 162; — Hooke, 191; Raoult, 44; —similitude (traction), 184; — Stefan, 82.

Loi des phases, 38, — application aux alliages binaires, 43, 52, 54, 58, 67; — application aux alliages ternaires, 72; — application aux réactions à l'état solide, 124.

Machine, — à polir, 22; — pour les essais de dureté, 180; — pour les essais au choc, 194; — pour les essais de traction, 188.

Mâcles, 174.

Macroscopie, 25.

Magnésium-aluminium, voir **aluminium-magnésium**.

Magnésium-argent, voir **argent magnésium**.

Magnésium-bismuth, voir **bismuth-magnésium**.

Magnésium-cadmium, voir **cadmium magnésium**.

Magnésium-silicium, — isolement chim. des combinaisons, 31.

Magnésium-zinc, — filiation, 76; — fusibilité, 75.

Magnétisme des alliages, 208.

Malléabilité, 163.

Manganèse-aluminium-cuivre, voir **alliages de Heusler**.

Manganèse-antimoine, voir **antimoine-manganèse**.

Manganèse-cuivre, voir **cuivre-manganèse**.

Manganèse-cuivre-nickel, voir **cuivre-manganèse-nickel.**

Manganèse-étain, voir **étain-manganèse.**

Manganèse-nickel, — fusibilité, 74.

Martensite, — définition, 131; — mélange à l'austénite, 142.

Mélanges, — analyse thermique, 43, 70, — application de la méthode chimique, 30; — définition, 3; — mollesse, 158; — propriétés électriques, 94, 101, 104, 111.

Mercure, — chaleur de fusion, 42; — pression de la vapeur, 40.

Mercure-sodium, — conductivité él. de l'alliage liquide, 100.

Métallographie, — définition et historique, 1; — sources d'information, 9; — résultats obtenus, 9.

Métallographie microscopique, voir **micrographie.**

Métaux, — influence des basses températures, 139; — force e. m. de dissolution, 110; — pression des vapeurs, 40; — propriétés magnétiques, 209; — solidification, 41; — résist. él. pendant la solidification, 42; — variation de la résist. él. avec la température, 101; — variation du volume atomique avec la température, 203.

Mesures, — dilatation, 148; — dureté, 178; — force e. m. de dissolution, 119; — limite d'élasticité, 191; — points critiques, 145, 150; — pouvoir thermoélectrique, 117; — résilience, 194; — résistance él., 115; — résistance à la traction, 191; — températures, 80.

Méthode chimique, 5, 29; — bibliographie, 35; — corrosion, 34; — séparation par fusion et évaporation, 33; — historique, 29; — séparation par réactifs, 30.

Méthodes directes, 4; — méthode chimique, 5, 29; — micrographie, 4, 15.

Méthodes électriques, 6, 90, 113; — coeff. de temp. de la résist. él. 100; — conductivité él., 90; — force e. m. de dissolution, 108; — mesures, 115; — pouvoir thermo-él., 104; — préparation des échantillons, 113.

Méthodes indirectes, 6 — analyse thermique, 37, 69, 78; — méthodes électriques, 90, 113; — méthodes secondaires, 200; — propriétés mécaniques 157, 178.

Méthodes secondaires, 200; — chaleur de formation, 206; — conductivité thermique, 204; — densité, 200; — dilatation, 203; — propriétés magnétiques, 208.

Micrographie, 4, 15 — bibliographie, 27; — historique, 15; — microscope, 17; — observation, 24; — préparation des échantillons, 18; — réactions à l'état solide, 141.

Microscope métallographique, 17.

Miscibilité incomplète des alliages liquides, 67.

Module de — compressibilité, 163; — Coulomb. 167; — rigidité, 167; — traction, 161; — Young, 161.

Mollesse, — diagrammes en fonction de la composition, 157.

Mordaches des machines de traction, 187.

Mouton pour les essais au choc, 194.

Nickel, — aimantation spécifique, 212; — perméabilité magn., 208.

Nickel-cuivre, voir **cuivre-nickel.**

Nickel-étain, voir **étain-nickel.**

Nickel-fer, voir **fer-nickel.**

Nickel-manganèse, voir **manganèse-nickel.**

Nombre de dureté de Brinell, 157.

Osmondite, 131.

Or-argent, voir **argent-or.**

Or-plomb, — diffusion à l'état solide, 48.

Orientation cristalline, — influence sur les propriétés électr., 98; — influence sur l'attaque micrographique, 24.

Oscillations moléculaires, — fréquence, 139.

Oxyde de calcium, — isolement chimique, 33.

Paliers des courbes de solidification, 45.

Palladium, — chaleur de fusion, 42.

Palladium-argent, voir **argent-palladium.**

Paramagnétisme, définition, 209.

Péritectique, 56.

Perlite, 130.

Perméabilité magnétique, — définition, 208; — enregistrement, 154.

Phases, voir **loi des phases.**

Phosphore, allotropie, 124.

Phosphore-fer, voir **fer-phosphore.**

Photographie micrographique, 25.

Piles, — force électromotrice, 110.

Plans de clivage, 170.
Platine, — chaleur de fusion, 42.
Platine-argent, voir **argent-platine.**
Platine-étain, voir **étain-platine.**
Plasticité, 163.
Plomb, — chaleur de fusion, 42; — poreux, 33; — structure cellulaire et cristalline, 2.
Plomb-antimoine, voir **antimoine-plomb.**
Plomb-bismuth, voir **bismuth-plomb.**
Plomb-bismuth-étain, voir **bismuth-étain-plomb.**
Plomb-étain, voir **étain-plomb.**
Plomb-or, voir **or-plomb.**
Point de Curie, 212.
Points critiques, 8, 145; — définition, 145; — dilatation, 148; — étude micrographique, 141; — étude par enregistrement automatique, 150; — points électriques, 147; — points thermiques, 145; — réactions incomplètes, 149.
Points de transition, — formation de combinaisons, 59; — formation de sol. sol., 55.
Polissage des échantillons pour la micrographie, 20.
Potassium, — pression des vapeurs, 40.
Potassium-sodium, — conductivité électr. des all. liquides, 99; — fusibilité, 59.
Potentiel thermodynamique interne du système, 134.
Pouvoir thermo-électrique, 104; — mélanges et sol. sol., 104; — mesures, 117; — présence des combinaisons, 105; — variation avec la température, 107.
Pression, — influence sur la températ. de fusion, 40; — sur la température de transformation, 122; — sur l'équilibre, 133; — sur les formes allotropiques de l'étain, 124.
Pression d'écoulement, 163.
Pression des vapeurs des métaux, 40.
Principe, — de Le Chatelier, 133; — du travail maximum, 135.
Propriétés mécaniques, 157, 178, — bibliographie, 196; — dureté et mollesse, 157; — écrouissage, 170; — essais au choc, 192; — essais de dureté, 178; — essais de traction, 183; — résistance mécanique, 161.
Pyromètre optique de Féry, 82.

Quanta, 139.

Radian, 167.
Réactions — incomplètes, 149; — reversibles, 134.
Réactions à l'état solide, 122, 141; — allotropie, 123; — bibliographie, 155; — combinaisons instables, 135; enregistrement automatique, 150; — étude des points critiques, 145; — étude micrographique, 141; — solutions solides instables, 126; — vitesse de réaction, 137.
Réactifs — pour la macroscopie, 27; — pour la méthode chimique, 30; — pour la micrographie, 22.
Recalescence dans les aciers, 130.
Recuit, 143, — après écrouissage, 173; — avant les mesures électriques, 111; — homogénisation des sol. sol. 53.
Règle des phases, voir **loi des phases.**
Réluctance, définition, 208.
Repérage micrographique, 24.
Représentation de la composition des alliages, 43.
Résilience, 165.
Résistance à la traction, 161; — mesures, 183; — rapport avec la dureté, 162; — rapport avec la résistance au cisaillement, 167.
Résistance à la traction, voir **essais de traction.**
Résistance à l'écrasement, 163.
Résistance au cisaillement, 167.
Résistance électrique, — courbes en fonction de la température, 147; — complémentaire, 94; — enregistrement, 153; — mesures, 115; — pendant la solidification, 42; — variation avec la température, 101.
Résistance électrique, voir **conductivité électrique.**
Résistance mécanique, 161, — compressibilité, 163; — courbes en fonction de la température, 169; — diagrammes en fonction de la composition, 168; — essais de durée, 167; — flexion, 164; — fragilité, 165; — influence du temps, 164; — mesures, 183, 192; — résistance à l'écrasement, 163; — résistance à la traction, 161.
Retassure, — mise en évidence, 26.
Revenu, 144.
Rigidité, 167.
Rubidium, — pression des vapeurs, 40.

Scléromètre de Martens, 182.

Scléroscope Schore, 182.

Scories, — attaque micrographique, 23 ; — observation, 24.

Silicium-cobalt, voir **cobalt-silicium**.

Silicium-fer, voir **fer-silicium**.

Silicium-magnésium, voir **magnésium-silicium**.

Similitude des éprouvettes de traction, 184.

Slipbands, 171.

Sodium, — pression des vapeurs, 40.

Sodium-antimoine, voir **antimoine-sodium**.

Sodium-bismuth, v. **bismuth-sodium**.

Sodium-étain, voir **étain-sodium**.

Sodium-mercure, voir **mercure-sodium**.

Sodium-potassium, voir **potassium-sodium**.

Solides, définition, 138.

Solidification, voir **analyse thermique**.

Solidus, 44.

Solutions solides, — allotropie, 123 ; — analyse thermique, 51, 74 ; — définition, 3 ; — dissociation à l'état solide, 126 ; — isolement chimique, 30 ; — mollesse 158 ; — propriétés électriques, 94, 101, 104, 111.

Sorbite, 131.

Striction, — définition, 162 ; — mesure, 192.

Succession des méthodes pour l'étude des alliages, 9.

Structure, — changement à l'état solide, 122 ; — cristalline, 2, 16, 24 ; — damassée, 132 ; — de Widmanstätten, 133 ; — hétérogène, indiquée par la macroscopie, 26.

Surface de solidification, 70.

Surfusion, 66.

Susceptibilité magnétique, définition, 208.

Système, — labile, 65 ; — métastable, 62 ; — pseudo-binaire, 61 ; — ternaire, réduit à un système binaire, 77.

Température, — effet des basses températures, 139 ; — établies à vue, 83 ; — influence sur l'équilibre, 133 ; — influence sur les propriétés électriques, 100, 107, 148 ; — influence sur les propriétés mécaniques, 169 ; — fixes, pour le calibrage, 81.

Températures critiques, — définition, 8 ; — enregistrement, 150 ; — mesures, 145.

Temps, — influence sur la mesure des propriétés mécaniques, 164 ; — influence sur la force e. m. de dissolution, 109 ; — influence au recuit, 144, 175 ; — influence au refroidissement à la trempe, 142.

Tenacité, 162.

Tension superficielle, — influence sur la forme de cristaux, 125.

Thallium, — chaleur de fusion, 42.

Thallium-bismuth, voir **bismuth-thallium**.

Thallium-cuivre, v. **cuivre-thallium**.

Thermo-électricité, voir **pouvoir thermo-électrique**.

Torsion, 167.

Traction, voir **résistance à la traction**.

Transition, — ligne et point de... 55, 59.

Travail de rupture, — par traction, 165 ; — par flexion, 166.

Trempe, — définition, 141 ; — des aciers, 143 ; — facteurs déterminants, 141 ; — influence sur le coeff. de temp. de la résist. él., 103 ; — influence sur la conductivité électr., 98 ; — négative, 142.

Trompe à mercure pour faire le vide, 113.

Troostite, 131.

Variance d'un système en équilibre, 39.

Variation du pouvoir thermo-électrique avec la température, 107.

Verre, structure cellulaire, 2.

Vitesse d'échauffement, — courbe, 146 ; — enregistrement, 154.

Vitesse de réactions à l'état solide, 137.

Vitesse de refroidissement à la trempe, 142.

Vitrification, 138.

Volume spécifique, 201.

Zinc, — allotropie, 135, — chaleur de fusion, 42 ; — influence du recuit après écrouissage, 176 ; — influence du temps sur la résistance à la rupture, 164 ; — plasticité, 124.

Zinc-aluminium, voir **aluminium-zinc**.

Zinc-antimoine, voir **antimoine-zinc**.

Zinc-cadmium, voir **cadmium-zinc**.

Zinc-cadmium-magnésium, voir **cadmium-magnésium-zinc**.

Zinc-cuivre, voir **cuivre-zinc**.

Zinc-magnésium, voir **magnésium-zinc**.

TABLE DES MATIÈRES

		Pages
Préface de M. Le Chatelier		VII
Avant-propos de l'auteur		VIII
I. Notions générales		1
II. Micrographie		15
III. Méthode chimique		29
IV. Analyse thermique. *Théorie des alliages binaires*		37
V. — — *Théorie des alliages ternaires*		69
VI. — . — *Pratique*		78
VII. Méthodes électriques. *Théorie*		90
VIII. — — *Pratique*		113
IX. Réactions à l'état solide. *Théorie*		122
X. — — *Pratique*		141
XI. Propriétés mécaniques. *Théorie*		157
XII. — — *Pratique*		178
XIII. Méthodes secondaires		200
Index des noms		217
Table alphabétique des matières		222

TYPOGRAPHIE FIRMIN-DIDOT ET Cⁱᵉ. — PARIS.

www.ingramcontent.com/pod-product-compliance
Lightning Source LLC
LaVergne TN
LVHW021431170726
843501LV00005B/1287